国家自然科学基金资助项目：时空连续统视野下滇藏
茶马古道沿线传统聚落的活化谱系研究（51968029）

历史城镇保护更新
实证研究

Yunnan
Lishi Chengzhen Baohu Gengxin
Shizheng Yanjiu

王 颖◎著

中国建筑工业出版社

前言

PREFACE

早在 1998 年，我刚进入云南省城乡规划设计研究院工作时，就开始接触云南的历史文化保护工作；后在东南大学攻读硕士、博士学位时，在导师的支持下我仍然持续以云南历史城镇为主要研究对象；再到 2015 年进入昆明理工大学任教至今，我对云南各历史城镇保护状态的关注与研究从未停止，迄今已有二十五载。在这期间，我曾先后多次踏足云南省内许多知名的历史城镇，目睹、体验它们多年来的演变历程，对其发生的变化、产生的问题感同身受。

云南作为我国的西南边陲，拥有多元的少数民族群落和丰富多样的自然历史文化遗产。然而遗憾的是，历经数十年的保护与发展，云南大部分历史城镇面临着不同程度的地域文化失语、生态环境恶化、遗产空间损毁等负面问题，局部地区甚至出现了严重的保护危机。这些现实困境既代表了我国中西部欠发达地区历史城镇保护更新的共性难题，也突显了云南历史城镇的本土化发展路径迷局。因此，如何针对云南历史城镇保护与更新困境进行多学科、多角度的深入剖析，如何找出历史城镇现实难题的内在及外在原因并挖掘其深层根源，如何梳理历史城镇各自的演化特征及驱动肌理，研究其整体保护机制与优化途径，正是本书写作的主旨与初衷。

本书在系统梳理国内及云南历史城镇保护更新历程和主要问题的基础上，从云南历史城镇的保护与更新现实情况出发，建构云南历史城镇保护与更新状况的实证评价研究体系，并选择具有代表性的云南历史城镇典型案例（丽江大研古城、丽江束河古镇、腾冲和顺古镇、楚雄黑井古镇），从多学科、多维度视角出发，采用"质性和量化""回访调研""实态剖析"等评价研究方法，对其物质遗存状态、非物质遗存状态、管理机制状态等内容进行反复实地踏勘调研及大量田野式社会调查，在对各典型历史城镇保护与更新"实态"问题的表象进行深度剖析的基础上，归纳总结出使诸多历史城镇取得保护成就、陷入保护困境的根源，并由此提出多元的网状保护与管理机制及相应策略，希望以此为云南乃至全国历史城镇的保护与更新提供一定的引导，探索构建共赢发展的长效活态保护机制。

当前，在国内城市建设处于转型期的新时代背景下，动态交替、多元主体、复杂多维的保护更新难题已成为各历史城镇的历史人文生态能否保持持续平衡的重大挑战。为破解上述难题，不仅需要努力化解以往快速城镇化带来的粗放式空间更迭危机和地域文化断裂风险，还要满足多方利益主体的经济、社会等复杂现实诉求，这注定需要持续浩大的课题攻关与实践探索，绝非单一的研究成果可以"毕其功于一役"。诚然，在历史文化保护领域中，"原真"是一个历史的过程，而非一个特定的历史状态，对历史城镇原真性的保护同样需要各界长期、持续的共同努力。我们对历史城镇保护的最终目标，也同样是为了激发其自身潜力，使其持续活态更迭，自我发展，自主循环。

长路漫漫。为云南乃至中国的历史城镇都能够进入活态保护更新的良性运行赛道，我们将持续上下求索。

目录

CONTENTS

第一章

绪论

Yun nan

1.1 研究背景

1.1.1 时代背景

1.1.1.1 社会转型期的历史城镇更新

当今我国的历史城镇正处于一种由城市快速更新所带来的危机中。从总体来看，自近代以来中国社会转型大致可以分为三个阶段：一是慢速转型时期（1840–1949 年），二是中速转型时期（1949–1978 年），三是加速转型时期（1978 年至今）。自进入 21 世纪以来，我国仍然处于社会经济加速转型时期，由于经济体制改革、产业结构调整和外来人口的大量涌入，城镇建设无论从速度还是数量上都开始越过了发展的"快车道"。有关统计资料显示，2010 年底我国城市化率已达到 47.5%，成为 30 年来城市化率增速最快的国家之一；至 2021 年底，我国常住人口城镇化率已经达到 64.72%。快速的城镇化引发了大小城市土地需求量的急剧增加，再加之"三区三线"的严格管控，我国的城市发展已经全面转向存量化旧城更新，随之也必然带来历史城镇内历史街区保护与更新，这也导致历史城镇保护与土地开发的矛盾日趋激烈，使历史城镇的保护与更新面临更多的危机与挑战。

历史城镇是城市生活与文化的载体，能够完整和真实地反映某一时期的城市风貌和地方文化特色；同时历史城镇是现代城市的有机组成部分，是随时间推进不断演化的"有机体"。在社会转型期间为适应社会发展和满足人们生活需求以及对城镇的高质量发展的要求，历史城镇的更新也需要不断深化提质，但在面临全域旅游、产业转型、新型城镇化、人群消费观念转变等一系列挑战时，在历史城镇保护更新的进程中开始浮现出各类问题，如原真性缺失、地域性弱化、特色性减退、活性降低等。因此，在社会转型期的历史城镇更新中，需要进一步平衡保护历史文化遗产和适应现代化需求之间的关系，在保护历史原真文化留存要素的同时，建设新兴创意产业，满足现代人群需求，不断提升历史城镇的吸引力、美誉度和活力，实现历史城镇的可持续发展。

1.1.1.2 城乡社会生活方式的变化

近年来，中国已经由传统的农业社会向现代工业社会全面过渡，人们的社会生活方式也逐渐由农业社会生活方式向工业化社会生活方式转变。并且随着经济的高速发展，现代生活方式已经全面渗透到城市乡镇的各个角落，对舒适生活空间的追求已经成为城镇居民最重要的生活需求之一，城市社会生活方式变化的趋势已不可避免。

随着我国经济的发展和科技的进步，生活环境与物质基础不断改善，人们的生活水平普遍提高。根据近 10 年的国民经济和社会发展统计公报数据，2012 年全年农村居民人均纯收入 7917 元，城镇居民人均可支配收入 24565 元；2022 年农村居民人均可支配收入 20133 元，城镇居民人均可支配收入 49283 元，相比过去，人们的收入大幅提升。此外，2012 年农村居民食品消费支出占消费总支出的 39.3%，城镇为 36.2%；2022 年城镇居民食品消费支出占消费总支出的 29.5%，农村居民食品消费支出占消费总支出的 33.0%，可以看出居民的收入分配开始逐渐改变，人们的生活方式也开始改变。以马克思在《政治经济学批判》中把人们的整个社会生活分为物质生活、社会生活、政治生活、精神生活四个方面为依据，有学者把社会生活方式划分为劳动生活方式、物质资料消费方式、精神生活方式和闲暇生活方式四个方面。

首先，随着线上工作的迅速流行以及远程办公的广泛开展，人们的工作方式越来越灵活，刚性通勤部分减少；此外，城乡职业开始多元化，自由职业和创业的增加也使得劳动生活方式更加灵活自由。其次，随着城乡居民收入的增加，人们的消费观念也随之转变，对生活品质和个性化的要求逐渐提高，传统的生活必需品消费逐渐向高品质、多样化的消费观转变。同时，消费者对健康、低碳、环保、可持续发展等因素的关注度持续上升，绿色环保、健康生活也成为重要的消费倾向。这样的生活理念及消费观念的交融更迭对当前中国大部分历史城镇的传统商业业态及老旧空间品质提出了更复杂的更新需求和多样化的挑战。

1.1.1.3 小结

自近代以来，中国的社会转型期分别经历了慢速转型、中速转型和加速转型三大时段，如今正处于社会加速转型期，大部分城市已经进入空间的存量更新状态。与此同时，随着我国经济的发展和科技的快速进步，人们的劳动生活方式、物质资料消费方式、精神生活方式和闲暇生活方式的多维趋向性也越来越强烈。在此背景下，无论是社会经济转型、城市快速更新，还是社会生活方式的多维度更替都给如今历史城镇的保护带来了巨大的压力和挑战。历史城镇最初的形成是源于为居民的社会经济生活提供服务，在当今飞速发展的时代，我们的城镇发展模式、生活模式都发生了巨大的变化，在这无法逆转的潮流下，历史城镇作为城市生活与文化的载体，在面临全域旅游、产业转型和新型城镇化等挑战时，如何在主动适应现代城市发展与社会生活语境的同时，有效保护历史城镇内富有邻里气息的生活空间氛围和独有的历史文化特色，显然已成为当前国内历史城镇保护与更新研究的重要命题。

1.1.2 学术背景

1.1.2.1 国外历史城镇保护与更新研究综述

（1）相关的国际宪章与法令

自 20 世纪开始，大部分西方发达国家由于现代科技的运用和工业化的发展，不仅人们的居住、工作、交通模式大幅变化，城市建设量也呈井喷状态，由此进入"集聚城市化"的阶段，并诞生了主旨为功能理性主义、机械主义的现代主义城市规划和建筑设计理论主流思潮。由于这样的思潮主要以"精英路线"为代表，对历史文物建筑周边环境的保护明显不够，其主导下的许多建设导致了对历史建筑乃至历史环境的不当破坏。亚当·弗格森曾指出："尽管……一些历史建筑得以保存下来，……但是它们的文脉却处于消失的危险中。"

鉴于此，《雅典宪章》适时出现。1931 年在雅典举办的"第一届历史纪念物建筑师及技师国际会议"通过了《关于历史性纪念物修复的雅典宪章》（*The Athens Charter for the Restoration of Historic Monuments*），即《修复宪章》（*Carta del Restauro*），后人多简称为《雅典宪章》。《雅典宪章》虽然主要体现为对单体建筑和重要遗迹等较为局限的对象的关注，但其明确了建筑设计和城市规划领域中的历史保护观，并以保护古建筑单体为准绳，提出了若干目标、原则和方法，无疑为日后相关理论的发展奠定了坚实的基石，有着继往开来的社会和文化意义。

1933 年，《雅典宪章》提出"在可能的条件下，交通干道应避免穿越古建筑区"的观点，又专门提及关于"有历史价值的建筑和地区"。宪章中"地区"一词指的是以历史建筑或文物建筑为中心的局部地段，与后来出现的"历史街区""历史地段"等概念是有区别的，但这一表述表明了当时人们的保护理念在发生变化，即第一次由保护个体建筑拓展为对其周边环境的保护。宪章强调历史城镇的保护是一项重要任务，其中包括保护历史建筑、保留历史街区和城镇布局等。宪章鼓励采取必要的措施保护历史城镇的完整性和特色，并认识到历史城镇需要适应现代发展的需求，因此提出了历史城镇更新的概念。宪章还强调历史城镇应保持活力和可持续发展，通过合理的更新来满足现代化的需求。宪章坚持主张在历史城镇保护与更新中要找到保护与发展的平衡，即通过合理的城市规划和更新措施来保护历史城镇的独特性，同时满足城市发展的需要。宪章认为历史城镇的保护与更新需要广泛的社会参与，包括政府、社区、专业机构和居民等。《雅典宪章》对历史城镇保护与更新提出了明确的原则和指导方针，旨在保护历史城镇的独特性和文化遗产价值，同时适应现代社会的需求。这一文件对于保护世界各地的历史城镇具有重要的指导作用。

法国政府于 1943 年制定了《文物建筑周边环境法》，规定一旦有被列为 CHM 或 ISMH 的建筑物，这一文物建筑的周边环境就会受到及时保护，不仅该建筑周边（半径 500m 内）的所有建设都要限制，而且任何建设均应达到文物建筑的视线通廊要求，任何可能改变文物建筑周边环境的设计都必须由国家建筑师和规划师组成的特别保护组织批准。

1962 年，法国文化部部长安德烈·马尔罗（André –Georges Malraux）制定了《历史性街区保存法》（又称《马尔罗法》）。《马尔罗法》确定了两条基本原则：一是文物建筑及其周围环境应予以一体保护和利用；二是保护区的保护及利用要从城市整体发展的视角予以考虑，要以保护区复兴为其主要目的。《马尔罗法》还提出了制定"保护与价值重现规划"的具体措施，更关键的是这一成果可以作为政府文件发挥法律效力。这一创新使得其他国家纷纷仿效。

1964 年 5 月，第二届历史古迹建筑师及技师国际会议在意大利威尼斯召开，这次大会通过了《国际古迹保护与修复宪章》（*International Charter for the Conservation and Restoration of Monuments and Sites*），即后世著称的《威尼斯宪章》。宪章分定义、保护、修复、历史地段、发掘和出版 6 部分，共 16 条。宪章肯定了历史文物建筑的重要价值和作用，将其视为人类的共同遗产和历史的见证，要求必须利用一切科学技术保护与修复文物建筑。宪章强调修复是一种高度专门化的技术，必须尊重原始资料和确凿的文献，决不能有丝毫臆测。宪章的宗旨是完全保护和再现历史文物建筑的审美和价值，强调对历史文物建筑的一切保护、修复和发掘工作都要有准确的记录、插图和照片。

《威尼斯宪章》的一大理论贡献在于首次正式提出从环境的角度对历史文化名城进行保护，并首次提出历史地段是指"文物建筑所在的地段"，应作为一个整体进行保护。《威尼斯宪章》还指出，"历史建筑不仅包括单个建筑物，而且包括能够从中找出一种独特的文明、一种有意义的发展或一个历史事件见证的城市或乡村环境"。当然，与《雅典宪章》相同的是，《威尼斯宪章》中提到的"历史地段"和如今业界惯用的"历史街区"概念有所不同，它指的是"文物建筑周围的地区"，其保护修复的原则悉与文物建筑相同。

1967 年，英国政府颁布了《城市环境适宜性条例》（*Civic Amenities Act*），以法律形式明确提出了区域保护的思想，并提出"古建筑保护区"这一概念。1968 年，英国又对《城乡规划条例》进行修订，加强了对文物建筑保护的审核监管，并大大提高了违反条例的惩罚力度，使这一条例最终成为后来英国政府出台的系列保护条例、程序的基础和法律保障。英国于 1967 年颁布的《城市文明法》则将有特别建筑和历史意义的地段划为保护区。另外，比利时、丹麦、芬兰分别于 1962、1962、1965 年在各自出台的《城市规划法》中划定了保护区。

1968 年 11 月，联 合 国 教 科 文 组 织（United Nations Educational, Scientific and Cultural Organization, UNESCO）在巴黎召开第十五届大会，通过了《关于保护受到公共或私人工程危害的文化财产的建议》。建议更清晰地定义了"文化财产"这一概念，它包含两个方面：一是不可移动文化财产（传统建筑物及建筑群、历史住区、地上及地下的考古或历史遗址，以及与它们相关联的周围环境）；二是可移动文化财产（埋藏于地下的和已经发掘出来的，以及存在于各种不可移动文化财产中的物品）。建议向成员国规定了立法、财政、行政措施及教育计划，以及"保护和抢救文化财产的程序"。对于不可移动的文化财产，强调"就地保护"的原则。建议中很重要的一点是包含有"整体保护"的概念，在不可移动文化财产的定义中就体现了出来。建议的"总则"部分进一步说明了传统的建筑群具有整体的文化价值，迁移或拆除历史住区周围一些不甚重要的建筑物会"破坏历史关系和历史住区的环境"。

1972 年 11 月，联合国教科文组织第十七届会议通过了《保护世界文化和自然遗产公约》，提出整个国际社会都有参与保护具有突出普遍价值的文化和自然遗产的责任和义务。1975 年，联合国教科文组织通过了《关于保护历史性小城镇的建议》，首次提出保护小型历史城镇的具体措施：从区域层面制定保护规划，构建城镇功能，并辅以财政、技术的实效支持与保障，培养加强当地居民的保护意识等。

1975 年，《阿姆斯特丹宣言》在欧洲建筑遗产大会上通过，"整体保护"的概念在宣言中首次被提出，这标志着国际历史遗产保护又迈入了一个新的历史阶段。同年，日本在《文物保护法》修订中也增加了"传统建筑群保存地区"的相关内容。

1976 年 11 月，联合国教科文组织在肯尼亚首都内罗毕召开大会，通过了《关于保护历史的或传统的建筑群及它们在现代生活中的地位的建议》（简称《内罗毕建议》）。《内罗毕建议》明确提出了"历史地区"的概念，这一概念已不再如《雅典宪章》《威尼斯宪章》一般，仅仅指环绕文物建筑的周围地段，而是指"在某一地区（城市或村镇）历史文化上占有重要地位，代表这一地区历史发展脉络和集中反映地区特色的建筑群。其中或许每一座建筑都够不上文物保护的级别，但从整体来看，却具有非常完整而浓郁的传统风貌，是这一地区历史活的见证。它包括史前遗址、历史城镇、老城区、老村落等"。《内罗毕建议》针对历史地段保护的主要内容有：一是明确了历史地段的概念，即"历史的或传统的建筑群"包括史前遗址、历史城市、古城区、村庄、小村落和纯文物建筑群等广泛内容；明确了历史地段的环境应包括"自然环境和人文环境两方面内容"。二是确定了"整体性"的保护原则，保护和修缮技术科学性的原则，注重空间景观的视觉完整性的原则，要使历史地段适应现代生活的原则等。三是列举了具体保护措施，其中包括基础资料的调查分析研究、制定保护计划、确定审批程序，以及注重地段内的新建项目、基础设施、交通、防灾、污染和保持地段的合适功能等。《内罗毕建议》一经提出，便成为遗产保护的纲领性文件。《内罗毕建议》是专门针对历史地段的保护的，由于历史地段的保护涉及面广，往往包含复杂多变的社会、文化、资金、技术等方面问题，因此有针对性地提出了具有实效性的解决问题和矛盾的措施和策略。

1977 年 12 月，著名的《马丘比丘宪章》（*Charter of Macho Picchu*）（或称《关于历史地区的保护及其当代作用的建议》）在秘鲁马丘比丘山印加帝国的古城址上签署。此宪章是对 1933 年《雅典宪章》的更新和改进，以适用于变化了的社会条件。其中第八部分是"文物和历史遗产的保存和保护"："城市的个性和特性取决于城市的体型结构和社会特征。因此不仅要保存和维护好城市的历史遗址和古迹，而且要继承一般的文化传统。一切有价值的说明社会和民族特性的文物必须保护起来。保护、恢复和重新利用现有历史遗址和古建筑必须同城市建设过程结合起来，以保证这些文物具有经济意义并继续具有生命力。在考虑再生和更新历史地区的过程中，应该把设计质量优秀的当代建筑包括在内。"《宪章》提出"在考虑再生和更新历史地区的过程中，应该把设计质量优秀的当代建筑包括在内"，同时指出"不仅要保存和维护好城市的历史遗址和古迹，而且要继承一般的文化传统"，从而使城市保护的范围进一步扩大。

1979 年，《巴拉宪章》（*Burra Charter*）（又称《保护具有文化意义的地方的宪章》）在澳大利亚历史文物和遗址国际大会签署；1981、1988 和 1999 年先后 3 次修订。《巴拉宪章》不仅进一步扩展了《威尼斯宪章》的内涵，而且将"历史文物和遗址"（monument and site）的概念由"场所"（place）的概念取代。此外，《巴拉宪章》还对如何在具体实施细节及流程上体现《威尼斯宪章》等国际指导文件的精神，尤其是控制协调文化遗产保护与现代城市生活和功能需求之间的矛盾做出了独到的说明，使之成为后来许多国家制定类似政策时的范本和标杆。

1982 年，国际古迹遗址理事会（International Council on Monuments and Sites, ICOMOS）通过了《佛罗伦萨宪章》。自 1985 年始，欧共体（EC）每年指定一座欧洲文化城市（当年第一座欧洲文化城市是雅典），以此提示人们关注和合理保护世界各地具有不同历史与特征的城市及其地域文化。

1987 年 10 月，国际古迹遗址理事会第八次会议在华盛顿哥伦比亚特区举行，会议通过了《保护历史城市与城区的宪章》，即《华盛顿宪章》（*Charter for the Conservation of Historic Towns and Urban Areas*）。继《威尼斯宪章》之后，《华盛顿宪章》成为最重要的关于保护历史建筑和历史城市的国际性法规文件，是历史城镇和历史地段保护工作开展多年以后的经验的全面总结。宪章规定了保护历史城镇和城区的原则、目标和方法，进一步扩大了历史古迹保护的概念和内容，提出了现在学术界通常使用的"历史城镇"和"历史城区"的概念。宪章认为环境是体现历史真实性的一部分，需要通过建立缓冲地带加以保护；还认为外部环境的保护对于历史地段的保护更为重要，并强调保护和延续受保护区域的人们的生活等。《华盛顿宪章》不仅对《威尼斯宪章》中保护"历史地段"的概念做了必要的修订和补充，还明确了历史地段以及更大范围的历史城镇、城区的保护意义与作用，并提出了历史城市、城区保护与城市发展的必要关联，"历史城市的保护应该成为社会和经济发展的整体政策的组成部分；当必须改建建筑物或者重新建造时，必须尊重原有的空间组织，并要把原有的建筑群的价值和素质赋予新建筑。它们不仅可以作为历史的见证，而且体现了城镇传统文化价值"。《华盛顿宪章》认为城市特色是城市保护的重点，应鼓励居民参与保护，并提出城市保护是一项长期性工作，应该具体案例具体分析。《华盛顿宪章》还强调了历史城市和地区与生活在其中的居民之间难以分离的联系，"切切不要忘记，保护历史城市或地区首先关系到它们的居民"。《华盛顿宪章》的问世意义重大，这表明世界各国通过多年来的实践工作，已经形成了这样的共识：人类的生存、发展与历史城市和地区不可分割。与《内罗毕建议》相比，《华盛顿宪章》更加强调突出历史保护在社会经济发展中的突出地位，而非仅仅将其纳入城市规划的目标。《华盛顿宪章》的出台，意味着城市历史街区保护已与城市发展紧密结合在一起。

1994 年 11 月，在日本古都奈良召开世界遗产委员会第 18 次会议。会议以《实施〈世界遗产公约〉操作指南》中的"原真性"问题为主题展开了详尽的讨论，出台了《关于原真性的奈良文献》（*The Nara Document Authenticity*），后简称《奈良文献》。《奈良文献》根据《威尼斯宪章》的精神，对文化遗产的"原真性"概念以及如何在实际保护工作中进行更好的应用做出了详尽的阐述。在《实施〈世界遗产公约〉操作指南》阐明的文化多样性的基础上，《奈良文献》进一步强调了文化多样性对人类发展的"本质性意义"。

1996 年，泛美国家国际古迹遗址理事会通过《圣安东尼奥宣言》（*The Declaration of San Antonio*），也详细阐述了原真性概念。同年，美国国际古迹遗址理事会国家委员会通过《美国历史城镇和地区保护宪章》（*A Preservation Charter for the Historic*

Towns and Areas of the U.S.）。1998 年，在中国苏州又通过了《苏州宣言》。2001 年，联合国教科文组织在越南会安召开亚洲古迹和遗址保护会议，主要议题为"保护过去——再加固、修复和重建历史古迹与遗址问题上的亚洲观点"，会议最后通过了《会安议定书》。随后，国际上又陆续通过了《恢复巴姆文化遗产宣言》（2004）、《汉城宣言——亚洲历史城镇和地区的旅游业》（2005）等文件，进一步对历史城市及街区保护工作所遇到的问题进行了阐述。2005 年 9 月，国际古迹遗址理事会第 15 届大会在西安召开，并发表了《西安宣言》。

2011 年国际古迹遗址理事会颁布的《关于历史城镇和城区维护与管理的瓦莱塔原则》（简称《瓦莱塔原则》），旨在取代《华盛顿宪章》，这是历史城镇和城区保护领域的另一份具有划时代意义的文件。《瓦莱塔原则》是目前关于历史城镇与城区保护的最新、最重要的国际宪章。针对以往的文献对于历史城镇保护的研究大多关注对物质空间的保护，而忽视对创造城市文化、特色和活动的人的研究，《瓦莱塔原则》提出了历史城镇保护与人的生存发展有着不可分割的关系，同时强调场所精神的建立、文化认同的保持。古城/镇的人本特征表明，人作为古城/镇的主体，有人才有文化，有文化才会凝聚出地方精神，因此人的需求、人的态度和人的作用理应成为古城/镇保护的关键。

目前国际公认的关于遗产保护的会议宣言与文献宪章有 30 余部。从《雅典宪章》中有关古建筑保护的部分，到后来的《威尼斯宪章》《内罗毕建议》《马丘比丘宪章》《华盛顿宪章》和《瓦莱塔原则》的有关内容，可以清晰地看出有关历史城镇保护的概念并不是一成不变的：它已经从过去对单体建筑的静态保护，经过要更广泛地、动态地保护历史建筑及其周围环境（即历史地段），发展到历史文化名城/镇的"整体性保护"，即不仅要求保护历史环境的有形层面，还应该保护包括生活形态、文化形态、场所精神等在内的无形层面。这些重要的国际宪章内容的变化也是同时期西方特别是欧洲的历史城镇保护发展的缩影。

（2）历史建筑遗产保护研究

在建筑遗产的价值认识方面，西方 18 世纪理想主义唯美思潮、欧洲"启蒙运动"科学理性主义思潮，以及 19 世纪浪漫主义思潮、20 世纪西方人文主义思潮乃至城市多样性思想均对其产生了不同程度的影响。

俄罗斯古建专家普鲁金在其著作《建筑与历史环境》中将遗产价值的内容表述为："内在的价值——属于其自身的纪念意义（如历史的、建筑美学的成果、结构的特点等）；外在的价值——主要指城市规划的环境，这些古建筑在其周围环境中所受的支持（如建筑的历史环境、城市规划的价值、自然植被或环境景观的价值，等等）。"罗马国际文物保护和修复研究中心前主任、英国学者费尔顿（Bernard M. Feilden）在其《历史建筑的保护》一书中，将遗产价值定义为"情感价值、文化价值与使用价值三类"。

1972年，联合国教科文组织颁布了《保护世界文化和自然遗产公约》，其中第二章"保护原则"第二条关于遗产价值的阐述中即列出了建筑遗产与历史环境的价值组成，这是西方对历史文化遗产价值构成较为完善的总结，其主要内容包括四个部分：历史真实性价值、社会价值、科学美学及文化价值、情感价值。其中前三项为遗产的内在价值，在内在价值的基础上，会产生遗产的可利用价值。

建筑文化遗产保护方面，欧洲是世界上拥有较丰富文化遗产的地区，其建筑文化遗产保护也相对走在前列。19世纪，各位专家学者通过对建筑文化遗产保护和修复方法、原则、目的理论与实践的不断探索，先后形成了法国派、英国派和意大利派。

1840年，法国历史建筑管理局成立，这是世界上第一个历史建筑保护专门政府机构。与此同时，法国还颁布了《历史性建筑法案》，此时法国对于历史建筑的保护基本以"修复"为主。19世纪中叶，法国人维奥雷·勒·杜克（Viollet-le-Duc）首次提出在修复之前应查明建筑物每个部分确切的年代和特点，以此为依据拟定逐项修复计划，即把历史建筑修复置于科学基础之上；1844年他又提出了"整体性修复"的原则。这种修复方式后来被称为"风格修复"（restauration stylistigue）。不过需要指出的是，这样的"修复"是完全以强调风格统一、追求艺术美学为目的修复，每座建筑整齐划一地回归同一个时代风格，这在一定程度上难免会忽略和去除建筑本身的丰富个性特征和不同时代的历史痕迹。

针对这种"整体性修复"的明显弊端，英国的保护工作者开展了"反修复运动"（the anti-restoration movement），其中的代表人物有威廉·莫里斯（William Morris）和约翰·拉斯金（John Ruskin）。他们的观点走向了另一个极端，从根本上否定对历史建筑的"修复"，为保留古建筑身上的"全部历史信息"而拒绝一切为延续历史建筑生命所进行的干预，认为最多只需要进行"日常性维护"。

意大利人卡米洛·波依多（Camillo Boito）在1880年对历史建筑的保护提出了新的见解，他既反对杜克的主张，也不赞成约翰·拉斯金等人的观点，其观点后来被称为"文献修复"（restauro filologico）。他提出要尊重历史上对建筑的一切改变和添加，注重历史建筑形式存在的真实性；如果建筑已经损失或缺失了其风格，不应该轻易完全恢复，而应首先加固，并争取一劳永逸地作"一次性干预"。这样添加的干预要尊重建筑本身的历史痕迹，而不应改变其真实面貌，要对建筑物的周边环境加以保护和控制。如今，"文献修复"思想已成为西方历史建筑保护思想的理论和逻辑基础。同时，奥地利人阿洛伊斯·里格尔（Alois Reigl）提出的"年代价值"思想，也很快被历史文化保护领域所接受。

20世纪初期，乔瓦诺尼（G. Giovannoni）补充和发展了波依多的理论，认为历史建筑是人类历史进程的有生命的见证，因此要保护历史建筑物所蕴含的全部的历史信息，这包括它周边的原有环境，以及建筑本身历史上的一切改动或增添的部分；历史建筑的修复应突显建筑个体和整体城市环境之间存在的历史脉络[1]。

在波依多、乔瓦诺尼理论的基础上，意大利文物建筑保护界形成了一套科学缜密、较为全面的保护理论体系。他们认为"历史真实性价值"理应成为历史建筑的核心价值，因此保存历史信息并维护其真实性尤为关键和必要。这里的"历史信息"囊括了历史建筑自建造伊始的"所有信息"，及其经历的历次改动痕迹和添加物。基于具有很好的客观性、科学性和实际可操作性，意大利文物保护思想逐渐成为欧洲历史建筑保护修复思想的典范，"真实性（authenticity）原则"也成为欧洲文化遗产保护的核心所在。

1938年起，美国《古物》（*Antiques*）的主编爱丽斯·温切斯特（Alice Winchester）鼓励那些历史住宅的私人业主对住宅进行积极修复。甚至在第二次世界大战期间，整个社会已经无暇关注建筑保护之时，《古物》对于建筑保护和修复的关注依然在增加。1950年7月出版的《古物》是一本关于保护运动的专辑，其中收录了对建筑修复原则的研讨以及对国民信托组织（National Trust）与国家历史遗迹和建筑委员会等保护组织的政策阐释。1936年，查尔斯·斯妥兹（Charles M. Stotz）出版了著名的测绘研究作品《宾夕法尼亚西部的早期建筑》（*The Early Architecture of Western Pennsylvania*），希望"会推动对我们有价值的建筑的保护和修复。"1931年，约翰·豪厄尔斯（John Mead Howells）出版了著作《失去的殖民地风格建筑》（*Lost Examples of Colonial Architecture*），著名历史保护学者费斯克·肯贝尔（Fiske Kimball）为该书作序。这本书包含了大量未经发现和保护的优秀建筑的图像和文字资料，给当时的学者和建筑师乃至政府带来了空前的冲击，产生的影响持续几十年之久。1934年，供职于伊利诺伊州建筑与工程部的约瑟夫·布顿（Joseph Booton）所著的《新赛伦的修复纪录》（*Record of the Restoration of New Salem*）出版，这是第一本面向公众的详细的工程报告。

法国历史保护界认为，对于保护级别较高的"列级的历史建筑"（monuments historiques classes)，在使用上可以要求保持原功能或者改为公益性的文化机构（如博

1　1933年国际现代建筑协会第四次会议制定的《雅典宪章》，即以乔瓦诺尼的理论为基础而形成。

物馆等）；而对于保护级别较低，一般性"列入补充名单的历史建筑"（monuments historiques inscrite），则应该允许更大幅度的改造利用：除了可以改变建筑的原有功能，改善内部设施外，还可以考虑在外部形态上进行局部加改建以适应新的功能。目前，这种方法俨然成为国际上对历史文化遗产采用的最主要的保护方法之一。

1964 年美国景观大师劳伦斯·哈普林首次提出建筑再循环理论，引发了对建筑再利用的广泛研讨。此后，意大利的斯帕卡（Scarpa，20 世纪 50 年代起）、德卡（Dialogue，20 世纪 50 年代起）等人致力于历史建筑再利用的大量实践，也促进了对再利用理论的进一步研究。

20 世纪 70 年代中后期，由于城市复兴运动带来了对城市历史街区的成片保护，这一时期建筑遗产再利用的重要特征主要表现为建筑遗产保护再利用迅速普及和后现代主义的设计手法上的革新。其中著名的例子有：美国的波士顿昆西市场（Quincy Marker，1976–1978 年）、伦敦女修道院花园市场（Covent Garden Market，1975–1980 年）、曼哈顿南街海港（South Street Seaport）和悉尼岩石区（the Rocks）以及英国利物浦码头区等。1986 年后，又出现了一大批极具魅力的建筑保护更新实践，其中最重要的包括：法国巴黎奥赛艺术博物馆、卢浮宫改扩建以及德国柏林国会大厦中央弯顶改建工程等。1975 年到 20 世纪 90 年代，各国出版了大量有关历史建筑再利用的学术论著，英国的 S. 坎塔古奇[1] 和科特索亚[2] 分别在 70 年代和世纪末遥相呼应，成为这一领域富有影响的人物。官方的"美国国家公园管理局""美国住房发展部""英格兰遗产委员会""英国都市与经济发展部"分别从不同的角度对遗产再利用投入了关注。美国历史保护国民信托、苏格兰国民信托等一些民间组织更是早在 70 年代末期就再利用进行了技术和经济性的探讨[3]。

20 世纪 90 年代以来国外旧建筑改造与再利用相关的专著日渐丰富。肯尼斯·鲍威尔（Kenneth Powll）于 1999 年所著的《建筑的再生：旧建筑的重新利用》（*Architecture Reborn: Converting Old Buildings for New Uses*），总结了世界范围内旧建筑更新的最新案例。约翰·沃伦（John Warren）、约翰·沃辛顿（John Worthington）、萨·泰勒（Sue Taylor）则于 1998 年由英国牛津建筑出版社出版了《历史环境中的新建筑》（*Context: New Buildings in Historic Settings*），此书是英国高级

---

1 Cantacuzino.Architectural conservation in Europe 1975; Saving old buildings 1975; Saving old buildings 1980; Re-architecture—old buildings new use 1989.

2 S. L. Kortesoja. Historic Preservation: An Introduction to Its History, Principles, and Practice(Second Edition)[M]. Society for college and university planning, 2011.

3 National-Trust.Economics benefits for preserving old buildings,1976;Scottish Civic Trust:New use for old buildings in Scotland,1977;Scottish Civic Trust:New use for old buildings in Scotland,1981.

建筑研究所（The Institute of Advanced Architectural Studies）于 1996 年 10 月召开的一次研讨会的论文集。1998 年保罗·斯宾塞·伯德（Paul Spencer Byard）由纽约诺顿出版社出版了《建筑扩建》（*The Architectural of Additions*）。

20 世纪 70 年代中期，随着历史保护思潮的兴起，其保护理论日益成熟，建筑遗产再利用理论在西方国家也逐渐成型，并成为欧美发达国家延续至今的研究热点。结合城市历史街区的复兴运动，国际上建筑遗产的再利用已不再局限于个体行为和文化建筑一类，大量旧工业区和传统商业建筑遗产的保护性再利用已然成为主流。

（3）历史城镇保护更新理论研究（20 世纪 80 年代至今）

国际上关于历史城镇的保护经历了从文物古迹单体到包含历史环境的整体性保护、由静态走向动态的过程。在此过程中，涌现出了许多有关保护历史街区和历史城镇的理论和实践。

20 世纪 80 年代至今，城市中心区以及老城区的再开发成为城市发展的重点。1986 年，罗杰·特兰西克（Roger Trancik）曾指出，美国实行的城市更新及其分区政策是造成现代主义都市空间感丧失的主要原因之一。这正如俄罗斯的普鲁金教授分析的那样：人们开始只是认识到历史环境的价值，将古迹与历史事件结合起来评价，然后逐步认识到城市规划体系本身的价值。

有鉴于此，英国遗产委员会开始把老城保护的重点由单纯地对古建筑进行维护转向如何更好地再利用历史建筑，并进一步发挥它们的经济价值。伯腾肖（Burtenshaw）等（1991）认为，应将对保护建筑有利的经济功能以及所在地区功能特征等因素作为考虑的重点因素。英国遗产委员会于 1994 年采用"保护区合作伙伴"（Conservation Area Partnerships）项目，以开发为手段，并联合多方力量来解决老城所面临的主要问题；1999 年该委员会又颁布了"历史遗产经济复兴策略"（Heritage Economic Regeneration Schemes），在庞德布里镇（Pendlebury）实施这一策略。

史蒂文·蒂耶斯德尔（Steven Tiesdell，1995）对英国东部地区诺丁汉市中心花边市场的振兴进行了深入研究，尤其是探讨了花边市场那些针对其结构重组、经济复兴和功能多样化的政策以及作用。加雷思·琼斯和罗斯玛丽·布罗姆利（Gareth A. Jones & Rosemary D. F. Bromley，1996）描述了厄瓜多尔基多市历史中心保护方案的演化，提出私有财产者在何种程度上会出于投资而修复历史建筑，并概述了当时发展中国家一些城市的保护政策和做法。史蒂文、蒂姆和塔内尔在 1996 年合著的《城市历史街区的复兴》（*Revitalizing Historic Urban Quarters*）中，进行了历史街区振兴途径的探讨，指出历史建筑与街区的过时性源于其功能与当代需求不相协调，因而振兴方式可以通过物质结构振兴及经济活动振兴，具体包括维修置换、功能重组、功能更新等手段，还论证了历史地段的复兴与其所处城市的联系息息相关。布伦达·扬（Brenda S. A. Yeoh）和莎莉·黄（Shirlena Huang）（1996）探讨了新加坡这座面临巨大重建压力的城市，其遗产保护在国家政策框架和意识形态中所拥有的地位和作用。Sim Loo Lee（1996）介绍了新加坡在快速城市化进程中采取的历史文化保护政策，并以新加坡的小印度历史街区、甘榜格南和唐人街为例，通过对这几个街区在1978年、1983年和1994年的建筑功能的变化分析以及街区形态的变化，阐明了保护政策的及时性和可行性。该政策为了使历史街区得到有效保护和恢复活力，允许市场化运作。弗洛里安·斯坦博格（Florian Steinberg，1996）通过世界各国历史城区保护的案例，总结了当前城市老城区历史遗产的保护在经济繁荣、政策制定、文化繁衍、社会安定和城市化进程中存在的各种问题，并提出了复兴老城区、解决居住问题的办法：保持城区历史肌理，对历史建筑进行适应性再利用，改善环境质量，增加社区活力以适应物质结构的变化和现代生活的需求，将其纳入保护的一部分。

科兹沃夫斯基和瓦斯·布劳恩（J. Kozlowski & N. Vass-Browen，1997）提出为了保护历史地区的外在环境，应该建立缓冲区规划，缓冲区包括两种类型：分析保护区域（analytical protection zones，APZs）和基本保护区域（elementary protection zones，EPZs）。文化遗产的价值包含视觉特征价值、视觉关联价值、结构价值、功能价值和感官价值，缓冲区正是在确定文化遗产这几项价值需要保护的区域后叠加得出的区域。

1998年，塞巴斯蒂安·罗维斯（Sebastian Loews）所著的《历史城市中的现代建筑》（*Modern Architecture in Historic Cities*）在伦敦出版。作者通过研究法国历史城市中的现代建筑，重点阐述了法国在保护和发展历史街区中的做法和经验教训，并详细描述了各历史街区中可再次利用的资源、法国专家团体在历史街区的保护过程中和政府官员之间的关系、公众在保护决策中的作用，等等。

美国东密歇根州大学城市与地区规划项目总负责人诺曼·泰勒（Norman Tyler）撰写的《历史性的保存：有关它的历史、原则和实践的导论》（*Historic Preservation: an Induction to Its History, Principles and Practice*）第二版由诺顿（W. W. Norton）出版公司于1999年出版。此书从理论、制度、程序、技术等角度对历史建筑遗产的保护进行了较为系统完整的描述。阿什沃思和坦布里奇（G. J. Ashworth & J. E. Tunbridge，1999）强调了文化遗产保护政策与管理方式的同步性，提出如果历史文化遗产在当地政策制度、社区、文化特征的象征或经济来源的用途和角色迅速改变，那么文化遗产的保护政策及其管理方式、管理制度也要与时俱进。

罗伯特·弗里斯通（Robert Freestone，2000）专门论述了当代历史城市保护的各种观点与案例，系统回顾了奥斯曼主持巴黎改建以来的种种城市更新改造方式及其后果，包括第二次世界大战的影响及独裁统治下对城市历史地段的破坏，以及对现代主义的蔓延而毁坏历史遗迹的批判。

安东尼·滕（Anthony M. Tung）所著的《保留世界的伟大城市：历史城市的毁灭与更新》（*Preserving the World's Great Cities: The Destruction and Renewal of the Historic Metropolis*）2001 年由 Clarkson Potter 公司出版，表达了保护全世界历史建筑和文化遗产的强烈愿望。作者走访了意大利、希腊、中国、日本、美国等国城市的许多经典古建筑和历史性城市，研究总结了华沙、纽约、新加坡、东京等地区在城市发展进程中对历史建筑毁灭与保护的历程。同年，在《城市规划、保护与保存》（*Urban planning, Conservation and Preservation*）一书中，作者纳赫姆·科恩（Nahoum Cohen）提出了基于考古学，以城市的形态网络结构以及形成城市结构的主要、次要元素，针对不同的城市类型以及保护对象提出相应的保护内容和方法。

克特利尔（J. F. Coeterier, 2002）对尼德兰南部的当地居民和外来人对历史建筑的评价标准进行了研究，认为在制定保护策略和评价历史地段历史建筑时，需要尊重当地居民的评价标准，并界定了评价历史建筑的 4 个价值标准：功能、形式、蕴含的历史信息以及熟悉度；居民对历史建筑的评价标准可分为两个原则：建筑的功能必须服从形式，环境的战略必须服从结构。

2004 年，纳西耶·多拉特利（Naciye Doratli）、塞伯内姆·奥纳尔·霍斯（Sebnem Onal Hoskara）和穆卡德斯·法斯利（Mukaddes Fasli）提出以 SWOT 理念为基础，要有长远眼光的历史城区复兴战略，并指出由于建筑遗产的有效沿袭涉及政治、经济、社会等综合需求，保护规划的目标应着力将保护与改善物质生活环境与重振社会、经济活力紧密联系，从而实现可持续发展。同年，纳杰瓦·阿德拉（Najwa Adra）探讨了在城市系统环境下，如何在 3 个英国城市中解决文化遗产保护与现代城市化进程之间的冲突。2005 年，卡沃斯·杰·德福特汉森（Kwesi J. Degraft-Hanson）对科尔曼钦（Kormantsin）进行了历史文化景观的保护研究；2007 年，贝西姆·哈基姆（Besim S. Hakim）探讨了历史遗产地区复兴的主要途径和过程，包括：1）注重社会道德与法律原则，并将其作为复兴项目的基础；2）追求公平公正；3）个人和公众之间责任义务的实施、分配；4）对复兴项目实施有效的实时管理和控制；5）制定具体细致的实施规则及章程。丹尼斯·罗德威尔（Dennis Rodwell）通过案例调查研究，来测试城市文化遗产的可持续性保护状态。

2010 年，贝萨尔（O. T. Beser）基于可持续性城市复兴的理论结构，构建了对历史地区可持续性水平的评价模型，证实了在城市地段的历史脉络中，保护、复兴与可持续发展是相互联系的。2016 年，马里科·札格罗巴（Marek Zagroba）对瓦尔米亚（Warmia）地区进行了研究和调查，并根据调查结果提出改善策略，重新关注历史城镇中心的地位，以期提高当地居民的生活水平和条件。2017年，约瑟芬·考斯特（Josephine Caust）以联合国教科文组织在亚洲发展中国家的3个世界遗产案例为实证调查研究地点，对遗址的文化遗产可持续性影响因素进行研究。

（4）历史城镇保护的城市社会和经济学相关理论及研究

从前文回顾西方近现代城市历史街区保护与更新的思想、理论及实践中，我们可以看到，这些理论与实践的演变始终源于为解决当时社会、经济的现状与冲突所突显的各类问题，始终确立在文化变迁与价值冲突、现代性与传统之间的张力与矛盾基础上。因而，人们也意识到，要使历史街区等文化遗产在城市发展中与现代性和谐共存，对社会学、经济学领域的研究不可或缺，许多社会学、经济学的思潮也由此为历史街区保护的研究者们所运用、借鉴。

1959年出版的《罗德岛普罗维登斯大学山调查报告》，是美国最早将遗产保护结合城市更新的研究。从城市角度系统研究城市遗产保护，启蒙于简·雅各布斯（Jane Jacobs）以及刘易斯·芒福德（Lewis Mumford）、柯林·罗（Colin Rowe）、达维多夫（P. Davydov）、舒马赫（E. Schumacher）、亚历山大（C. Alexander）等人。20世纪60年代后的这些研究对城市更新的理论和实践产生了深远的影响，尤其是让人们学会了从社会和经济角度看待城市建成环境和由此引发的各种社会问题。以1961年出版的简·雅各布斯所著的《美国大城市的死与生》为例，纵观全书，作者使用"反现代主义"的观点对城市进行了一种全新的阐释，对具有功利主义、商业化特征的理性主义城市发展观进行了犀利深刻的剖析和批判，也由此引发了人们从城市生活的多样性、经济活力和社会生活的丰富有序这些角度对于历史建筑和城市关系的再认识。历史学家斯科特·葛瑞尔的《旧城更新与美国城市》（*Urban Renewal and American Cities*, 1965），也从社会经济层面指出了当时联邦政府更新政策的不合理性以及矛盾性。

社会学家甘斯（H. Gans）反思了城市规划的过程与方式，指出规划师不能以自己所认为的物质环境来单方面决定城市中人们的生活，而应顺应其社会、文化、经济结构特征。海恩·马利（Hein Mallee）运用社会学的方法，强调社区人群的参与机制，认为不但要考虑保护自然和文化遗产资源的各种价值，还要考虑如何保证当地原住地居民的生存权利，如何保护或协调当地社区的利益。

彼得·霍尔（Peter Hall）以"马克思理论主导阶段"来总结20世纪70年代后西方城市理论的研究。马克思主义的城市理论认为，城市规划和建筑是统治阶级实现其对城市控制的权力工具。自20世纪以来，许多学者拓展延伸了马克思的思想，并以其来分析研究现代大都市的发展。亨利·列斐伏尔（Henri Lefebvre）、戴维·哈维（David Harvey）以及曼纽尔·卡斯特（Manuel Castells）是杰出的马克思主义城市理论学者，他们的理论创建了城市历史遗产保护与现代性发展的时空观。其中，亨利·列斐伏尔是相关领域最重要的理论思想家之一，他一再强调空间问题的重要性和关键性，并指出空间性问题甚至应与历史、社会性问题一样，是社会人文科学领域研究的主要理论基点和研究视角之一。

列斐伏尔在《空间的生产》（1970）一书中，表明了空间不仅具有政治性，而且具有生产性和流动性。按照列斐伏尔的观点，在城市中，众多社会空间往往充满矛盾地彼此渗透，互相重叠，并被纳入整个社会的资本循环和商品生产中。因此，城市与建筑都是"表征的空间"，它们的生产和创造必然依赖在资本积累基础上的社会关系的结构化、理性化。

戴维·哈维对后现代时间和空间进行了深入研究，并在1989年出版了《后现代状况》（*The Condition of Postmodemity*）一书。哈维在书中认为，消费社会也导致了城市建筑这种文化产品的分化，"建筑师和城市设计师们通过探索分化了的趣味（Taste）与审美偏好的各种领域，重新突出了资本积累的一个强有力的方面：布尔迪厄称之为'象征性资本'的生产与消费。'象征性资本'可以被界定为'聚集了拥有者之趣味与个性的奢侈品。'"哈维认为，在消费主义的意义上，城市历史文化遗产就是一种"象征性资本"，"遗产保护和后现代主义都图谋造成一道介于我们现在、历史之间的浅浅的屏障。我们对历史并没有深刻的了解，提供给我们的反而是一种当代的创造，更多的是古装戏和重新演出，而不是批判性的话语"。哈维借用列斐伏尔的城市马克思主义理论，意图构建一个可以清晰阐明不断变化的形式、功能、结构以及和资本循环之间关系的理论模型。爱德华·索亚（Edward W. Soja）的研究同样以列斐伏尔的理论为基础，他著述的《第三空间》通过对洛杉矶进行城市分析研究，以后现代主义为视角和基点，阐述了有关社会空间的辩证法思想。

列斐伏尔的学生让·鲍德里亚（Jean Baudrillard）（又译为让·布希亚）对消费主义进行了更为深入的研究与剖析。依据他的观点，城市历史遗产若想成为消费的对象，就必须首先从物品转变为系统中的"记号"来建构消费"关系"。鲍德里亚的创新之处在于，他指出了被消费的东西是"关系"本身，而永远不是物品。这样"主动"的关系模式，除了包含人与物品之间的关系外，也是人与群体、与整个世界之间的系统、灵活与全面的联系。正是在此基础上，历史遗产文化体系的整体性才得以建立。从另外的角度来说，消费空间是政治性的，个人消费行为也同样是一种政治力量。

在法国，情境主义国际（Situationist International）在居伊·德波（Guy Debord）的主导下，开始转到对既有城市社会与生活现状的反思和批判中。1967年，德波出版了《景观社会》（*The Society of the Spectacle*）一书，被众多西方学者赞为"当代资本论"。在书中，德波发展了"景观"（spectacle）的概念，认为景观已经成为一种物化了的世界观，而景观本质上不过是"以影像为中介的人们之间的社会关系"。这一情境主义的重要观点无疑开辟了另一条研究和解读城市历史遗产保护的有益思路。

1979年，社会学家皮埃尔·布尔迪厄（Pierre Bourdieu）提出了文化资本理论："文化资本可以以三种形式存在：以精神和身体的持久的具体状态及其'性情'的形式、以文化的形式（图片、书籍等）存在的客观状态、体制的状态。"

在西方学者看来，延续历史城镇的传统文化是城市发展不可分割的重要方面，社会生活、社区传统本身的价值绝不应该被低估（Marks，1996）。一些学者（例如Gossling，2002）甚至把它提升到"人—环境"具有长期互动的历史证据这一哲学高度来认识。英国剑桥大学出版社出版的《城市保护的经济学》一书系统地阐述了遗产保护与经济的关系（Nathaniel，2000）。该书首先提出文化建成遗产（cultural built heritage，CBH）作为资产和商品的特性，从城市经济的角度研究了遗产应该如何进行管理，考虑经济活动中保护行为产生的影响，以及经济活动在管理决策方面如何保护所有权利益，强调政府干预遗产保护能够起到的效果，特别是规划中关于成本和回收估算及相应的土地价值方面；然后该书以一种更广的视角来看待关于CBH保护的管理和规划中与经济有关的事项。1997年，麻省理工学院城市规划系的舒斯特（Schuster）等学者罗列了政府在履行保护职责时可以采取的五种手段——由弱至强按照效力依次是：所有权及其信息、分配与强化、产权的建立、激励与惩罚、法规运作；同时，他们明确提出了如果想要在市场条件下实现历史文化资源的有效保护，最好的途径是私人（市场）领域和公共（政府）领域在市场经济条件下的充分合作（partnership）。

2004年，纳撒尼尔·多拉提安（Naciye DoratliAn）以尼科西亚（Nicosia）为例进行了基于SWOT的社会调查研究，其中包括对政府的角色、历史文档及其属性、敏感的建筑设计和规划、保护技术、遗产旅游以及建筑风格的调查。2007年，罗杰·怀特（Roger White）分别按管理计划、世界遗产品牌、可持续性、和睦社区4个部分对遗产保护提出了讨论和研究，并强调了调查的重要性。2008年，艾纳尔·博维茨（Einar Bowitz）分析了文化遗产项目对经济的影响。2011年，科尔特索亚（S. L. Kortesoja）以历史古迹为研究对象，从建筑设计、规划、遗产旅游、保护技术等方面，针对政府、业主、学者等多方主体展开多学科的调查研究。2014年，理查德·K.沃尔特（Richard K. Walter）从社会学角度切入，对美拉尼西亚（Melanesian）的历史文化景观进行了可持续研究；弗朗西斯·卡科米纳（Francesca Comine）从社区创新的角度关注了非物质文化遗产（intangible cultural heritage，ICH）的可持续性保护。2015年，杰森·F. 科瓦奇（Jason F. Kovacs）对加拿大安大略省最古老的遗产保护区的64个地区进行了社会调查，包括城市景观调查、利益相关者访谈、住宅调查、房地产销售历史评估等，以期对当地历史保护工作有所帮助。穆苏米·杜塔（Mousumi Dutta）认为，发展中国家的城市遗产翻新和维修是一项重要的财政决策，城市规划者需要在充分的调查评估后才能做出决定。

许多专家，如福德（Forde）（1997）、马利西亚（Malizia）（1999）、妮可（Nicole）（2002）、劳里（Laurie）（2004）、菲利普（Philippe）（2006）、大卫（David）（2008）等还对历史街区从产业的角度进行了研究，指出历史保护应该与特定的产业发展相结合，并且可以从产业集群的角度来对历史遗产的保护加以适当的提升和加强，如劳里（Laurie）（2004）指出应着重从历史街区各类产业发展的业态模式分别提出相应的发展建议。阿什沃斯（Ash Worth）和拉克姆（Larkham）认为，当前遗产是一种被有目的的创造用来满足当代消费的特殊商品。还有学者如雅各布斯（Jacobs）（1970）、阿普尔亚德（Appleyard）（1979）、克里尔（Krier）（1998）、索尼亚（Sonia）（2007）等指出，多元的产业业态能促进老城区的活力提升，并为城市生活提供多种便利。在对历史街区更新改造机制的深入探讨中，以列斐伏尔为代表的空间生产理论被认为是一种有效的分析工具，开始为一些学者所采用。1992年，里普凯马（D. D. Rypkema）在其著作《重新思考经济价值观，过去与未来相遇：拯救美国的历史环境》（*Rethinking Economic Values, Past Meets Future: Saving America's Historic Envirnments*）中明确提出，历史遗产资源具有文化、社会、艺术、科学等多层次的价值，但其关键则在于"经济价值"，保护历史遗产最终应是一种合理的经济和商业目标的选择。米达亚诺·马赞蒂（Massimiliano Mazzanti）则从经济学分析和评价的框架来研究文化遗产资源的多维、多价值和多重属性。安娜·贝达特（Ana Bedate）等采用旅行费用法计算文化遗产的消费者剩余价值，并以此为基础估算遗产的实际价值。2001年，罗伯特·皮卡德（Robert Pickard）主编了《历史核心区的管理》（*Management of Historic Centers*）和《遗产保护中的政策与法律》（*Policy and Law in Heritage Conservation*）两部著作，分别挑选了欧洲十几个国家的著名历史性城镇，分属于市场发达国家、发展中国家、传统社会主义转型国家等不同的类型，针对旧城传统中心区更新与保护的管理、规划、法律与公共政策进行了细致的论述。

文化生态学理论的代表人物拉柏波特（Roy Rappaport，1990）在对众多城市聚落形态进行研究分析后认为，城市形体环境的本质在于空间的组织环境，而不是表层的形状、材料等物质方面，而文化心理、礼仪、宗教信仰和生活方式在其中扮演了重要的角色。拉柏波特的研究还表明，所谓"无规划的"（unplanment）、"有机的"（organic）或"无序的"（disordered）城市环境实际上根植于一套有别于正统规划和设计理论的规则系统。爱德华（H. Edward，2004）也认为，对历史地段的保护应从孤立的历史碎片的保护改变为强调城市—街区整体系统的保护，并强调了环境、社会、文化保护策略的重要性。

1996年，彭德尔伯里（John Pendlebury）以英国位于泰恩河上的中心城市纽卡斯尔作为研究对象，创建了一个干预历史环境的理论框架，并发现这是一个历史地区的视觉管理与社区组织结构之间的持续的矛盾协调过程。同年，伊恩·斯特兰奇（Ian Strange）跟踪记录了实施经济和政府重组双重过程的效果，以及英国历史城区、城镇的经济和政策的重组经历和经验，并指出只有可持续发展的政策体系（不断协调城区保护、发展之间潜在的问题与矛盾）才是保护政策的关键所在。

（5）历史城镇保护与更新历程

自城市诞生之日起，城市更新就作为城市自我调节机制存在于城市发展之中。不过，历史街区的保护与更新在20世纪30年代现代主义运动兴起时曾遭受过不小的挫折。1853年，奥斯曼主导的"新巴黎奥斯曼改造项目"中，体现了以理性主义为核心的城市规划理念，其源于"法国绝对君权时期唯理主义"的规划观，追求"全面规划、明确主从、和谐统一与有条不紊的古典主义风格"，城市则成为完整理性的视觉盛宴。因此，尽管当时城市历史古迹保护的管理部门在巴黎已然存在，奥斯曼的改造却是以摧毁旧巴黎，甚至其中不乏中世纪宝贵的城市历史遗产为代价的。这一相似的现象在西方进入机器化工业社会之后，在崇尚"机械理性主义"与"功能理性主义"的马塔·戈涅（Mata Gon）以及后来者勒·柯布西耶（Le Corbusier）这里得到了发展。后者在1925年为巴黎做的"邻里规划"（Plan Voisin de Paris）以及1937年的"巴黎塞纳河北岸改造计划"中提出以摧毁旧街区、旧建筑作为改造巴黎的前提。如此"毁旧建新"到了1933年，欧洲许多城市中现代与历史的矛盾日益明显，城市中历史古迹的相关保护问题已赫然成为城市规划理论和实践无法避免的问题。城市更新（urban renewal）"是一种物质实体的变化，它是土地和建筑物使用功能或使用强度的变化，它是影响城市的经济和社会力量所带来的必然后果"。

国际上真正开始发现历史城区的更新问题，是在第二次世界大战以后。第二次世界大战后，由于一切百废待兴，在大量的修复重建工作中，随着文物建筑和历史老城区的文化价值、景观价值被进一步发掘，一些规划人士开始认识到保护历史遗产与城市发展的紧密关系以及迫切需求。以"城市复兴运动"为例，其以保护历史街区为目标，主要目的是对历史文物建筑遗存的修复更新、再利用，以及对相关历史环境的保护更新与整治。不过可惜的是，直至 20 世纪六七十年代，欧洲许多国家并未在战后大量重建工程中采纳这样的发展观，大部分仍继续沿用传统的追求高增长率的"拆除重建"模式。第二次世界大战后当大量城市中心区尤其是历史地区被定义为"不卫生街区"，居民住宅与相关设施严重缺乏的情况下，人们大都采取了"拆除重建"的方式。这使得西方城市开始面临一系列城市问题，如城市化快速发展和膨胀、郊区化、交通堵塞、住房短缺、环境恶化及资源的不合理使用、居民的非理性聚居，导致"千城一面"及建筑与环境的反人性等。伴随这些整体改造政策，所谓的"好"与"坏"一起消失了，城市的特色风貌也随之消失殆尽。于是人们逐渐意识到，巴黎之所以是巴黎，里昂之所以是里昂，并不是因为其郊区景观有所差别，而在于其历史悠久的城市中心，在于其不同时代所形成的街区。美国著名的城市理论家刘易斯·芒福德在 1961 年出版的名著《城市发展史》中曾经十分深刻地指出："在过去的一个多世纪的年代里，特别在过去的 30 年间，相当一部分的城市改革工作和纠正工作——清除贫民窟，建立示范住房，城市建筑装饰，郊区扩大，'城市更新'——只是表面上换上一种新的形式，实际上继续进行着同样无目的集中并破坏有机机能，结果又需治疗挽救。"

直至 20 世纪 60 年代，人们才开始全面正视城市历史地段的真正价值含量并给予重新评价，公共舆论也开始向支持遗产保护的方向倾斜，西方国家的街区保护与更新运动由此进入新阶段。大家强调从注重"功能 + 理性"的现代城市规划转为注重社会文化、综合价值的"后现代城市规划"；一些评论逐渐涉及"公民参与，社会公正，规划与人民等"的论题，"人本主义"成为强调的关键。从本质上讲，当时的城市保护与更新运动已经与简单的"旧城改造"有明显区别，因为除了改善城市物质空间外，它更关注经济发展、人口素质提高、城市生活环境和居住条件改善等议题，而这些议题通常通过与相关政策相结合的整合行动来体现。1962 年，法国制订了保护历史性街区的法令（《马尔罗法》），第一次使明确界定一个保护区的边界成为可能。

自此，历史街区的保护与再利用开始逐渐与市场、消费以及文化相结合，美国纽约苏荷区的更新就是其中的典型案例。至 1978 年，该区共入驻 77 家画廊，这些个性鲜明的艺术画廊由于引入街道层的活动而对街区的特征做出了重要贡献。随着大量艺术画廊的入驻，越来越多的酒吧、餐厅、面包坊、花店、咖啡馆、书屋等服务业商铺开张，以满足越来越多的居住人口的需求。这恰好反衬了"新艺术 + 新邻里"的巨大的市场价值。

20世纪60年代末，意大利的博罗尼亚（Bologna）在对历史遗存物质环境进行保护的同时，同样重视当地居民生活水平的改善，不仅要保护遗存的物质外壳，也要保护其社会生活的鲜活内容。由此，在整个改建过程中不仅注重改良物质空间环境，改善服务设施，并且将保护的整体进程与维系历史街区原有功能及社会形态紧密关联，同时保证了在整个决策过程中民众的全程参与。

与博罗尼亚截然不同的是，20世纪60年代巴黎马莱区进行建筑保护和整治后的数年间造成了功能置换和绅士化（gentrification），彻底改变了街区的特征。马莱区是法国实施《马尔罗法》后建立的第一个保护区，不但拥有独特的城市空间和丰厚的历史建筑遗产，还有丰富的产业结构及其带来的错综复杂的社会阶层分布。在马莱区的保护与整治过程中，主要以循序渐进的方式进行，还考虑了业主的利益以及可操作的实施性和灵活性，并采用了政府投资维修，以及房屋低租金的方式吸引原住户回迁等一系列制度性策略。从客观来说，马莱区的物质空间整治是比较成功的，然而就其保持多元化社会和本地居民的目标来说，虽然政府采取多方措施力图保持马莱区原来的生活形态，仍不可避免地使这一社区产生了巨大的社会变动：自保护计划实施起，共有2万居民迁出，而仅有少量的居民迁入，同时出现了一连串的修复、租金提高和社会结构变动等情况。由于失去原有住所和修复后原住所租金提高，街区大量的原住民被迫迁离。

20世纪70年代以来，由于能源危机引发的经济危机，人们开始反思以往的城市发展路线，历史遗存和生态环境的保护逐渐成为西方发达国家主流的社会意识，许多城市保护更新的重点也转向了对社区综合治理邻里关系和振兴恢复社区活力的层面。由此，城市保护更新全面转向社会经济和物质环境相结合的综合性规划，开始推崇分阶段、小规模的"谨慎渐进式"适时改善模式，以"一个连续不断的持续过程"理念来重新认识城市更新。此外，历史保护开始逐渐与大众生活、社会复兴等紧密结合，"历史建筑再利用"开始作为保护的一种方式得到大量使用。历史遗产保护也逐渐从对小块遗址的个体保护，上升到面向整个文化景观的保护。正如普鲁金教授分析的那样，人们起初只是认识到历史环境的价值，将古迹与历史事件结合起来评价，然后逐步认识到城市规划体系本身的价值。

20世纪70年代，欧洲的城市整体保护概念已经逐渐成熟和规范：除了历史物质环境要素必须被保护外，城市历史街区的社会生活网络也同样要保护。与之相对应，各国政府相继调整了城市更新政策，例如英国《内城政策》（1977年颁布）的颁布。这一时期，美国还出现了一种新运动趋向，即以"邻里复兴"（neighborhood revitalization）的概念取代传统意义上的"城市更新"（urban renewal）；美国政府还设立了"社区发展基金"（Community Development Block Grant，CDBG）和"都市发展行动基金"（Urban Development Action Grant，UDAG）。不过总体来说，保护做得较好的典型历史城市往往规模不是很大，如美国的威廉斯堡、比利时的布鲁日、日本的妻笼宿等。

这一运动的实质是强调社区内部自发的"自愿式改良"（incumbent upgrading），既给衰败的邻里注入新鲜血液，又可避免原有居民被迫外迁造成的冲突，同时还可强化社区结构的有机性。荷兰奈美根教会大学的内利森（N. J. M. Nelissen）在1979年所著的《西欧城市更新》（Urban Renewal in Western Europe），通过对西欧8个国家8个不同规模城市的更新研究，提出旧城更新的本质和特性随城市规模的大小而有变化，更新过程中所面临的轻重缓急也各有不同，因此所采取的更新方式各有其普遍性和独特性。

到20世纪80年代以后，通过普及化的建筑遗产再利用方式，更大规模的城市复兴运动在西方乃至亚洲普遍展开，促进了许多城市的相关产业结构调整和经济振兴，以及随之而来的人居环境的改善。同时，"城市再生"（regeneration）的概念也逐渐代替了传统意义上的"城市更新"概念。通过再利用，许多历史建筑遗产再次融入普通民众的生活中，并真正成为其有机组成部分。这一复兴的浪潮持续至今，对当地的城市建设与社会复兴贡献巨大，很多被废弃的产业建筑遗址都由于适当的再利用而得到了再生，比如美国旧金山渔人码头的复兴、巴尔的摩内港80年代中期的复兴、伦敦道克兰地区的再生、英伦三岛其他码头仓储区的再生等。

20世纪后期，这样的保护运动的思想在西方发达国家城市中衰退的工业区、旧城中心、商业区的一系列复兴计划中得到了更深层次的延展。意大利的部分学者认为复兴可重新使用的旧城中心结构，重建衰败的历史社区，就是采用学术研究的方法对城市肌理的历史发展方向进行选择，这意味着进行更新的建筑师需要"非常谨慎地"拆除危险的搭建，以揭示历史建筑的原始建造形态；应维持传统的街区尺度、视觉上的持续性和原有的环境风貌，允许新的建筑插入老建筑的街区中，同时注意既不采用不合时宜的现代主义风格，也不采用虚假的"正确的"外加立面。此后，与历史城区保护相关的城市设计开始在遗产保护中发挥重要作用。

自20世纪90年代起，城市更新保护开始响应可持续发展的要求，提高了对城市文化、社会的关注度。许多研究人员更加注重在城市经济的衰退与复苏的基础上，如何达到具有一定广度的社会公平，并由此提出了民主决策程序以及公众参与的要求。另外，随着新城市主义的兴起，也开始提出为使历史街区衍生出符合当代人需求的新功能，以现代需求改造旧城城市中心的精华部分，并保持旧城风貌、尺度的新课题。新城市主义强调"紧凑型"的城市发展模式，使得原来那些因为"郊区化"而被居民遗弃的传统旧城中心区不仅重新成为居民生活的聚集地，而且建立了和以往不同的密切的邻里关系。

此外，国外较为成功的历史城区复兴，往往前后花费数年时间（有的甚至长达几十年），除基本原则不变外，其保护政策、制度、方法措施等随着世易时移而不断地进行更新与补充。以纽约南街海港（South Street Seaport）的复兴为例：倡导街区复兴源于 1967 年；在获得政府支持后，1973–1978 年完成街区的功能转换工作；1979 年政府与开发商签署开发协议，开发计划经两年时间的审批后，于 1983–1985 年完成第一期保护复兴工程；后来又历经开发公司更迭、纽约经济衰退等原因，1990 年以更为有效且多样化的方式进行保护与开发。再如英国伯明翰市布林德利地区，复兴项目被提上日程始于 1983 年，1987 年正式制定开发任务书，1991 年街区复兴的规划草案才面世，1993 年开始建设，至 1995 年才正式投入使用。

从西方历史城镇的保护与更新历程可以看出，其经历了从"忽视"到"重视"、从保护"个体"到保护"群体"和"整体"、从保护"物质"到保护"物质 + 非物质"的转变。其建筑和城区的保护同样始终面临着社会与经济等多方面的挑战。当然，持续的理论与实践探索使其保护理念渐渐摆脱了理论教条的僵硬束缚，而表现得日趋成熟且更有实际操作性。

1.1.2.2 国内历史城镇保护与更新研究综述

（1）建筑遗产保护与再利用研究

我国学者在这一领域的研究与实践开始于 20 世纪 90 年代，主要的关注点有：建筑遗产再利用的理论、方法，特定类型的城市遗产再利用，建筑遗产再利用的技术研究，等等。在这一领域有研究的主要学者包括常青、曲凌雁、陆邵明、李鲁波、朱伯龙、范文兵、伍江等人。

同济大学常青院士自 1996 年以来带领研究生进行了历史建筑再利用的一系列试验，并形成了遗产生存策略的专门论著；2001 年，《时代建筑》在我国学术界第一次出版历史建筑再利用专辑；曲凌雁（1998）、李鲁波（1999）、苗阳（2000）等学者对建筑遗产的再利用理论、方法等进行了系统的研究；王伯伟（1997）、徐峰（2001）、王红军（2001）、范文兵（2004）等人则将目光投向特定类型的城市遗产活化与工程实践（城市码头工业区、老街、上海里弄、上海旧住区等）。后来，朱伯龙（1998）等人对遗产再利用的技术手段投入了关注。我国台湾地区 1999 年的 9·21 大地震，促成了历史建筑再利用的风潮，形成了数量更多的研究成果。2004 年，陆地著《建筑的生与死——历史性建筑再利用研究》出版，该书以不断发展的观念与实践为研究背景，用历史与逻辑内在统一的研究方式，比较系统地研究了西方"历史性建筑再利用"的发展历程，总结有关历史性建筑"保护"与"再利用"的历史经验，探讨建筑遗产保护与城市建设的内在关系。周俭、张恺编著的《在城市上建造城市：法国城市历史遗产保护实践》，从法国城市规划与遗产保护体系、历史建筑的保护与利用、保护区的保护与更新、城市一般地区的发展与延续、城市的整体发展5个方面介绍法国城市历史遗产保护实践，并对法国历史建筑的保护与利用问题，以"保护建筑的延续方式"为研究对象，从维修利用、内部空间改建、加建、周围地段城市空间的改造4个方面介绍了其先进经验。

（2）历史城镇保护更新理论研究

吴良镛先生最早于1979年建构历史街区"有机更新"理论雏形，并随着1989年之后菊儿胡同及周边街区的多次改造活动的进行而不断完善和深入。其理论认为，应"通过持续的城市'有机更新'走向新的'有机秩序'，'有机秩序'的取得，在于依自然之理持续有序地发展，依旧城固有之肌理，'顺理成章'，并不断以具有表现力之新建筑充实之"。1999年，方可也对该阶段的旧城更新问题进行了反思与总结。

王景慧先生不仅对城市规划与历史文化遗产保护之间的关系作了详尽而深入的剖析，还对历史文化遗产保护的政策与规划、历史地段保护的概念和做法、历史文化村镇的保护与规划乃至历史文化名城概念等相关课题进行了精辟的研究和阐述。

朱自煊教授针对黄山屯溪老街1985-1993年前后两次成功的保护与整治规划及修订，提出了"整体保护"与"积极保护"两大原则，并强调保护规划要和建筑设计紧密结合。

阮仪三教授对世界及中国历史文化遗产保护的历程进行了深入的阐述、分析和研究，并针对中国历史街区保护与规划的若干问题、街区保护模式、古镇保护与合理发展等方面进行了详尽而细致的探讨和研究。

吴明伟教授提出了旧城改造的更新控制观，包括系统观、经济观、文化观3个方面，认为首先应从总体上对旧城区进行全面研究，制定一个系统的旧城改造规划控制体系；经济因素已经成为旧城改造中的客观主导性因素，城市土地有偿使用后带来的土地价值和土地收益可以成为实现旧城改造的一个主要推动因素。

阳建强教授、吴明伟教授在《现代城市更新》一书中针对中国城市更新的现状和问题，着重分析和介绍了城市更新的历史发展、基础理论、类型模式、系统规划和组织实施，并结合作者的实践和一些实地调查案例对其理论和方法进行了剖析。

2000年，阳建强《中国城市更新的现况、特征及趋向》一文认为：进入新世纪，对城市更新的理解从最初作为物质性改造和物质磨损的补偿，发展为城市自我调节机制存在于城市发展之中，其积极意义在于阻止城市衰退，促进城市发展。随着更新和保护理念的发展，历史文化名城更新理念也从经济主导下的城市物质建设走向社会、经济、文化的综合协同发展。

同济大学以阮仪三先生为骨干的历史文化名城研究团队，通过对平遥以及周庄、同里、南浔、乌镇、西塘等江南水乡古镇的成功保护规划与实践探索，对苏州、绍兴、福州、上海等十余个历史文化名城开展保护规划，促进了我国名城古镇、历史街区保护理论体系的建构。在其专著《历史文化名城保护理论与规划》中较系统地阐述了我国历史文化名城的保护内容、保护原则、途径、方式以及保护制度等专业技术专题，探讨了我国历史文化名城保护中的一些基本观念，为我国的历史文化名城保护理论和实践奠定了坚实基础。张松、周俭等知名专家学者也在历史文化遗产保护领域进行了深入的理论与实践研究。

东南大学段进院士以太湖流域古镇为研究对象，通过结构和形态两方面对该地区的古镇整体特点、空间构成、空间环境等进行综合全面的解析；运用社会学、心理学、行为学、美学等学科的基本规律和原理对古镇空间形态进行分析，揭示人的心理行为与城镇空间及建筑环境之间的联系和互动关系。张杰则从产权制度视野下对旧城更新进行了研究（2010）；袁奇峰（2005）、崔延涛（2001）等对历史街区的再生与利用提出了相应的策略。赵勇等学者在这一研究领域也做出了很大贡献。

（3）历史城镇保护的城市社会经济学研究

这一方向是关于历史城镇所牵涉的社会关系研究，其关注点在于遗产保护的社会经济语境探讨以及由此引发的社会问题讨论。国内学者在这一领域的理论研究，包括遗产保护的社会联系、遗产与城镇更新管理与街区保护、遗产保护的经济学分析等，其代表学者包括阳建强（1999）、谭英（1997）、陈雅慧（2004）、耿慧志（1998）等人。此外，张京祥与邓化媛（2004）通过消费主义的视角剖析了以新天地为代表的近现代历史风貌区的空间营造机制，而肖长耀（2008）、王达生（2009）以重庆磁器口历史街区为案例，从消费空间、大众文化以及符号拼贴等方面对历史街区更新中的现象和问题进行了解读。

由于我国的规划编制、实施和管理主体是政府，历史城区保护参与激励机制的法理基础尚不完善，规划参与制度建设的进展总体还比较缓慢，目前的研究尚处于起步阶段，以台湾地区学者的研究成果较为丰富。如林靖凯、詹彩钰、夏铸九（1992）、施国隆（2010）、郑凯方（2006）、邱明民（2006）等人对台湾特色的社区营造和公共参与进行了研究；黄敏修（2002）、涂子平（1991）和汪广霖（2006）等人对容积率转移应用于台湾古迹保护进行了设想。

我国的遗产开发主要是旅游方面的开发。目前我国遗产地基本上都进行了旅游开发，但是关于遗产旅游的整体研究都很少，只有邓明艳（2005）对世界遗产旅游的特点、功能和类型进行了探讨。王云龙（2004）认为遗产资源属于准公共物品，开发主要应是政府行为，但魏小安（2000）认为遗产资源的市场化开发是经济发展中环境代价最小的一种现实选择。刘昌雪（2005）以世界遗产地西递、宏村为案例，运用因子分析法，从推力因素和引力因素两个不同的领域分析古村落旅游者旅游行为的潜在特征。同时在文化生态保护方面，保继刚认为旅游与环境之间存在着独立、共生、冲突3种关系。张朝枝认为，旅游与文化生态保护的关系并非简单的"二元关系"，旅游与文化生态保护的关键是理清其互动反馈机制，寻求旅游与文化生态保护的矛盾的正效应。连玉銮指出大众旅游的开发模式给自然和文化生态相对脆弱的民族地区带来了较大的冲击。这些研究都为世界文化遗产的市场开拓提供了有益参考。目前我国的遗产旅游开发存在很多问题，还停留在"符号旅游"阶段，没有进入"文化旅游"层面。

（4）历史城镇综合评价研究

进入21世纪以来，国内逐渐开始重视对历史城镇进行综合评价研究。这些研究主要集中在3方面，以主观指标评价及定性研究为主：

第一，对历史城镇的本体做出价值评价研究。如赵勇、张捷等（2006）对历史文化村镇评价指标体系的多次研究，黄玮玮（2003）、竺雅莉（2006）对历史城镇的价值评价和保护策略进行了研究，梁乔、胡绍学（2007）对历史城区的保护区建成环境进行了评价剖析等。

第二，对历史城区的保护状况进行评估和分析。如王伟英（2009）对历史城区保护的实施运行进行了研究，刘雅静（2009）对历史城区的保护过程和保护绩效进行了研究，郭海辉（2008）对历史城区保护的改造项目效用进行了评价等。2008年，石若明、刘明增首次应用GIS模糊综合评判模型，对历史城区本体进行了客观定量评价研究。

第三，对历史城镇进行量化数据研究。数据型研究主要是借助ARCGIS、BIM等技术工具，对传统聚落（包含历史城镇及传统村落）进行数据采集，开展多角度量化分析研究。主要研究者有李伟平、邱李亚、白惠如、温晓蕾、黄勇、王晴晴等。

（5）近年来历史城镇保护更新研究动向

近年来，我国从"十二五"计划过渡到了"十四五"计划，随着我国社会大背景的变化，历史城镇保护与更新的理论、研究重点、更新技术等方面与时俱进。

在"十二五"期间，我国处于快速工业化和快速城镇化阶段，经历了以外延拓展为主的增长阶段之后，逐渐转向对存量土地进行更新利用。2015 年，习近平总书记在中央城市工作会议上指出，城市是一个民族文化和情感记忆的载体，历史文化是城市魅力之关键。2017 年，中共中央办公厅、国务院办公厅印发《关于实施中华优秀传统文化传承发展工程的意见》，提出了保护、弘扬和传承中华优秀传统文化的方向、政策和举措，强调了对历史文化名城名镇名村、历史文化街区、名人故居和城市特色风貌等的保护工作。这一时期的专家学者开始对耦合关系、图底关系、共生理念、GIS 数据库应用、文化景观等理论领域进行研究，重点主要围绕历史城镇的改造模式、历史城镇风貌、历史性城市景观、空间更新、文化与空间协同、历史城镇控制性详细规划等方面的内容。

在"十三五"期间，我国处于推进新型城镇化的关键时期，国家不断加强城市提质建设，鼓励特色村镇发展，同时强调历史文化城镇保护规划，保护历史文化街区和建筑，确保城镇的历史风貌保留度。在这一阶段，研究者们基于文化遗产、空间基因、文化生态、管理单元、HUL 方法等，进一步深入研究了历史城镇的有机更新、可持续发展开发模式、空间资源保护更新、历史城镇空间优化等内容。此外，基于我国旅游业蓬勃发展、产业升级转型的背景，部分学者还立足于旅游型历史城镇，探寻了历史城镇空间优化设计和历史文化保留传承。

"十四五"期间，我国正处于关键的高质量发展阶段，历史城镇的更新也迈进了新阶段，国家强调继续加强对历史城镇的保护工作，同时需要提升历史城镇的生活品质，加强历史城镇规划和管理。在这一阶段，研究者们继续深化基于 HUL 历史城镇景观、旅游开发、有机更新、基因解析的历史城镇空间品质提升、空间图谱分析。同时，在后疫情时代，学者们根据韧性城市理论对历史城镇的韧性构建和评价体系进行了研究。2021 年，中共中央办公厅、国务院办公厅印发《关于在城乡建设中加强历史文化保护传承的意见》，提出了遗产保护系统性和完整性的重要原则，同时指出实现城乡历史文脉延续、城乡高质量发展要"加强制度顶层设计，建立分类科学、保护有力、管理有效的城乡历史文化保护传承体系"。在该阶段，学者们聚焦于耦合方法、图底关系、共生思想等理论，探索了历史城镇的改造模式、历史城镇风貌、历史性城市景观、空间更新、文化与空间协同、历史城镇控制性详细规划等内容（表1-1）。

我国近年历史城镇更新研究变迁表[1]　　　　　　　　　　表1-1

时期	城市发展阶段	相关研究理论
"十二五"时期	快速工业化 / 快速城镇化	耦合关系、图底关系、共生理念、GIS 数据库应用、文化景观
"十三五"时期	新型城镇化 / 存量规划	文化遗产、空间基因、文化生态、管理单元、HUL 方法、旅游开发、层积机制
"十四五"时期	新型城镇化 / 高质量发展	HUL 城镇景观、旅游开发、有机更新、基因解析、韧性城市

1.1.2.3　小结

历史城镇作为重要的文化空间单元，承担着看似相互矛盾的双重属性：既传递着城市文脉，拥有历史记忆，又是人们生活的真实载体，必须满足现代物质生活的种种需求。因此，历史城镇的保护与发展已成为世界性的话题。

从前文可知，国际上关于历史城镇保护的概念、理论、实践均经历了长期的发展与演进：由保护可供人们欣赏的艺术品，到保护历史建筑及其环境，进而保护与人们当前生活休戚相关的历史街区乃至整个城市。描绘其轨迹，可以说经历了一个从"特殊的遗产系统走向一般的遗产系统的过程"。而对历史街区的保护与发展研究，欧美国家也曾经历过认识和保护的误区。20 世纪 70 年代之后，国际上对历史街区的保护越来越超越对"有形的"建筑物质遗产层面的关注，而更加面向"无形的"社会生活、文化内涵、场所精神，继而延伸至生态景观。其保护研究角度也从单纯的专业层面扩展到跨专业多学科层面，并联合相应的管理体系与经济机制，在不断的实践中逐渐构筑了相对成熟的保护体系。当然，我国快速推进的城市化背景、城乡有别的户籍制度、严格管控的"三区三线"制度以及行政管理、历史文物、建筑保护标准与西方国家都有所不同，相对先进成熟的国际理论研究与实践在我国的借鉴与应用还需要"因地制宜"和"因时制宜"。

相对来说，国内历史城镇保护与更新的研究起步较晚，但总体而言其已成为我国相关领域的研究热点：参与研究的学科逐渐增多，研究队伍不断扩大，也取得了长足的进步与大量的研究成果。纵观我国的历史城镇保护更新历程，不难发现我国的历史城镇保护总是"保护"与"破坏"并行，甚至保护的速度远远比不上历史城区"消失"的速度。究其原因，固然是由于我国正经历着史无前例的从传统到现代

1　本书表格来源若无特殊说明，均为作者根据相关资料自制。

的转型时期，飞快的发展速度使得这一时期新旧交替共生、一切都处于剧烈的变化之中，一切都需要摸索前进，但这也在一定程度上突显了我国历史城镇保护与更新研究的缺失：一是研究多偏重物质形态与技术操作层面，较少对城镇自身的社会机制、利益群体及真实运行逻辑进行深入探讨，导致城镇保护往往流于表面，保护工作举步维艰；二是对历史城区内的种种矛盾与冲突，比如物质环境问题、社会问题、人际冲突、经济纠纷等，未能进行系统性、前瞻性的动因分析，对历史城区的实证研究不足，导致理论研究对于历史城镇更新进程中发生的种种问题呈现出"滞后性"，难以指导历史城镇瞬息万变的保护与更新进程。

1.2 研究对象、内容和意义

1.2.1 云南典型历史城镇的特性与共性特征使得研究具有一定的普适性与针对性

1.2.1.1 独特性

（1）云南独特的地理位置与自然环境特质

云南的地理气候环境类型十分丰富，是文化多样性和少数民族众多的重要原因。

云南省地处我国西南边陲，北回归线横贯本省南部。云南东与贵州省、广西壮族自治区为邻，北部同四川省相连，西北隅邻接西藏自治区，西部同缅甸接壤，南部同老挝、越南毗连。云南自古就是中国连接东南亚、南亚各国的陆路通道。

云南是一个高原山区的省份，山区占全省94%的土地面积，省域范围内地形以云贵高原和横断山脉为基础，断陷盆地星罗棋布，地势西高东低、南高北低，呈阶梯状下降，地貌类型复杂多样。云南省海拔相差很大，最高点是德钦县境内的梅里太子雪山十三峰之一的卡格博峰，海拔6740m，最低点在河口境内南溪河与元江汇合处，海拔仅76.4m。两地的水平直线距离仅900km左右，而高差却达6663.6m。

云南气候兼具低纬气候、季风气候、山原气候，具有冬暖夏凉、四季如春的气候特征。这里"一山分四季，十里不同天"，其主要特点为：一是气候的区域差异和垂直变化十分明显；二是年温差小，日温差大；三是降水丰沛，干湿分明，分布不均。

（2）云南独特的人文资源与文化脉络

"从文化圈的理论看，云南文化处在中原汉文化的西南边缘、青藏文化的东南边缘和东南亚文化的北部边缘。""从微观上看，云南文化又是氐羌文化、百濮文化、百越文化交汇地带。在这交汇地带中，都明显具有文化相汇合的现象，形成一种不同文化相互交融的中间过渡形态。"云南作为人类发祥地之一和中国少数民族最多的省份，几大文化不断接触、交融、融合，在时间的纵向上和时空的横向上相互交叉，编织成一个多元的、多层次的文化网络，形成了云南地域文化的多样性和边缘性，这就是云南文化的特征。由于特殊的地理环境和特定的历史因素，各民族交错分布，形成了大杂居、小聚居的局面。

（3）云南丰厚的历史文化遗产

云南历史聚落生长于复杂多样的地理环境与多种文化交融地带，造就了云南独特的聚落类型特征。作为聚落特色重要体现的云南传统民居建筑，其代表性的建筑类型主要有干阑式、井干式、土掌房、合院式民居几种。在云南悠久的历史发展进程中，作为经济最发达的滇西、滇东地区，以合院式民居为代表的民居聚落逐渐演变为街区，继而发展成为云南最有影响力的古城，如丽江大研古城、大理古城、腾冲和顺古镇等。迄今云南拥有国家级历史文化名城5座，省级历史文化名城10座，国家历史文化名镇、名村12个，省级历史文化名镇15个，省级历史文化名村26个，省级历史文化街区2个，这是一笔丰厚而宝贵的历史文化遗产。

综上所述，云南地理生态环境、民族文化和历史文化资源均呈现出多样性、复杂性和神秘性的特征。

1.2.1.2　共性

（1）云南典型历史城镇代表了相当一部分中国欠发达地区历史街区的保护状况

云南地处我国西南边陲，社会经济总体发展水平不高，与东部沿海和北上广等发达地区相比，还有相当大的差距。2022年全年全省居民人均可支配收入26937元，远低于同年全国居民人均可支配收入36883元。由此可见，云南的社会经济水平可代表中国西部不发达地区的普遍发展状况。与此相对应的是，由于相似程度的社会经济背景，云南许多典型历史街区的保护与发展状况在一定程度上代表了相当一部分中国中西部欠发达地区历史街区的保护状况：即拥有独特的地方民族文化氛围，但是市政建设等方面长期落后，居民生存环境质量低，而且社区生态平衡脆弱等。

（2）与全国其他地区类似的历史城镇保护管理体制与保护模式决定了对云南历史城镇保护的研究具有普适性意义

鉴于我国"内外一体化""上下一元化"的保护体制，云南的历史城镇保护管理机制与运行机制与国内其他地区（尤其是经济欠发达地区）基本类似，其历史城镇的保护运作模式同样与国内相似资源环境和制度环境的历史街区有许多共通之处，甚至一些典型历史城镇的保护与更新模式（如丽江大研古城）一度成为国内许多历史城镇争相效仿的样板。因此，诸多的相似性特征使得云南典型历史城镇保护与更新所出现的各种状况与问题，同样与国内众多历史城镇相类似（即自然的侵蚀、建设性的破坏、商业化的经营、原生态的消失等），对其研究也就具有了相当程度的普适性意义。

1.2.2　云南历史城镇的保护与更新正处于亟待导航的关键时期

相对于云南丰厚的历史文化资源而言，其历史城镇保护与更新的理论研究虽然取得了一定的成绩，但相较国内其他地区（尤其经济发达地区），其研究则显得很薄弱，处于历史保护研究的"边缘化"地带。根据笔者统计，1992-2022 年，涉及云南历史保护的文章 4521 篇，涉及历史城镇保护的 924 篇，其研究方向主要涉及考古调研、空间形态研究、历史城区保护与发展、历史建筑修缮等物质环境要素的保护与更新以及旅游开发等方面，对历史城镇保护与更新中出现的问题以及城区内部社会经济层面的元素较少涉及。而据笔者在云南从事规划工作多年及对相关文献材料所了解到的情况看，云南众多的历史城镇在城市化浪潮的巨大冲击下至今能够保存，很大原因在于经济的欠发达。但经费短缺也成了当前制约其保护的首要问题，这也使得当地政府和居民为了发展经济、提高收入，而对历史资源无序开发利用，几乎不加甄别地欢迎外来资本进入，给历史街区的保护与更新带来了诸多问题。2010 年以来，云南大力建设西南经济"桥头堡"，2020 年以来着力建设"美丽县城"及"特色小镇"；这些建设虽已取得了长足进展，但在这样的背景下，众多的历史城镇的保护与更新同样面临着前所未有的挑战，也正处于亟待理论导航的关键时期。

1.2.3　选择云南典型历史街区进行深入调研，并作实证评价研究

实证主义是奥古斯特·孔德（Auguste Comte）创立的依据事实、依据经验、源于实证的哲学体系。实证的意义在于：实证首先必须是现实的，以被观察到的事实为出发点；实证必须是有用的，有益于个体和集体生活的不断改善；实证必须是确定的，反对那些不着边际的抽象理论；实证必须是精确的，提倡观点的明晰性与坚

固性；实证必须是相对的，反对追求绝对知识的倾向。对于社会，实证主义最重要的研究对象是社会事实。

从我国开始实施历史文化名城保护制度至今，已有几十余年的历史。虽然如今历史城镇保护与更新的主题在国内已经获得了广泛共识，更有许多专家学者取得了卓有成效的研究成果，但当前国内的历史城镇保护形势仍然日益紧迫和严峻。如何将理论与实际相联系，以更好地对历史城镇保护做出客观、科学的指导，针对历史城镇保护的实证评价研究显然不可或缺。

鉴于此，笔者选择了云南一座国家级历史文化名城（丽江）、两座国家级历史文化名镇（腾冲与黑井）进行"一城两镇四地"（其中丽江分为大研、束河两地）的实地深入调研，并针对其保护与更新中所取得的进展、存在的问题，以及问题背后的经济、社会深层根源进行探讨和实证评价研究，从而由此探讨历史城镇保护与更新的良性机制和引导策略。

1.3　研究目标

本书的研究目标为：以历史城镇保护与更新中的问题为出发点，基于经济、社会、文化的多维视角，以"实证评价研究"为切入点，对云南典型历史城镇的经济体系、社会生活结构、保护管理机制与物质遗存保护状态等进行深入、细致的实地调研，对其保护与更新中出现的各种问题的根源与矛盾、冲突进行逻辑与历史的双重考察，从而科学解读其保护与更新状态，并由此提出为实现其保护与更新的良性循环而进行长期引导的针对性策略，希望为国内历史城镇将来的保护更新更加良性有效的开展实施提供一定的理论及实践参考依据，引导历史城镇在保护的基础上自我发展、良性循环。

1.4　研究方法

1.4.1　"实证评价"的问题研究方法

历史城镇保护中的各种外部性问题都有其产生的深层原因，只有揭示出深层的原因，才能找到解决问题的根本方法。因此，本书将坚持"与问题相结合"的原则，采用"实证评价"的研究方法，选取云南"一城两镇三地"4个典型的历史城镇，采取实地调研、面谈、深度访谈、问卷调查等方法对其现状进行调查，并藉此揭示问题背后层层叠叠的深层矛盾（例如保护与发展的矛盾、老化与更新的矛盾、经济矛盾、社会矛盾等），对其矛盾进行机理分析，从而探索解决矛盾的途径，并以此为参照和基准，开展历史城镇保护与更新的研究。

1.4.2 "典型介入" "实施回访" 的研究方法

本书选择具有典型性、代表性、特殊性的云南历史城镇作为研究案例，通过对典型历史城镇的保护、更新状况的深入实地调研，并对保护开发策略制定实施后的历史城镇（10年以上）进行回访研究，从而反思规划实施后各类问题产生的多重原因，并通过系统分析、数据分析和比较分析，研究云南乃至全国历史城镇保护存在的深层及普遍性问题。

1.4.3 "经纬交织" 的研究方法

本书分别从纵向和横向的角度进行"经纬交织"的对比分析研究，纵向上对各个历史城镇在发展演变过程中的变迁，以及在变迁的不同阶段各类历史城镇主体（包括政府）的行为进行对比分析，以揭示城镇化背景下在城区各主体的能动作用下历史城镇的演变规律；横向上对国内外的历史城镇保护状况进行比较，以得出可资借鉴的经验。

1.4.4 "多元视角" 的研究方法

本书采用了多学科、多理论的综合研究方法。历史城镇的保护与更新涉及多元主体，纠缠了多种动机和行为，现实的困境已经验证了物质形态理论和技术研究的无力。除城市规划学、建筑学、文化学、历史学、考古学外，本书还引入公共选择方法论、行为经济学理论、利益主体理论及激励理论等，并借鉴了经济学、社会学、心理学、系统学、法学和行政管理学等学科的理论。

1.4.5 "静态分析" 与 "动态分析" 的研究方法

对历史城镇保护的影响要素、城区更新的影响要素及城区竞争力等进行静态解剖，并从动态角度来考察其发展演变的过程，有助于了解历史城镇更新发展演变的过程和规律，也有助于同时从动态、静态两种分析中抽解要素对历史城镇的保护与更新进行总结分析和评价。

1.5　研究创新点

本书首次对云南这一全国历史保护"边缘化"地区进行"实证评价"的深入调查研究，首次采用保护开发策略制定实施后"回访研究"这一独特视点，对云南"一城两镇四地"4个典型案例保护更新策略制定实施后（10年以上）的保护更新状态进行深入的问题反思和实证评价；立足于对实际问题的挖掘与反思，在历史城镇的研究中开展多学科、多维度的研究方法，引入社会学、经济学等理论，针对历史城镇保护与更新进行典型案例评价，并在此基础上提出具有针对性、实效性的解决策略和方法。

1.6　研究框架

本书的研究框架见图 1-1。

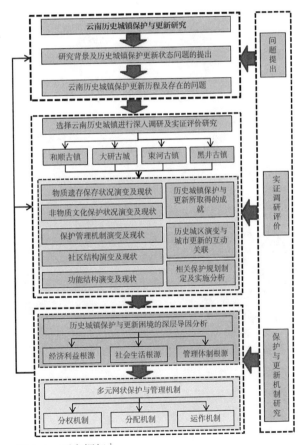

图 1-1　研究框架[1]

1　本书图片来源若无特殊说明，均为作者根据相关资料自绘或自摄。

第二章

国内历史城镇保护更新历程及存在问题

Yun nan

2.1　历史城镇的保护与更新历程

2.1.1　城市历史文化保护制度的建立和健全

2.1.1.1　保护初步探索阶段（1949-1980年）

我国的城市保护源自文物保护，而真正意义上的文物保护则始于20世纪20年代的考古科学研究。1922年，北京大学设立了我国历史上最早的文物保护学术研究机构考古学研究所，后又设立考古学会。1929年，中国营造学社成立，其从文献和实地调查两方面入手，开始运用现代科学方法系统地研究中国古代建筑，并获取了大量珍贵的第一手资料，对不可移动文物的保护奠定了坚实的理论与实践基础。这一阶段保护的目的意识并不强，只是为了考古研究而保护遗址，尚属于文物保护的初始阶段。1949年新中国成立后，我国文物保护工作才开始走上制度化、法制化轨道，历史文化名城保护与历史街区保护逐步规范化。

1949年，我国开始逐步建立历史文化遗产保护制度，从最初的以文物保护为中心内容的单一体系，到"文物保护 + 历史文化名城保护"的双层次保护体系，后发展为重心转向历史文化保护区的多层次历史文化遗产保护体系。

2.1.1.2　保护体系构建阶段（1980-2000年）

自20世纪80年代起，国务院对北京、苏州、桂林等城市总体规划的回复中，即提出了历史保护的要求。1986年国务院在公布第二批国家历史文化名城的同时，首次提出了"历史文化保护区"的概念，并要求地方政府依据具体情况审定公布地方各级历史文化保护区。同时，文件还明确将具有历史街区作为核定历史文化名城的一条重要标准。

1980年的《城市规划编制审批暂行办法》、1983年的《关于加强历史文化名城规划工作的几点意见》等，促使名城保护规划成为名城保护制度中的重要环节，使名城保护开始转向有序发展。1990年，《中华人民共和国城市规划法》出台，明确了历史文化名城、历史文化街区、历史建筑等的保护要求和程序，规定了在城市发展中必须保留和恢复历史遗产。1991年10月历史文化名城规划学术委员会明确提出将历史地段作为名城保护的一个层次列为保护规划的范畴。1994年9月建设部、国家文物局颁布《历史文化名城保护规划编制要求》，进一步明确了保护规划的内容、深度、成果及编制原则。1993年建设部、国家文物管理局共同草拟了《历史文化名城保护条例》，部分名城陆续制定了有关城市保护的条例和办法。这些都为历史文化名城的保护管理做了有益的探索。1996年6月由国家建设部城市规划司、中国城市规划学会、中国建筑学会联合召开的"历史街区保护（国际）研讨会"上明确指出，"历史街区的保护已成为保护历史文化遗产的重要一环，是保护单体文物、历史文化街区、历史文化名城这一完整体系中不可缺少的一个层次"，并以屯溪老街作为试点进行保护规划的编制和实施，以及相配套的管理法规的制定、保护资金的筹措等的实践探索。

1997年，建设部在转发《黄山市屯溪老街历史文化保护区保护管理暂行办法》的通知时，明确指出"历史文化保护区是保护单体文物、历史文化保护区、历史文化名城这一完整体系中不可缺少的一个层次"。这对设立历史文化保护区的前提条件、对其进行保护的原则及方法给予了行政法规性的确认，同时为各地历史城区管理办法的制定提供了范例，历史文化街区的保护制度由此建立。至今，从中央到地方，都已经制定了多项相关的法规、保护管理条例等。同于1997年，国家文物局也开始组织力量编写《中国文物保护纲要》；2000年，这一成果以《中国文物古迹保护准则》的形式由国际古迹遗址理事会中国国家委员会正式发布。《中国文物古迹保护准则》对古建筑的保护进行了具体规定，明确了保护目标、修缮原则和管理措施等，旨在维护历史城镇的整体风貌和建筑特色。

2.1.1.3 保护体制完善阶段（2000年至今）

进入21世纪，中国历史城镇保护进入了可持续发展的阶段。政府制定了一系列政策和规划，加强对历史城镇的保护和管理，包括对建筑、风貌、街道、文化传统等方面的保护。此外，政府鼓励社会资本参与历史城镇保护，并推动历史城镇与旅游业、文化产业结合，实现保护与可持续发展的平衡。同时，一些具有标志性意义的城镇保护工作陆续展开，如平遥的古城保护、上海的老城厢保护、南京的明城墙保护等。这些工作在一定程度上提升了对历史城镇的保护意识和能力，并促进了历史城镇保护经验的积累和传承。

2002年10月28日，第九届全国人民代表大会常务委员会第30次会议通过公布修订的《中华人民共和国文物保护法》。原《中华人民共和国文物保护法实施细则》也随之修改，新的《中华人民共和国文物保护法实施条例》于2003年5月由国务院公布，2003年7月1日起施行。2004年6月，每年一次的"世界遗产大会"（第28届）在苏州召开。

2004年2月，建设部颁布的《城市紫线管理办法》正式施行，对历史建筑提出了加强保护的要求。2004年3月，又印发了《关于加强对城市优秀近现代建筑规划保护工作的指导意见》，强调了对近现代建筑和名人故居的保护。以上海市为例，至2005年底，上海市政府已批准公布近代优秀建筑398处，其中包括沙逊别墅、大光明大戏院等在内的 61 处首批近代优秀建筑中，有四成以上已完成修缮。北京、杭州、苏州、天津等城市也加大了对城市近代建筑开展保护的步伐。

2005 年，国务院下发《关于加强文化遗产保护的通知》，其中强调"进一步完善历史文化名城（街区、村镇）的申报、评审工作。已确定为历史文化名城（街区、村镇）的，地方政府要认真制定保护规划，并严格执行。在城镇化过程中，要切实保护好历史文化环境，把保护优秀的乡土建筑等文化遗产作为城镇化发展战略的重要内容，把历史文化名城（街区、村镇）保护规划纳入城乡规划"，并决定从 2006 年起，每年 6 月的第二个星期六为我国的"文化遗产日"。2008 年，国务院正式颁布《历史文化名城名镇名村保护条例》，对历史文化名城、历史文化街区、历史建筑等的申报批准、保护规划、保护措施等方面进行了全面系统的规定。各地完成了大量的保护规划，作为法定规划成为保护管理的依据，同时随着各地管理机制的建立，实现了从"保下来"到"管起来"的转变。

2012 年，住房和城乡建设部、国家文物局印发《历史文化名城名镇名村保护规划编制要求（试行）》，为规范历史文化名城、名镇、名村保护规划的编制工作，提高规划的科学性，根据《中华人民共和国城乡规划法》《中华人民共和国文物保护法》《历史文化名城名镇名村保护条例》和《中华人民共和国文物保护法实施条例》的有关规定，制定本要求。对历史文化名城、历史文化街区、历史文化名镇名村保护规划编制要求和成果内容做了具体规定。

2014 年，住房和城乡建设部、国家文物局印发《历史文化名城名镇名村街区保护规划编制审批办法》，规范了历史文化名城、名镇、名村、街区保护规划的编制和审批，明确了历史文化名城、名镇、名村、街区保护规划内容和成果。要求国家历史文化名城、中国历史文化名镇、名村保护规划经依法批准后 30 日内，组织编制机关应当报国务院城乡规划主管部门和国务院文物主管部门备案。

2018 年，住房和城乡建设部发布《历史文化名城保护规划标准》，编号为 GB/T 50357–2018。标准适用于历史文化名城、历史文化街区、文物保护单位及历史建筑的保护规划，以及非历史文化名城的历史城区、历史地段、文物古迹等的保护规划。标准还细化了历史文化名城与历史文化街区的保护内容，规范调整了部分内容和标准，结合保护实践经验优化了道路交通、市政工程、防灾和环境保护的相关内容。

2021 年 3 月 8 日，自然资源部和国家文物局联合发布了《关于在国土空间规划编制和实施中加强历史文化遗产保护管理的指导意见》。意见总共分七点：将历史文化遗产空间信息纳入国土空间基础信息平台；对历史文化遗产及其整体环境实施严格保护和管控；加强历史文化保护类规划的编制和审批管理；严格历史文化保护相关区域的用途管制和规划许可；健全"先考古，后出让"的政策机制；促进历史文化遗产活化利用；加强监督管理。将历史文化遗产空间信息纳入国土空间基础信息平台，指出"各地文物主管部门要会同自然资源主管部门，在第三次全国国土调查和第三次全国文物普查的基础上，进一步做好文物资源专题调查和专项调查，按照国土空间基础信息平台数据标准，结合建立历史文化遗产资源数据库，及时将文物资源的空间信息纳入同级平台，建立数据共享与动态维护机制"。

2023 年，住房和城乡建设部发布国家标准《城乡历史文化保护利用项目规范》GB 55035–2023，强调在城乡建设中要加强历史文化保护传承与合理利用，建立分类科学、保护有力、管理有效的城乡历史文化保护传承体系，从而延续历史文脉，推动城乡建设高质量发展。

目前，中国历史城镇保护制度已逐步完善健全，政府、专业机构和社会团体共同参与，形成了多层次、多领域的保护体系。然而，在存量城市更新背景下，历史城镇保护与更新仍面临着日益复杂的社会经济要素、历史城区空间保护与更新相关利益纠葛的多重挑战。因此，如何加大法律法规的执行力度，加强完善城市规划的相应管理机制，以促进未来历史城镇保护与可持续活态更新已成为当前亟需研究的重要命题。

2.1.2 《苏州宣言》《北京宪章》与《西安宣言》

2.1.2.1 《苏州宣言》

1998 年 4 月 7–9 日，来自中国 15 个和欧盟 9 个历史城市的市长或其代表相聚在中国苏州，发表了《保护和发展历史城市国际合作苏州宣言》（简称《苏州宣言》），提出"在当今城市国际化和各种飞速转变的急流中，唯有各地的历史城区、传统文化才能显示出该城市的身份和城市的文化归属，如何保护好它，使其继续长存下去，已成为该城市整体发展中最根本的因素"。其主要内容如下：

文化遗产保护：《苏州宣言》提倡保护历史城镇的文化遗产，包括建筑、文物、风景名胜等。它强调了保护文化遗产对于历史城镇的重要性，并提出了制定合适的政策和措施，以确保文化遗产的传承和保护。

城市规划与管理：《苏州宣言》强调城市规划和管理在历史城镇保护与更新中的关键作用。它鼓励城市当局制定综合性的城市规划，将文化遗产保护纳入城市发展的整体考虑，并确保规划的实施和执行符合保护和更新的目标。

可持续发展：《苏州宣言》强调历史城镇保护与更新应与可持续发展相结合。它提出要平衡文化遗产保护与城市发展的关系，以确保历史城镇的保护不仅仅是一项静态的工作，同时也要满足社会、经济和环境的需求，促进城市的可持续发展。

社区参与与管理：《苏州宣言》提出社区参与是历史城镇保护与更新的重要组成部分。它鼓励建立有效的社区参与机制，让居民有机会参与决策和管理过程，同时加强对社区的教育和宣传工作，提高公众对历史城镇保护的意识和参与度。

国际合作与交流：《苏州宣言》提倡国际合作与交流，以促进历史城镇保护经验的共享和学习。它鼓励各国和城市间的合作，以建立合作框架、分享最佳实践和加强专业人员的培训，从而提高历史城镇保护与更新工作的质量和效果。

《苏州宣言》重申，城市本身的特征应集中体现在历史地区及其文化之中，城市发展的一个基本因素是历史地区的保护和延续。《苏州宣言》强调应根据社会和经济发展的需要，加强对历史城市的保护，并按照可持续发展的原则，为未来寻求保护的途径和方法。总体来说，《苏州宣言》是一份为促进全球历史城镇保护与更新工作而制定的重要文件，它强调了保护文化遗产、城市规划与管理、可持续发展、社区参与与管理以及国际合作与交流等关键方面的内容，旨在为历史城镇的保护与更新提供指导和支持。

2.1.2.2 《北京宪章》

1999 年国际建协第 20 届世界建筑师大会通过的《北京宪章》，提出现代化城市建设发展要保证"人类生存质量与自然和人文环境的全面优化"，贯彻可持续发展的战略，提倡以"整合"的哲学思想来理解和解决问题。其主要内容如下：

文物保护：《北京宪章》强调要保护历史城镇中的文物，包括建筑、古迹、街巷、文化遗址、古树等。要求保护这些文物，不改变其原貌和风貌，并加强监督和管理，以确保其保存和延续。强调要加强对历史城镇中的文物修复和保护工作，包括使用科学的修复方法，保持文物的原貌和风貌，修复破损的建筑和文物，以延续其历史价值。

历史风貌保护：《北京宪章》提出要保护历史城镇的整体风貌，包括保护历史建筑的外观、布局和风格等方面。要求在城镇规划和建设中充分考虑文物保护和历史风貌的要求，不破坏历史城镇的整体形象。

古迹保护：《北京宪章》重视保护历史城镇中的古迹，要求加强对古迹的修复和保护工作，保持古迹的原貌和风貌；提倡对古迹进行科学研究和合理开发利用，加强对人们的古迹教育和宣传工作。

街巷保护：《北京宪章》强调保护历史城镇中的街巷，要求保护街巷的原有格局和历史特色，不拆除或改变街巷的传统面貌；提倡对街巷进行整治和疏导，改善其环境和交通条件。

城市更新：《北京宪章》提倡历史城镇的更新和改造，鼓励利用现代科技手段，改善历史城镇的基础设施、环境和居住条件，提升城镇的整体品质；要求在进行城市更新时，充分考虑文物保护和历史风貌的要求，保持城镇的历史和文化特色。

规划和管理：《北京宪章》要求制定详细的城镇规划，包括历史城镇的保护与更新。规划应该充分考虑历史城镇的特点和要求，保护重要历史建筑和景观；鼓励建立有效的管理机制，加强对历史城镇的监督和管理，确保保护与更新工作的顺利进行。

古城墙保护：《北京宪章》特别强调保护历史城镇中的古城墙。古城墙是历史城镇的重要标志和历史遗迹，要保持古城墙的完整性和原貌，修复受损的部分，并加强保护和维护工作。

社会参与和教育宣传：《北京宪章》鼓励社会各界积极参与历史城镇的保护与更新，要求加强公众教育和宣传工作，提高社会对历史城镇保护与更新的重视；强调要保护和传承历史城镇中的传统文化，加强对历史城镇的研究和文化挖掘。

可持续发展：《北京宪章》强调历史城镇保护与更新需要与城镇的可持续发展相结合，要求在保护与更新工作中兼顾经济、社会和环境的可持续性，推动历史城镇的绿色发展，提高人们的生活质量。

综上所述，《北京宪章》强调了历史城镇保护与更新的重要性，提出了一系列具体的保护和管理要求，旨在维护历史城镇的历史、文化和环境价值，同时推动城镇的可持续发展。《北京宪章》对文化遗产保护有三个观点突破：一是文化遗产保护已经成为人居环境的一部分，把保护融合于"人居环境循环体系"之中。"宜将新区规划设计、旧城整治、更新与重建等纳入一个动态的、生生不息的循环体系之中，在时空因素作用下，不断提高环境质量"。表明将保护历史性城市和地区纳入动态的人居环境循环体系之中，从生态观、经济观、科技观、社会观、文化观等更高、更综合的视角重新审视人类文化遗产保护活动。二是可持续发展观，将保护活动纳入可持续发展的战略轨道，为城市保护寻求更高层面的理论支撑。三是广义建筑学观，"通过城市设计的内涵作用，从观念和理论基础上把建筑、地景和城市规划学科的精髓整合为一体"，为文化遗产保护提供更广泛有效的保护策略。

2.1.2.3 《西安宣言》

2005年10月17—21日，在中国古城西安召开国际古迹遗址理事会第15届大会，发表了《西安宣言》。《西安宣言》将环境对于遗产和古迹的重要性提升到了一个新的高度，不仅提出了对历史环境的深刻认识和观点，还提出了解决问题和实施的对策、途径和方法，具有较高的指导性和实践意义。《西安宣言》的主要内容如下：

环境对历史建筑、古遗址和历史地区的重要性：《西安宣言》认为，历史建筑、古遗址或历史地区的环境，是其重要性和独特性的组成部分。除实体和视觉方面含义外，环境还包括与自然环境之间的相互作用，以及非物质文化遗产方面的利用或活动。因此，要认识到环境对历史建筑、古遗址和历史地区的重要性。

对不同背景下的遗产资源及相关环境认知：《西安宣言》提出理解、记录和阐释环境对于界定和评价任何建筑、遗址或地区的遗产价值十分重要；对环境的充分理解需要利用多学科知识和各种信息资源；环境的界定应十分明确地阐述环境的特点和价值及其与遗产资源之间的关系。

通过规划手段保护和管理环境：《西安宣言》认为环境的可持续管理，必须前后一致地、持续地运用有效的规划、法律、政策、战略和实践等手段，还须反映当地的文化背景；在历史建筑、古遗址和历史地区环境内的开发应有助于其重要性和独特性的展示和体现。

对环境变化进行监测与掌控：《西安宣言》提出历史建筑、古遗址和历史地区环境的变化是一个渐进的过程，此过程必须得到监测和掌控，并就保护、管理和展示活动提出改进措施；评估环境对历史建筑、古遗址和历史地区的重要性所产生的作用，应制定定性和定量指标。

与当地跨学科领域和国际社会合作以增强环境保护和管理的意识：《西安宣言》提出与当地和相关社区的协力合作和沟通是环境保护和管理的可持续发展战略的重要组成部分；在环境保护和管理方面，应鼓励不同学科领域间的沟通以及与自然遗产领域机构和专家的合作，将其作为对历史建筑、古遗址和历史地区及其环境进行认定、保护和展示的有机组成部分。

《西安宣言》是第一部由中国方面全程参与的重要文献，创新性地将文化遗产的周边环境保护作为遗产保护的一个重要问题加以强调，对于遗产和古迹的保护开启了新的历程。

2.1.3　历史城镇保护更新模式的转变

根据我国历史城镇保护与更新的实际情况，可将国内历史城镇保护与更新模式大致划分为两个阶段：早期不成熟阶段及后来沿用至今的多模式保护更新阶段。当然，由于历史城区保护与更新的复杂性和时段性，这两种模式并不可能截然分离，而只是在时间跨度上各占据主要地位，有时还会有两种模式交错并进的情况出现。

2.1.3.1　早期不成熟模式——粗放式大拆大建，放任式保留而非保护

在早期（20 世纪 80 年代至 20 世纪末），我国的历史城区保护大多以粗放式保护为主，不是大规模的粗放式大拆大建，就是任其自生自灭放任式保留而非保护。这样的保护方式无疑是不成熟的，不仅成为历史城镇保护的灾难，也加重了诸多历史城镇的衰败问题。

自改革开放以来，由于城市化的急速发展，历史文化名城、名镇大都进行了大规模的旧城改造、城市基础设施建设和房地产开发，使得保护与建设发展出现极大的错位衔接，历史城区"大拆大建"的现象比比皆是，历史城区内大规模的传统物质空间群体往往被分割成破碎零散的"保护点"，连片保护的建筑遗存已然凤毛麟角。

例如，钦州古城位于广西壮族自治区钦州市，历史上是一座繁荣的港口城市，古城的历史可以追溯到汉代，是海上丝绸之路的重要起点之一。然而，在 20 世纪 80 年代，为了城市的发展和经济建设，钦州古城的大部分城墙和建筑物被拆除，如今只有少量的遗迹和文物留存，钦州已成为现代化的城市，但古城的辉煌历史已经消失。泸州古城位于四川省泸州市，也是中国西南地区重要的历史文化名城。该古城有着2300 多年的历史，曾是唐代的重要商业中心和港口城市。然而，20 世纪八九十年代由于城市扩张和缺乏有效的保护措施，泸州古城的传统建筑和文化遗产遭受了严重的破坏和改建，如今大部分古城风貌已经消失，无法再现当初的历史和文化价值。

直至今日，这样的保护更新方式仍然在一部分历史城镇上演。以聊城古城为例，2009 年，聊城市启动古城复建工作，开始大规模拆除古城里的老建筑。2011 年，除了古城内的文物保护单位和少量传统建筑幸免于难，约 1km² 的古城基本被拆光。2012 年，国家文物局、住房和城乡建设部对聊城市古城的保护工作进行了通报，并对聊城市古城的保护工作开展全面检查，提出了相应的整改措施，对存在的问题进行了及时的纠正，避免了情况的进一步恶化。可见，粗放式的保护与更新方式无疑是不成熟的，这种近乎野蛮的老城更新方式已成为历史城镇保护的灾难。

除野蛮拆迁外，对历史文化遗存采取放任式保留的所谓"无视性"保护模式，也是部分地方政府对历史老城区采取"不闻不问"的放任态度，将其排除在整个城市的空间更新序列之外，使得历史城区内基础设施匮乏，生活环境逐渐恶化，不仅居住空间拥挤，私自搭建泛滥，而且社区老龄化、空心化问题日益严重，具有保护价值的建筑群集体面临着年久失修、老化崩塌的风险隐患。

此外，放任式保留还体现出保护观念"局部化"的普遍现象，即对历史城镇的保护缺乏"整体意识"，就局部论局部，没有把局部城市遗产的价值、对其保护的

目的和意义放在整个城市的背景中进行考量。形象地说就是"势利眼"加"近视眼"，其结果导致历史城镇中的历史遗产分化严重：国家级的文物保护单位往往成为城市的宠儿；级别低的则遭受冷落，任其空置、老化乃至倒塌；至于作为"背景"存在的传统民居和住区，就更难以得到及时适当的保护，纷纷消失在快速的城市化进程中。到头来，城市中往往仅存着一些保存下来的重点遗存如"孤岛"般呈散点状分布，淹没在钢筋水泥的现代化洪流之中。保护"局部化"现象的不断产生，也意味着历史城镇传统风貌整体性的逐渐消褪，不仅历史遗产因为缺少了历史环境的衬托而失去风采，还造成了城市风貌中"历史文化"主题的淡化和城市形象的趋同。毕竟，历史城镇的价值不应体现为几个重点遗存的简单叠加，而是应当在文化遗产层面表现出相当的丰富性、多元性和整体性。

这种状况不仅出现在许多历史文化名城的历史城区中，在国内大部分（尤其经济欠发达地区）中小历史文化名镇的老城区内已成为普遍性"顽疾"，显然更加重了历史城区的衰败。

2.1.3.2　近20年来的多模式探索——成绩与缺憾并存

近20年来（21世纪初至今），随着国家相关历史文物保护与法规、政策的进一步完善，许多城市已经意识到了对历史城镇进行"拆迁"式改造所带来的巨大破坏问题的严重性和"无视性"保护的不可行性，开始对历史城镇的保护与更新进行多种保护模式的探索，主要分为以下3种模式：

（1）整体性地产开发模式

整体性地产开发模式即投资商将历史城区进行一次性整体房地产开发改建的保护更新模式。其中，最具代表性的是上海的"新天地模式"。

最初的新天地广场坐落在上海市中心的太平桥地区，位于淮海中路南面，东临黄陂南路，南临自忠路，西临马当路，北临太仓路。兴业路将整个广场分为南里和北里两个部分。上海最重要的革命历史文物保护单位——中国共产党第一次代表大会的会址就位于兴业路。"新天地"这个名字来源于中国共产党第一次代表大会，"一"和"大"合起来形成一个"天"字，天地相连，改造变新，因此取名为"新天地"。新天地只是太平桥旧城改造项目中的一小部分，总规划面积为52万 m^2 ，新天地仅占据3万 m^2 ，其余部分包括大量的住宅用地、商业用地、办公用地和公共绿地。

上海太平桥历史街区改建的新天地项目于1999年初开工建设，2000年6月全部建成。它采用了"存表去里"的方式，即对保留建筑进行必要的维护、修缮，保留建筑外观和外部环境，对内部进行全面更新，以适应新的使用功能。由于新天地项目对有着良好区位优势的历史性居住建筑再利用为以第三产业为向导的办公、餐饮、娱乐、商店等的实践具有一定的借鉴意义，加之新天地重塑了地区的历史环境，提升了地区的形象，使得周边地区的开发价值显著提升，新天地开发模式一时成了历史城区保护更新的样板。于是，全国其他城市纷纷效仿，北京后海、广州沙面、成都宽窄巷、杭州西湖天地、宁波老外滩、南京1912、武汉新天地等，都在打造本城的"新天地"，试图在保护更新旧城的同时实现土地增值。受其影响，其他一些城市也引进外来资本，对历史城区进行整体性地产开发，如昆明文明街、浙江乌镇、青岛中山路等。

（2）"旅游＋商业"的"旅商型"保护开发模式

20世纪80年代初，国内一些知名的古镇及历史城区的旅游业开始萌芽。这样的保护更新倾向至20世纪末21世纪初达到高峰，出现了"周庄模式""丽江模式"等；基本上以旅游开发来平衡经济支出，带动街区商业发展的模式为主。迄今为止，国内众多古城镇及历史城区仍采用这样的保护更新模式。例如黄山屯溪老街、上海周庄、江苏同里、山西平遥古城、湘西凤凰古城、四川阆中古城、贵州镇江古城、云南丽江古城、云南腾冲老街、云南迪庆独克宗古城、江西婺源、浙江西塘、云南丽江束河古镇、拉萨八廓街等。

进行"旅游商业化"开发的历史城区大多位于城市中心地段，由于"寸土寸金、收益丰厚"而被政府及开发商进行商业化的综合整治，即在保护和修缮历史建筑的外表面的同时，对街区进行功能产业的重新定位和调整，大多是引进和加强城区的商业服务功能。这样的旅游商业化开发除了服务外地游客，也为本市居民提供时尚消费（旅游化开发的历史城区则主要为外地游客服务）。此外，它与整体性地产开发的区别在于，不一定是一次性整体开发，经常为分步骤逐渐改造，其中政府在开发过程中的引导占据了重要地位，如哈尔滨中央大街、重庆磁器口古街、杭州清河坊等。

（3）小规模、渐进式的保护与更新模式

清华大学吴良镛教授首创"有机更新"的理论，于1989年对北京菊儿胡同改造更新，其特点是以建筑质量为依据，分出保留和更新的院落，并非一切推倒重来，而是针对具体情况采取不同措施。菊儿胡同的改造受到各方关注，获得了专家学者、政府官员和居民的普遍好评，迄今已经荣获国内建筑界6项大奖，还获得了亚洲建协的优质建筑金奖和联合国人居奖。由此，小规模、渐进式的保护与更新模式开始为业界推崇。这种空间更新方式提倡采取适当规模、合适尺度、分片、分阶段和滚动开发的保护、整治和改造相结合的策略。迄今为止，已有一部分历史城区采取了这一保护更新模式，如北京宣武区旧城、北京国子监街、北京南锣鼓巷、深圳华侨新村、南京小西湖等。其中，2015年启动的南京小西湖微更新项目在历史文化保护和城市更新的双重任务下，采用小规模、渐进式，兼顾民生改善、文化传承和活力再生的更新实践，斩获 2022 年联合国教科文组织亚太地区文化遗产保护创新设计项目大奖。

以上历史城镇保护与更新的多模式实践至今已 20 余年，保护成绩显然有目共睹：丽江古城不仅保留了独特的历史和文化遗产，也为游客提供了一种独特的旅游体验；上海新天地"存表去里"的规划设计将这一区域从人口密集的石库门聚居区改造成了上海的时尚地标，2016 年上海新天地还被《福布斯》杂志评选为"全球 20 大文明地标"之一。但无论是整体性地产开发模式，还是"旅商型"保护开发模式，其运营多年的结果都避免不了当地原住民的迁离导致的社区"空心化"问题及过度商业化所带来的原生文化"异质化衰竭"后果，这样的缺憾显然在短期内难以弥补。相较而言，小规模、渐进式的保护与更新模式更能够贴近当地居民的需求，最大限度地实现历史城区原真文化的可持续。然而，由于经济、社会等多重现实原因，该模式在全国范围内成功实施的案例尚为数有限，这显然值得我们深思和继续探索。

2.1.4　小结

我国历史文化遗产保护的发展历程不同于西方发达国家，基本上是以自上而下的单向行政管理制度为保护制度的核心，而相应的法律与资金保障体系尚需完善。另一方面，长久以来公众历史保护意识的相对淡漠也使我国历史城镇的保护缺乏广泛的社会基础。

进入 20 世纪 80 年代以来，随着中国经济膨胀式的发展以及快速城市化的进程，历史城镇的保护与更新逐渐成为全国范围内城市发展面临的普遍性难题。由于长期缺乏必要的理论指导，我国的历史城镇保护更新总是在"彻底改造"和"什么都不许动"这两个极端之间神经质地跳跃，而整个城市环境为此蒙受了巨大的损失。而在相当数量的保护、更新与改造实践中，由于缺乏政策法规的有力支持，在实际操作中又没有经过审慎思考和细致研究，历史城镇的保护与更新最终结果总是难以尽如人意。中国历史城镇的保护与更新正亟待我们开拓更加合理、良性的有效路径。

2.2　国内历史城镇保护与更新存在的问题

20 世纪 80 年代至今，我国历史城镇保护与更新历程已超过 40 年。在这一历程中，无论是何种保护模式下的历史城镇，或多或少都出现了保护与更新错位的问题。以上诸多的历史城镇保护与更新问题，大致可以归纳为以下两种情况：

2.2.1 物质空间遗存的保护举步维艰

2.2.1.1 "建设性"的破坏频频出现

几十年来，我们国家城市建设的巨大成就举世瞩目，但历史环境与城市文脉遭到破坏的程度较以往更为严重和彻底。王铁宏曾在部派城乡规划督察员试点工作座谈会上指出，一些城市随意对历史文化街区大拆大建，甚至毁坏历史文化建筑和街区，全国 109 座历史文化名城中有相当多的城市不同程度地遭受到"建设性破坏"。我国建筑物界也有类似说法，即中国改革开放之后 20 年以建设的名义对旧城的破坏，超过了以往 100 年。此外，在成片的危旧房改造中，一些具有历史价值的遗产被以"成片"改造的名义简单粗暴地拆除。如天津老城厢旧有民宅的完全拆除、沈阳市旧城区的拆迁改建等；许多地方开发商在旧城改造的名义下，对历史文化街区大肆拆毁，致使国家珍贵历史文化遗产遭到不可弥补的损失。

以北京为例，近年来北京虽然在旧城保护方面做了大量工作，特别是在规划和立法方面，但遗憾的是由于历史原因和城市发展速度太快，加之法制建设严重滞后，保护力度不够，对城市的破坏速度远远快于保护速度，导致近十几年古城保护状况不断恶化。城市发展高潮时更大规模的旧城改造使相当一批有价值的历史城区被破坏，北京旧城的传统风貌也因此遭受了不可挽回的损失。比如内城的金融街、东方广场、东城南小街以东地区、隆福寺地区，外城的花市地区、牛街地区，甚至皇城内的北河沿地区也因房地产开发而使原有历史风貌荡然无存。

2.2.1.2 "假古董"的建设此起彼伏

有的历史文化名城在旧城更新和房地产开发中，不切实际地搞所谓大手笔、大气魄，进行大拆大建，过度开发，并为迎合某些市场的口味及旅游开发需要，将原来留存的历史遗迹或周边的历史建筑拆除，大部分在没有任何文字、图片等依据的前提下，凭空臆造建筑的历史原状，对历史进行盲目的复原，结果成为名副其实的"假古董"。自 20 世纪 80 年代初北京琉璃厂片区开始采取"拆真古董，建假古董"的仿古做法至今，全国陆续出现了承德的清代一条街、沛县的"汉街"等，使许多有价值的历史城区沦为"假古董"，并且同类型的"假古董"式仿古商业街在国内不同地方均有出现。以"宋街"为例，除了开封的"宋街"，还有重庆钓鱼城"宋街"、武夷山"宋街"、杭州"宋街"、成都"宋街"等。武当山"复真观"被改建成宾馆；黄山汤口历史街区被拆毁，搞黄山旅游服务基地等，也是这方面的典型案例。总之，在破坏原有历史遗迹的基础上建造出来的"假古董"，可以算得上"时任"领导的政绩，而给后代留下的却是难以续继的断代史。

"此前（的文物）都拆完了，拆完后又开始做假的了。"2013年3月，山东省聊城市、河北省邯郸市、湖北省随州市、安徽省寿县、河南省浚县、湖南省岳阳市、广西壮族自治区柳州市、云南省大理市等8个历史文化名城，均收到了住房和城乡建设部与国家文物局联合发出的"警告信"，这被媒体认为是对同类历史文化名城第一次发出"黄牌警告"，其主要原因之一即近年频频上演的"拆旧仿古"现象。据北京大学城市与环境学院吴必虎教授统计，2012年中国就有30多个城市正在或谋划进行古城重建。包括基础设施建设投入在内，至少有14个城市的古城项目投资过亿元：其中武汉首义古城投资125亿元、聊城40亿元。以山东为例，2008–2022年新建了枣庄台儿庄古城、临沂沂州古城、临沂郯国故城（郯国文化旅游特色小镇）、临沂兰陵王城（预计2024年完工）、济宁济州古城、菏泽曹州古城（项目主体部分已基本完成）、日照莒国古城（2021年7月24日莒国古城首期商业街区免费开放）、青岛即墨古城、东平大宋不夜城（水浒影视城升级改造）、济南章丘绣惠古城、济南明水古城（建设中）、滨州无棣古城（2020年10月1日盛大开城）。这些新建古城，除了东平大宋不夜城，其他均属重建，造价不菲，动辄几十亿上百亿元，占地面积广，例如台儿庄古城，占地2km^2；沂州古城投资过百亿，规划用地1700多亩；济州古城初期规模大约1800亩，总占地124.2ha，总投资55亿；曹州古城规模宏大，占地8200亩（曹州古城官网数据），首开区1064亩，一期投资20亿，预计总投资130亿。然则据相关统计分析，这些古城中运营较为成功的只有台儿庄古城和沂州古城。显然，巨额投资所获得的回报并不如人意。

住房和城乡建设部历史文化名城专家委员会委员、中国城市规划设计研究院教授级高级工程师赵中枢说，当前复古现象在较发达的东部沿海、偏远的西部地区比较少，在中部则扎堆出现，仅河南即有5处古城项目。这些城市的共同特点是想大发展，财力有限；当然，不排除相当一部分"仿古"街区是为了维护已损坏的文物建筑或为营造文化氛围而建设的复古建筑，只要经得起研究和考证，并尊重原有的格局和用料，这种做法也是可行的，而且对工艺制作的传承也有好处。但纵观国内大部分的仿古城区只是打着"仿古"的名义，实际上建筑本身既缺乏考据，也没有技艺的传承，背后则有着巨大商业利益驱动的"拆旧仿古"实在让人痛心。

2.2.1.3 "被放弃"的遗产坐困愁城

随着城市经济的快速发展，许多地方对历史城镇老城区内的传统民居建筑（甚至包含一部分历史建筑和文物建筑）保留而不利用，不重视其发展，不闻不问，使得这些"被放弃"的物质空间遗产"本底"坐困愁城，既没有具体有力的政策扶持，也得不到充裕的资金和周到的关照；不仅导致市政设施不足，环境质量低下，甚至这些老建筑连基本的修缮和维护也无法得到持续长期的保障，继而破损加剧，整体居住条件恶劣，使得居民只能通过自发的无序加建改建来满足生活需求。由于缺乏保护意识和专业技术的指导，一些失当的行为对传统居住空间和历史环境造成了破坏，致使精美民居院落"杂院化"，部分文物建筑"废墟化"，日益拥挤的人口和建筑还构成了历史城区的安全隐患。经年累月，恶性循环下，原住民纷纷逃离，历史城区的正常运转机能日渐衰落，自然无法避免地逐渐失去了生机与活力。

新与旧的交替是事物发展的规律。想要"原汁原味"保护，既不可能，也不现实。如何在新旧交替的复杂过程中，求得一种协调、一种共生，应该是历史城镇保护的根本目的。

2.2.2　历史城镇保护与更新的过度消费问题

2.2.2.1　整体性地产开发下的历史城区"过度消费"问题

整体性地产开发模式即投资商将历史城区进行一次性整体房地产开发改建的保护更新模式，其中最具代表性的是"新天地模式"。

如前所述，上海太平桥历史城区改建的"新天地"项目，于1999年初开工建设，2000年6月建成。它采用了"存表去里"的方式对保留建筑进行必要的维护和修缮，保留建筑外观和外部环境，对内部进行全面更新，被精心策划为一个集多功能于一体的城市消费中心。此后，全国其他城市竞相效仿，一时风靡全国。

但是，由于地方政府对历史城区的消费化问题缺乏足够的认识和监管，在开发商的整体性开发逐利行为下，"新天地模式"在更新伊始就表现出"过度消费"的问题。例如，上海新天地原有的2380户居民在开发之初即被全部迁出，消费空间完全取代了原有的居住生活空间，把整片居住区完全变成了商业、文化、娱乐、购物的场所。此外，新天地的招租对象均是来自世界各地的知名品牌，在现有的98户租户中，有85%来自中国内地以外的国家和地区。上海新天地到处都是美国、英国、意大利、日本、法国、德国、巴西等国家和地区的餐馆、酒吧、时尚店，原本寄希望强化本土文化特性的历史地段最终成为"其他文化入侵的跳板"。迄今为止，凡是进行整体性地产开发保护更新的历史城区（如北京后海、广州沙面、成都宽窄巷、杭州西湖天地、宁波老外滩、南京1912、武汉新天地、昆明文明街、浙江乌镇等），都未能避免历史城区"过度消费"的命运。

以乌镇为例，从 2003 年开始，乌镇古镇保护一期东栅工程后，开始对西栅进行更大规模的二期规划，投入 10 亿元巨资实施"保护开发"，保护工程实施范围近 3km²。然而，二期西栅街区的开发居然首创了"无人烟的古镇开发"模式，成为规划制造出来的与外界几乎完全隔绝的"世外桃源"。旅游公司负责人声称"二期工程就是为了高端旅游者居住的，而且主要是境外旅游者和中产旅游者"。

2.2.2.2　"利用性流失"问题

相当一部分历史城区已陷入"逐步侵入"的"过度消费"困局，历史城区中大量物质遗存文化属性出现了"利用性"流失。

在城市消费主义的大潮下，由于昂贵的改建成本、经济效益优先的思维以及缺乏有效的业态引导机制和监管机制，国内许多知名历史城区不论采取何种保护与更新模式，在逐年更新的过程中大多未能避免街区内传统居住生活空间被大量消费空间挤压，传统商业空间逐渐被"过度消费"的困局。这主要表现在以下方面：一是城区消费空间大量挤压原有的生活居住空间，商业化气息过于浓重，传统社区的气息大大降低；二是城区消费空间的构成缺乏监控与管理，原有的地方文化为外来文化侵入，原有的地域文脉受到侵蚀；三是城区消费空间的定位缺乏与城市整体商业格局的有效呼应，城区原有的历史文化特色被逐渐掩盖。

此外，许多历史城区的更新避开街巷深处的居住地段，只对沿街商业部分进行整修和改造，或将原有的大量传统居住生活空间"更新"为商业娱乐性的消费场所，如哈尔滨中央大街、重庆磁器口古街、杭州清河坊、青岛中山路、苏州山塘街等。

在历史城区的要素构成中，物质遗存作为城区历史价值与文化价值的主要载体，其保护与再利用的成功与否无疑是城区保护与更新的关键。在近年来的历史城区保护与更新中，虽然大多数城区都对物质遗存的"物质外壳"保护十分重视，但在对遗存进行再利用过程中，往往忽视了使用功能与历史形态的一致性，使物质遗存的"文化属性"逐渐消失，从而导致城区整体历史文化气息的"空心化"。这样忽视物质遗存原有文化属性的"买椟还珠"行为主要表现在：一是将物质遗存进行非本土化的强行文化嫁接；二是物质遗存仅存留建筑外壳，使其再利用后完全丧失了原有的历史文化气息；三是"生活建筑商业化"成为大多数历史城区物质遗存保护更新的唯一选择。

2.2.2.3　历史城区内原住民的非正常迁离问题

近年来，历史城区中原住民自发的非正常迁离现象日趋严重，使得许多城区面临"空心化"：除整体地产开发造成的大规模一次性迁离外，更多的非正常迁离是由原住民自发形成的迁离；并且除举家迁离外，城区内中青年人迁离、老年人留守已成为大多数历史城区的常态。这样的非正常迁离，主要源于历史城区内不安全的社区生活空间使原住民产生了搬迁欲望，主要体现在：历史城区的社区资源不佳，数量和质量相对不足；城区生活空间质量——适居性与舒适性不足；城区发展定位与生活空间相冲突；偏低的原住民经济收入与城区区位经济效益之间的冲突；城区服务性空间萎缩造成城区生活吸引力不足；历史城镇的文化底蕴与区位优势，加之近年来精英阶层对传统文化的推崇，使得更新后历史城镇的地价和租金飞速上涨。正因为这些原因，在国内许多历史城区的更新过程中，出现了原住民自发的非正常迁离。

无论上海新天地，还是苏州铜芳巷，乃至乌镇，其保护与更新都是大规模、一次性地迁出居民，然后对历史城区的物质空间进行"修旧如旧"的保护和修缮。诚然，这样的方式保护了历史城区表面风貌的完整，但是它也割断了城区历史，违背了当前保护历史城区"历史真实性"的原则。历史城区的存在价值是以其完整的文化形态而出现的，这一文化形态不仅包括古建筑物、古朴的环境以及众多文物遗存等物质"外壳"，还包括内在的"灵魂"——世代生活在这些老房子里的居民及其传统生活方式、生产方式、文化方式。因此，要保持历史城镇的延续性和历时性，这样的保护更新方式显然并不成功。

2.2.3 小结

我国的历史城镇最初的保护（20世纪80年代至20世纪末）大多以粗放式保护为主，不是大规模的拆除与推倒重建，就是不闻不问任其自生自灭。近20年来（21世纪初至今），随着国家相关历史保护与法规、政策的进一步完善，许多城市已经意识到了对历史城区进行粗放式改造所带来的巨大破坏问题的严重性和不可行性，开始对历史城区的"保护＋复兴"进行多样化探索，或在老城区保护中引入外来资本进行地产开发，或进行历史城镇旅游化等。但实践表明，这些保护方式尽管都贴上了"对历史城镇真实性保护"的标签，却往往只注重物质空间"表皮性"的保护，而忽略了对历史城镇内在文化属性与社区网络和生活的保护，由此造成历史城镇保护与更新中的"空心化"现象，历史城镇的"原生态传承"岌岌可危。与此同时，相关部门对许多历史城镇制定的保护规划大部分陷入了"规划无力"的窘境，老城区的保护与复兴出现了不同程度的"越保护问题越多"的怪圈循环。如何才能使保护规划落到实处，避免"空话"？如何使历史城镇实现保护与复兴的双赢？这需要我们在历史城镇保护危机中对各种存在的问题进行深层剖析，追本溯源，厘清问题的内生机制，探索历史城镇有活力的"保护＋复兴"途径。

第三章

云南历史城镇保护
更新历程及存在的问题

Yun nan

3.1 云南历史城镇保护更新历程

3.1.1 开拓与初建——保护意识的初步建立

云南历史名城、名镇的保护规划工作最早始于 20 世纪 60 年代，至今已走过半个多世纪。1958 年，云南省建筑工程厅按照建设部的要求，在省内主要地州市开展控制性的粗线条城市规划。在云南省规划院承担的丽江城市规划中，经踏勘调查，认为老城价值高，民族地方文化特色浓厚，环境优良，传统建筑精美，正有效使用，不能"旧城改造"，因而按"保留老城、发展新区"的原则做了规划控制布局。自此，"保留老城，发展新区"的原则

图例
- 行政办公区
- 工业区
- 城市居住区

图 3-1 1958 年丽江用地结构规划示意图

成为省内现代城市规划中明确对名城、名镇的价值恰当判断定位和合理对策的开始，为云南开展历史城镇的保护规划打下了基础（图 3-1）。

3.1.2 扩展与探索——保护工作的开展

从 1982 年 2 月 8 日国务院公布首批历史文化名城以来，云南历史文化名城保护在西部省区中占据突出位置：昆明、大理、丽江、建水、巍山已跻身国家历史文化名城行列。保护工作的全面开展始于 20 世纪 80 年代至 90 年代初。云南省第六届人大常委会第 10 次会议于 1984 年 11 月 9 日原则通过，并于 1985 年 1 月 6 日公布实施了《云南省实施〈中华人民共和国文物保护法〉办法》，第三章专列了"历史文化名城"，并具体制定了 4 项条款。在此阶段，昆明、大理、巍山等重点名城的保护规划开始进行，其中昆明（1983 年）、丽江（1988 年）、建水（1989 年）制定了名城保护规划（建水由于种种原因规划未能报批）（图 3-2）。

图 3-2　1988 年丽江保护规划区划图
图片来源：云南省城乡规划设计研究院，丽江县城建局．丽江历史文化名城保护规划 [G].1988.

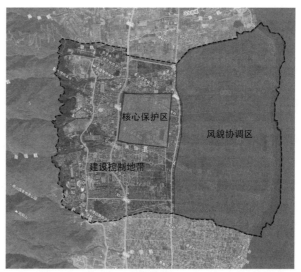

图 3-3　1988 年大理保护规划分区图
图片来源：孙平，谢军．大理古城保护与发展思考 [C]. 中国城市规划年会论文集，2009：66.

此时由于正处在保护规划工作开展初期，国家还没有成熟的历史文化名城保护规范，因此保护规划还是在摸索阶段，保护的方法主要集中在文物古迹的保护、保护区划的界定、视线视廊的控制等（图 3-3）。

　　1992 年 11 月，云南省第七届人民代表大会常务委员会第 27 次会议通过《云南省城市规划管理条例》，明确规定由建设、文化等有关方面承担保护历史文化名城的责任。不过由于当时在各个地方对历史文化名城、名镇价值认识不深，20 世纪八九十年代，在一些名城（如昆明、大理等）曾经出现过对历史城区大拆大建的行为。20 世纪 90 年代末，省内的历史保护重新被提上重要日程，丽江（1998）、大理（1998）制定了名城保护规划。其中，《大理历史文化名城保护规划》强调要保护好现存的文物古迹及其赖以生存的空间环境和苍山、洱海等自然景观，延续城市发展脉络（图 3-4）。丽江古城的保护规划则突出了"面""线""点" 3 个方面。"面"指绝对保护区（古城核心）、严格控制区（古城边缘及黑龙潭公园和环境协调区）；"线"的保护即街巷和水系；"点"就是指对传统民居、院落、古桥及文物古迹的保护（图 3-5）。与此同时，一些历史文化名城、名镇的保护条例开始陆续出台，为保护规划的落实和执行进行了法律性规定，保障了各地保护规划的实施。

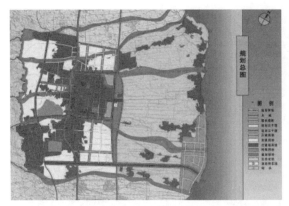

图 3-4 1988 年大理古城保护规划总平面图

图片来源：孙平，谢军.大理古城保护与发展思考 [C].中国城市规划年会论文集，2009：65.

图 3-5 1998 年丽江大研古城保护区划图

图片来源：丽江县城建局，云南省城乡规划设计研究院.丽江大研古城保护详细规划 [G].1998

1999 年中国城市科学研究会历史文化名城委员会年会在昆明召开，并于 10 月 30 日发表《昆明宣言——保护、建设、利用好历史文化名城，迈入 21 世纪》（简称《昆明宣言》，经反复修改后由全国名城委第四届一次常务理事会最后审定）。

《昆明宣言》中规定历史文化名城所在地政府必须严格执行有关法律、法规、规章；各名城要根本改变旧城改造的开发思路，扩大旧城内历史文化保护区面积，认真进行设计、规划，并严格执行；按照保护对象不同层次的要求进行保护；对新区和旧城要区别对待，采取不同方针保护；努力发掘城市的传统文脉和优秀历史文化；广开筹资渠道，为名城保护提供稳定的资金保证；坚持不懈深入宣传，做好名城知识普及工作；加强交流合作，共同进步。《昆明宣言》是名城保护专家学者、名城领导、名城保护实际工作者对 10 多年来历史文化名城保护工作的经验总结，对当前和今后一个时期做好历史文化名城保护、建设、利用工作有着重要的指导意义。

2000 年 5 月，云南省第九届人大常委会第 16 次会议通过了《云南省民族民间传统文化保护条例》。2000 年，中共云南省委、省人民政府出台《云南民族文化大省建设纲要》，并于 2001 年 1 月颁布。

从 2001 年起，云南省建设厅专门列出了历史文化名城保护经费。丽江成立了古城保护管理委景会和古城保护管理局，并积极开展行之有效的工作。相当一部分历史文化名城、名镇、名村开始制定名城保护规划，并相继经省人大常委会批准制定了各名城保护条例。截至 2003 年，云南全省已有世界文化遗产 1 处、国家级历史文化名城 5 座、省级历史文化名城 10 座、省级历史文化名镇（村）14 个。

2003 年，作为全国试点省份，云南以县（区）为单位开展了全省民族民间传统文化资源普查工作，参与人数 19103 人次，普查自然村寨 14834 个，访谈对象达 69187 人次，各级政府投入资金 1000 多万元，取得了丰硕成果。全省各级人民政府批准公布了 8589 项县（区）级保护名录、3173 项州（市）级和 147 项省级保护名录。（表 3-1、表 3-2）

云南省第五批省级非物质遗产名录体系建设情况表　　　　　　　　表 3-1

批次	民间文学	传统音乐	传统舞蹈	传统戏剧	曲艺	传统体育、游艺和杂技	传统美术	传统技艺	传统医药	民俗
第五批	15	17	13	1	3	7	11	44	4	30
扩展名录	1	4	6	2	0	3	8	25	5	8

表格来源：作者根据资料自制

云南省非物质遗产名录体系建设情况表　　　　　　　　表 3-2

单位：项

批次		民间文学	传统音乐	传统舞蹈	传统戏剧	曲艺	传统体育、游艺和杂技	传统美术	传统技艺	传统医药	民俗	民族语言文字	建筑	区域性		合计
														区	乡	
国家级	第一批	5	3	8	2	1		2	5		8					34
省级	第一批	12	11	24	7	3		5	12		16	3		27	27	147
地级	已建名录项目	309	264	250	50	33		74	220	2	262	17	76	166	246	1969

表格来源：云南省城市科学研究会，云南汇景工程规划设计有限公司.云南省历史文化名镇村保护体系规划 [G].2011：55

20 世纪末至 21 世纪初，在进一步的挖掘下，一批新的名城、名镇、名村逐步涌现。至 2003 年，省政府先后公布腾冲、威信、会泽、保山、广南、石屏、孟连、漾濞等 8 座城市为云南省级历史文化名城，同时公布了禄丰县黑井镇等 9 个历史文化名镇（村）。

名城、名镇保护的重要性得到各级政府的认同，新一轮的名城、名镇保护规划普遍开展起来。广南（2000）、漾濞（2003）、威信（2005）、巍山（2008）等历史文化名城，禄丰县黑井镇（2003）、剑川县沙溪镇（2006）、腾冲县和顺镇（2006）、孟连县娜允镇（2002）、宾川县州城镇（2006）、洱源县凤羽镇（2003）、云龙县诺邓镇诺邓村（2006）等历史文化名镇、名村纷纷制定、报批了保护规划，其中一些名城（镇、村）还完善了管理条例（办法）（图 3-6 ~ 图 3-10）。省内建筑界也在这一时期进行各种探讨和研究，对各个地方的民居建筑进行新民居方案设计，在广大的农村腹地进行推广，并在版纳、丽江等地取得了很好的效果，这为地方民居建筑艺术的传承起到了积极的作用。

图 3-6　1998 年丽江古城震后恢复重建平面图

2002 年，云南与美国大自然保护基金会合作，投资 300 万元，对丽江古城 174 座纳西民居进行原状维修保护，后荣获联合国教科文组织颁发的"2007 年亚太地区文化遗产保护进步奖"。同年 8 月，剑川县人民政府与瑞士联邦理工学院空间与景观规划研究所签订备忘录，共同组织实施"沙溪复兴工程"。该项目瑞士方投入 300 万元，中方投入 400 万元，2005 年该工程获得世界纪念性建筑基金会的杰出成就奖。国际古迹遗址理事会、国际文化旅游委员会主席格雷姆·布鲁克斯这样评价：沙溪复兴工程的成功将为喜马拉雅横断山脉地区的可持续发展发挥积极的示范作用（图 3-11、图 3-12）。

2005 年，以小城镇建设为契机，云南省城乡规划建设领导小组首次提出"云南特色旅游小镇"建设，即把一批具有资源优势的小镇，通过吸引社会资本投入开发，建设成为旅游小镇。云南省随即公布了首批 60 个特色旅游小镇名单，其中"保护提升型"小镇 11 个，"开发建设型"22 个，"规划准备型"27 个。在这 60 个旅游小镇中，有国家级历史文化名城 6 个，国家级历史文化名镇 4 个，省级历史文化名城 5 个，省级历史文化名镇 5 个，省级历史文化名村 4 个。其中，第一批 11 个"保护提升型"小镇就涵盖了 10 个历史文化名城、名镇、名村，第二批"开发建设型"22 个小镇中有 17 个是各级历史文化名城、名镇、名村。云南省政府提出，各小镇制定的规划就

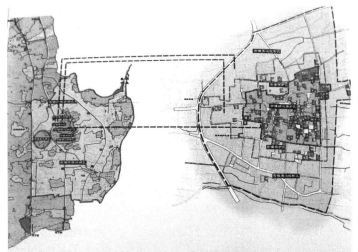

图 3-7　大理喜洲历史文化名
镇保护规划区划图
图片来源：张辉，任洁.我们
的名城名镇——云南城市遗产
保护规划研究 [M].昆明：云
南科技出版社，2007：80.

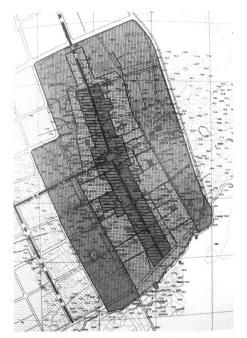

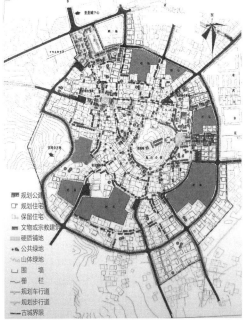

图 3-8　巍山历史文化名城保护规划区划图
图片来源：张辉，任洁.我们的名城名镇——云南城
市遗产保护规划研究 [M].昆明：云南科技出版社，
2007：115.

图 3-9　香格里拉独克宗古城保护规划总平面图
图片来源：张辉，任洁.我们的名城名镇——云南城市遗
产保护规划研究 [M].昆明：云南科技出版社，2007：65.

图 3-10 郑营历史文化名村保护规划图
图片来源：张辉，任洁.我们的名城名镇——云南城市遗产保护规划研究 [M].昆明：云南科技出版社，2007：152.

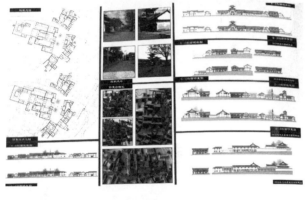

图 3-11 沙溪"复兴工程"历史建筑修复图 1
图片来源：瑞士联邦理工学院国家、区域与地方规划研究所，云南省城乡规划设计研究院.沙溪历史文化名镇保护规划 [G].2004：25.

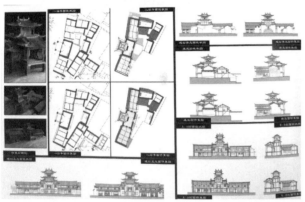

图 3-12 沙溪"复兴工程"历史建筑修复图 2
图片来源：瑞士联邦理工学院国家、区域与地方规划研究所，云南省城乡规划设计研究院.沙溪历史文化名镇保护规划 [G].2004：26.

叫"保护与开发利用规划"。要明确保护的对象、措施，并确保利用过程中不仅不会造成破坏，还要有利于保护。从此，云南开始大踏步进入"旅游＋保护"的双轨并行保护模式。至 2006 年，共吸纳开发建设资金 12 亿元，有近 20 个旅游小镇与企业签订了开发建设合同，占首批旅游小镇的三分之一。

截至 2010 年 11 月 30 日，云南全省旅游小镇建设已下达省级补助资金 1000 万元，完成投资 24.5 亿元。

随着市场机制的导入，经济和社会的发展，城镇化进程的不断推进，历史名城、名镇、名村的经济价值进一步得到体现，云南省许多历史名城、名镇、名村在进行引入资金、开发旅游的过程中由于管理机制、保护机制尚未完备，使得保护工作存在着一些突出问题，主要体现在：保护与开发建设的矛盾突出，保护意识不强；保护和整治资金的投入严重不足；保护工作的法制建设严重滞后，保护工作缺乏必要的法律法规，致使对破坏行为的处罚不具体，力度也不够。这导致一些历史文化遗产遭受破坏，一些历史城区为外来文化所冲击和侵占；个别地方甚至出现了转让抵押、过度开发文物的情形。

鉴于此，2007 年 12 月，云南省第十届人民代表大会常务委员会第 32 次会议审议通过了《云南省历史文化名城名镇名村名街保护条例》（以下简称《条例》），于 2008 年 1 月 1 日正式实施。《条例》共七章四十四条，其主要内容和特点是：规定了历史文化名城、名镇、名村、名街的保护工作是县级以上人民政府的职责；对多渠道筹集保护资金，建立长效稳定的资金投入机制等方面的问题作了明确规定；明确和规范了历史文化名城、名镇、名村、名街的申报条件、申报材料和申报程序；规范了保护规划和保护详细规划的编制审批管理，加强规划对保护管理工作的引导和控制；对历史文化名城、名镇、名村、名街各项历史文化遗存要素的保护、管理部门和管理相对人的职责义务等问题作了明确规定；制定更为严格的管理措施，历史文化名城、名镇、名村、名街保护区内建设项目的管理纳入法制轨道。《条例》中明确规定了将对未经规划（建设）行政主管部门审核同意，不同程度破坏、拆除保护范围内建筑物、构筑物和其他设施的违法行为处以 1 万元至 100 万元的罚款。

2010 年 7 月，住房和城乡建设部、国家文物局在《关于公布第五批中国历史文化名镇（村）的通知》中明确要求，各名镇（村）应杜绝违反保护规划的建设行为的发生，严格禁止将历史文化资源整体出让给企业用于经营。与之相呼应，2013 年 4 月，云南省政府下发《关于进一步做好旅游等开发建设活动中文物保护工作的实施意见》，明确规定不得把历史文化街区、村镇整体出让给企业管理经营，不得将文物保护单位管理机构作为企业的下属机构或交由企业管理；不得擅自拆除文物古迹和历史文化街区、村镇以及历史建筑；不得将国有不可移动文物转让、抵押或作为企业资产经营；在世界文化遗产（申报地）缓冲区范围内，历史文化街区、村镇和历史建筑，以及文物保护单位保护范围和建设控制地带内实施建设工程的，要依法事先征得文物行政部门同意，报城乡规划部门批准，未经批准不得立项，更不得开工建设；各级旅游部门在创建旅游景区景点的同时，要科学评估文物资源状况和游客流量，合理确定文物旅游景区的游客承载标准，对达不到文物保护要求的旅游景区要责令限期整改，并降低或取消旅游景区质量等级；省级设立文物保护社会基金，各级文物部门也要建立文物保护社会基金，鼓励社会力量采取捐赠等方式参与文物保护；利用文物古迹、历史文化街区、村镇和世界文化遗产开展旅游等经营性活动的，其经营性收入的 5%–10% 应用于本行政区域各级文物的抢救保护、日常维护、环境整治以及旅游设施建设、安全保卫和安全防范设施建设。

云南省不断健全关于历史城镇保护的地方性法规、规章和技术标准。省级层面，2012 年，云南省人民政府批复实施《云南省历史文化名城（镇村街）保护体系规划（2011–2030 年）》；2017 年 5 月，省住房和城乡建设厅印发《云南省传统村落认定管理办法（试行）》。州（市）、县级层面，昆明市、丽江市、大理市、巍山县、建水县、会泽县等全省各级历史文化名城、名镇、名村相继出台保护条例、管理办法或规定。由此，完善配套了法律法规建设，形成了完整的历史文化名城、名镇、名村街区（名街）管理法规体系，严格依法依规开展保护工作。

云南省十分重视历史文化保护日常监管及长效机制建设，成立了专门的保护管理机构和保护委员会，云南省住房和城乡建设厅成立城市设计与名城处，承担了全省历史文化名城保护管理责任，负责拟定历史文化名城（镇村街）保护政策法规并监督实施。云南省还建立了历史文化名城监督检查制度，强化规划实施监督检查，提高保护规划实施成效，监督国家专项补助资金使用，强化保护资金管理，于 2023 年研究制定了《云南省文物保护专项资金管理办法》。

3.1.3 成果与挑战

"十五"期间，云南省维修全国重点文物保护单位 37 项，投入 1300 万元；维修省级文物保护单位 177 项，投入 2.97 亿元；维修州市县级文物保护单位 133 项，投入 1900 万元。截至 2006 年，全省第一批至第五批全国重点文物保护单位 32 项已全部进行了维修，第六批 44 项在规划和实施中；省级第一批至第五批文物保护单位已全部进行维修和完成"四有"工作，第六批正在进行中；州市和县市级文物保护单位的维修保护也在进行中。2006 年，全省维修文物保护单位 108 项，投资 1558.3 万元，其中全国重点文物保护单位 20 项（投资 467.7 万元），省级文物保护单位 40 项（投资 414.6 万元），市县级文物保护单位 48 项（投资 676 万元）。全省具有文物保护勘察、设计资质甲级单位 1 个，即云南省文物考古研究所；乙级资质单位 6 个。

文物保护工程一级施工资质单位 4 个，二级施工资质单位 6 个，三级施工资质单位 2 个，暂定级施工资质单位 2 个。文物保护工程监理资质云南省尚未进行核定。

2022 年 7 月，云南省文化旅游发展情况新闻发布会在海埂会堂召开，通报了自"十三五"以来云南省投入文物保护资金 9.14 亿元，实施省级及以上文物保护单位保护工程 300 多项，历史文化名城建设提速，文物保护单位总量由 2015 年末的 575 项增加到 2020 年的 633 项，全国重点文物保护单位、省级文物保护单位维修保养率达 100%。

自 1982 年国务院公布首批历史文化名城以来，至 2007 年云南省先后有 5 个城市被国务院核定公布为国家级历史文化名城，占全国总数 99 个的 5%，占西部总数 23 个的 21.7%；有 3 个镇被公布为国家级历史文化名镇；有 2 个村被公布为国家级历史文化名村。至 2008 年 2 月，省政府先后 8 批核定并公布了 11 个省级历史文化名城，7 批核定并公布了 14 个省级历史文化名镇、16 个省级历史文化名村、1 个省级历史文化街区。截至 2022 年，云南省共有历史文化名城 16 座，其中国家级历史文化名城 7 座、省级历史文化名城 9 座；历史文化名镇 26 个，其中国家级历史文化名镇 11 个、省级历史文化名镇 15 个；历史文化名村 38 个，其中国家级历史文化名村 11 个、省级历史文化名村 27 个 [1]。

近 50% 的历史文化名城、名镇、名村已编制完成了保护规划。总体来讲，通过制定保护规划和管理条例，许多名城、名镇的保护工作正逐步进入正轨，大量的名村和历史城区的保护为云南的城市遗产形成一个完整的体系起到了决定性的作用。

进入到 21 世纪之后，云南省的经济水平进入新的发展阶段，2009 年云南开始实施"桥头堡"战略，把云南建成中国沿边开放经济区已成为云南发展的重要目标之一。2010 年中国东盟自贸区启动，老东盟 6 国对我国的平均关税从 12.8% 降至 0.6%，到

1　截至 2022 年，云南省有国家级历史文化名城 7 座，分别是昆明、大理、丽江、建水、巍山、会泽、通海；省级历史文化名城 9 座，分别是腾冲、威信、保山、广南、石屏、漾濞、孟连、香格里拉、剑川；国家级历史文化名镇 11 个，分别是黑井镇、沙溪镇、和顺镇、娜允镇、州城镇、凤羽镇、新安所镇、河西镇、鲁史镇、光禄镇、平坝镇；省级历史文化名镇 15 个，分别是大姚县石羊镇、会泽县娜姑镇、维西县叶枝镇、保山市隆阳区板桥镇、广南县旧莫镇、大理市双廊镇、盐津县豆沙镇、保山市隆阳区蒲缥镇、勐腊县易武镇、彝良县牛街镇、永平县杉阳镇、宾川县平川镇、宁洱县磨黑镇、鹤庆县松桂镇、东川区汤丹镇；国家级历史文化名村 11 个，分别是白雾村、诺邓村、郑营村、东莲花村、云南驿村、金瓜村、清水村、文盛街村、曲硐村、翁丁村、城子村；省级历史文化名村 27 个，分别是禄丰县金山镇炼象关村、大理市喜洲镇周城村、宾川县大营镇萂村、云龙县宝丰乡宝丰村、祥云县刘厂镇大波那村、宣威市杨柳乡可渡村、建水县西庄镇新房村、禄丰县妥安乡琅井村、洱源县牛街乡牛街村、保山市隆阳区水寨乡水寨村、景洪市勐龙镇曼飞龙村、勐海县西定乡章朗村、勐海县打洛镇勐景来村、香格里拉县洛吉乡尼汝村、香格里拉县尼西乡汤堆村、香格里拉县三坝乡白地村、德钦县燕门乡茨中村、德钦县云岭乡雨崩村、麻栗坡县董干镇城寨村、建水县官厅镇苍台村、红河县甲寅乡作夫村、东川区铜都镇箐口村、泸水县洛本卓乡金满村、师宗县竹基镇淑基村、元江县甘庄办事处它克村、梁河县阿昌族乡九保村、石屏县坝心镇芦子村。

2015 年，新东盟 4 国对我国出口产品 90% 实施零关税。位于东盟"门户"的云南省经济由此获得发展的强力引擎。根据商务部的统计，2012 年上半年云南省外贸总额为 61.2 亿美元，增幅居全国第二，对东盟的贸易额则同比增长 54.2%。

云南的桥头堡建设进程不断加快，建设"绿色经济强省、民族文化强省、我国面向西南开放重要桥头堡"是云南全省当前和今后一个时期实现"科学发展、和谐发展、跨越发展"的战略新要求。然而，云南面临的是"边疆、民族、山区、贫困"四位一体、经济欠发达的基本现状，如何保护好、发展好、建设好云南历史文化名城，积极稳妥推进民族文化强省建设，是一个值得探讨和研究的重要课题。

3.2　云南历史城镇保护与更新存在的问题

进入 21 世纪之后，云南省的经济步入新的发展阶段，城乡居民的生活水平也得到较大的提高，人们的价值观念、生活方式、工作方式也在发生着巨大的变化，市场经济的运作方式更深入地渗透到城市建设的每一个角落。由于旅游产业的迅速发展，名城、名镇的经济价值在新的时代更被突显出来，市场经济也对名城、名镇的保护产生了重大的影响。在这样如火如荼的发展态势下，云南省历史保护严峻的情况难以令人忽视：随着经济建设和现代化进程的加快，云南省文化生态正在发生较大变化，文化遗产及其生存环境受到严重威胁，保护工作面临诸多问题，一些历史文化名城(村镇)、古建筑、古遗址及风景名胜区的传统风貌遭到了不同程度的破坏。

3.2.1　经济落后地区的名城、名镇保护规划滞后，保护意识尚显薄弱

云南省位于中国西南部，由于多变的地理环境和文化情境以及错综复杂的经济和生产生活状况，区域内部一直呈现出较大的经济不平衡状态。具体表现为：经济区块之间差异明显，地区之间差异明显，即使是在同一地州范围内，不同的县之间也呈现出明显的差异。以大理为例，大理州位于省内经济发展的前 10 名，但州域范围内地区差距仍然明显，大理古城附近居民的人均 GDP 与大理云龙诺邓村相差近 10 倍。这样显著的发展差距问题使得云南省内处于经济落后地区的名城、名镇、名村成为历史保护的弱势群体；其特点是：历史遗产保护生存环境差，老城区原住民生存环境十分恶劣，生产生活条件差，原住民贫困面广，贫困程度深，自我发展能力弱，贫困发生率高，在有些地方甚至呈整体贫困状态（表 3-3）。

2022 年云南人均 GDP 地州排名　　　　　表 3-3

序号		GDP（亿元）	增长率	人口（万人）	人均 GDP
	全省	28 954.12	4.3%	4690.00	58 494
1	玉溪市	2 520.57	4.3%	224.00	112 525
2	昆明市	7 541.37	3.0%	850.20	88 701
3	迪庆州	303.36	1.3%	38.90	77 985
4	楚雄州	1 763.42	6.7%	239.10	73 752
5	红河州	2 863.08	2.1%	443.60	64 542
6	曲靖市	3 802.20	8.1%	570.10	59 194
7	西双版纳州	721.39	4.3%	130.60	55 237
8	保山市	1 262.44	5.7%	241.80	52 210
9	大理州	1 699.62	2.4%	332.10	51 178
10	丽江市	620.10	6.1%	125.40	49 450
11	怒江州	249.93	3.6%	55.40	45 114
12	普洱市	1 072.97	3.1%	238.10	45 064
13	临沧市	1 000.24	4.7%	223.30	44 793
14	德宏州	587.12	3.9%	131.60	44 614
15	文山州	1 405.39	6.2%	344.40	40 807
16	昭通市	1 541.02	3.7%	501.40	30 734

表格来源：作者据相关资料整理

　　当然，由于经济上的欠发达，这些地区尚未采取大拆大建的举措，在无意识的状态下保留了各个历史时期的城市片断，成为我们珍贵的历史遗产；但也正是因为经济上的欠发达，使得这些地区缺乏保护资金，历史建筑失修失养，面临老化侵蚀的危险；基础设施简陋老化，危房数量大幅增加；同时居住人口急剧膨胀，违章新建情况严重，最终造成房屋破旧、居住空间拥挤、生活环境恶化等衰败的发展趋势。2004 年 3 月，《春城晚报》曾报道"即将淹没的云龙古城"和"巍山古城亟待保护性抢救"，因为这些充满古老文化生命气息的古城现在正面临着极大的危险。同年10 月，《春城晚报》再报道"石屏古城急需保护"，约需资金 2200 万元，而石屏县却不知该到何处去筹措这笔资金，更不知何时能够真正大规模地实施保护工程。

　　也还是由于经济的欠发达，自我发展能力弱，这些地区对外来投资资金极其渴求，往往不加甄别盲目引进，对待保护问题的认识也往往不够深入，使得当地的保护规划与保护条例经常空缺。例如在国家级历史文化名城中，巍山 1994 年即被列入名册，可由于经济实力有限及当地的认识等种种原因，2008 年才制定实施名城保护规划。在国家级历史文化名镇中，宾川县州城镇及蒙自县新安所镇尚无当地的保护管理条例。在国家级历史文化名村中，5 个名村均无保护条例，其中会泽县娜姑镇白雾街村还未制定名村保护规划。省级历史文化名城中，腾冲、保山、会泽等名城均在 20 世纪 90 年代即被列入名册，但大都直至 2005 年以后才制定名城保护规划；而剑川至今尚未制定名城保护规划。在 15 个省级历史文化名镇中，仅有大姚石羊镇、洱源县双廊镇、彝良县牛街镇、盐津县豆沙关镇、广南县旧莫乡镇制定了保护规划；其中，仅大姚石羊镇制定了保护管理条例。在省级历史文化名村中，仅禄丰县炼象关村等 9 个村落制定了保护规划。

保护规划虽然欠缺，但是相当一部分名城、名镇、名村制定了许多"发展型"的规划，例如"旅游规划""旅游详细规划""保护与开发规划""保护与开发详细规划"等。有些规划是单独制定，有的则是在"发展中"附带提及。以禄丰县黑井镇为例，虽然黑井早在 1995 年就被评为省级文化名镇，1997 年即制定了《黑井旅游发展保护性详细规划》，但其《历史文化名镇保护规划》直至 2003 年才制定报批，这还是在省建设厅几次催促并下拨专项资金的结果。笔者在滇工作期间，曾与多名当地的主管官员交流，得知之所以这样制定规划，故意"忽略"名城（镇、村）保护规划及保护管理条例，是担心"太多保护会限制发展，影响招商引资环境"（图 3-13、图 3-14）。

图 3-13 易武古镇保护性详细规划总平面图
图片来源：勐腊县住房和城乡建设局，云南省城乡规划设计研究院.易武古镇保护性详细规划 [G].2008.

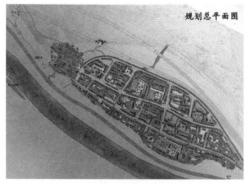

图 3-14 豆沙关古镇省级保护规划总平面图
图片来源：盐津县政府，云南省城乡规划设计研究院.豆沙关古镇省级保护规划 [G].2004.

3.2.2 经济相对发达地区，"建设性破坏"十分严重

在云南省内，各个城镇的发展水平也很不平衡。滇中经济区为全省经济发达地段，其他地区则相对较弱。位于这一地区的名城（镇、村）等，由于保护资金相对宽裕，

保护意识较强，大都制定了系统的保护规划和保护管理条例。有的名城保护规划还几经修编，十分慎重。可在"重视保护"的同时，许多名城仍然出现了程度不同的"建设性破坏"现象，名城保护规划与管理条例并未起到预期的保护效果。

3.2.2.1　大拆大建，古城格局已然消失

以昆明为例，作为云南省的政治、经济和文化中心，昆明是云南唯一特大城市，发展首位度、经济集中度、产业支撑度、社会集聚度在全国省会城市中几乎绝无仅有。客观情况导致昆明市的人口和建筑高度密集，环境交通压力不断增大，城市的发展使得老城原有的空间尺度和肌理不断发生变化。20世纪50年代以来，城市的标志金马碧鸡坊在80年代以后更是经历大拆猛拆，拆光了清丽质朴的传统街区和民居，其实也是拆光了城市的历史和文化（图3-15、图3-16）。

尤其是20世纪90年代为了适应城市建设的快速发展，即使是1989年的《昆明市旧城改造规划》中规定要保护的历史文化街区也不能幸免。例如，有浓郁地方特色和传统民居的老街长春路、武城路拆光拓宽后改为人民中路；传统商业街大观街拆除后被现代建筑大观商业城取代；同仁街、三市街的传统地方建筑也变成了高楼大厦。1990年后，房地产的发展导致许多旧城改建项目一般都采用拆建改造的方式，

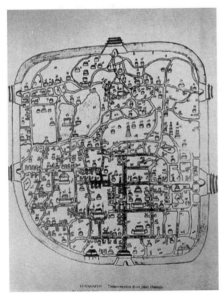

图3-15　早期昆明古城
图片来源：周文华.云南历史文化名城[M].昆明：云南美术出版社，2001：46-47.

图3-16　民国时期昆明
图片来源：周文华.云南历史文化名城[M].昆明：云南美术出版社，2001：46-47.

使一大批历史城区受到破坏，如昆明青云街改建，将原来历史风貌完整的街区全部拆除。

拓东路是昆明城内最具历史文化价值的一条路，位于金汁河与盘龙江之间，今路名虽存，两旁历史建筑却几乎全已作古。1997 年，昆明开始大规模的旧城改造和新城建设。在这场轰轰烈烈的造城运动中，许多寄托着昆明人成长记忆的老街道、老建筑被拆除了，其中包括对历史城区内金碧路、城隍庙街、文庙横街等传统尺度街道的拓宽；宝善街、大观街、同仁街等历史风貌片区的大拆大建；俊园小区等建设活动对大观楼望草海、翠湖至大观河、圆通山看翠湖等重要的传统视廊的遮挡等。至 2000 年，全城只剩下文明街、甬道街一片历史城区。2003 年后，又有两条富有特色的历史街区——顺城街和华山西路因城市改造扩建而不复存在。昆明已成为一座"正在消失的历史文化名城"（表 3-4、表 3-5）。

昆明历史城区变迁　　　　　　　　　　　　　　　　　　表 3-4

1989 年的传统街区	当年情况	至今状况
青龙巷片区	为下沉式的丁字形空间，巷两边建筑围合成一个灵性空间，而且建筑质量基本完好，绿化条件较好，民间文化气氛较浓	已拆除改建，原风貌无存
象眼街片区	临街建筑统一，相对完整	已改建，原风貌无存
甬道街片区	临街两侧建筑统一、完整、整齐，绿化情况较好，绿荫蔽日	文明街"昆明老街"项目改建，大部分老宅拆除，基本风貌保留
武成路、长春路、大观街片区	为昆明传统商业街，街道依势走向房屋鳞次栉比，这些临街肆店建筑都是前店后家，传统风貌完好。这些建筑的特色非常突出，采用木结构穿斗飞檐构造，为了防雨，飞檐挑出幅度有的达 1.5m，精雕细刻	已拆除，现为现代建筑综合体"大观商业城"
文明街片区	以居住为主，建有商业的传统街道，南段以景星街"丁"字交叉较为安静，北段商业气氛较浓	文明街"昆明老街"项目改建，风貌保留，但原住民已全部迁出
同仁街片区	为广式骑楼式商业建筑，尺度较小，建筑质量差，是昆明唯一保存完整的外来风格的传统商业街	已拆除，原风貌无存

表格来源：当年情况据《1989 年昆明市旧城改造规划》整理，至今状况据作者 2012 年实地调研情况整理

昆明历史街道的对比照片　　　　　　　　　　　　表 3-5

东寺街 -1997

图片来源：https://weibo.com/ttarticle/p/
show?id=2309404877827811180738

东寺街 -2013

顺城街 -1992

图片来源：https://www.sohu.com/
a/316633778_391586

顺城街 -2013

同仁街 -1997

图片来源：http://news.sina.com.cn/c/2004-11-
01/11444104206s.shtml

同仁街 -2012

武成路 -1996

图片来源：http://mt.sohu.com/20161102/
n472086022.shtml

武成路 -2013

青云街 -1983

图片来源：https://www.meipian.cn/2rjry3me

青云街 -2012

圆通街 -1992

图片来源：http://www.ynylxf.cn/newsview.
aspx?newsid=272668

圆通街 -2012

3.2.2.2 "过度开发"的误区，古城氛围不再

2012 年 11 月 7 日，云南省大理市等 8 个历史文化名城收到了住房和城乡建设部与国家文物局联合发出的"警告信"，通知批评有关城市保护工作不力，致其历史文化遗产遭到了严重破坏，并责令各地整改后限期将情况上报，有关部门再根据各地的整改情况，考虑是否将其列入濒危名单。这次通知，被媒体认为是对同类历史文化名城第一次发出了"黄牌警告"，为历史文化名城的文物保护事业再一次敲响了警钟。过度开发、历史文化保护不力等，是大理受到住房和城乡建设部和国家文物局联合批评的原因。

1982 年 2 月 8 日，大理成为全国首批 24 个历史文化名城之一；同年 11 月 8 日，又成为全国首批 44 个风景名胜区之一。大理也十分重视古城保护工作，于 1987–1989 年即编制了《大理历史文化名城保护规划》《大理市城市总体规划》；2001 年编制了《大理古城控制性详细规划》，2004 年 2 月大理市古城保护管理局正式成立；2007 年 7 月 1 日，《云南省大理白族自治州大理历史文化名城保护条例》开始实施。2007 年，当滇西地区人均 GDP 徘徊在 1000 美元之际，大理市人均 GDP 率先突破 3000 美元。根据国际经验，人均 GDP 处于 3000–10000 美元在经济学上是一个重要的转型期，然而，由于过早成为滇西商贸旅游中心城市，大理在这一转型期中，因实施古城保护开发时监管不力，引入了大量受利益驱动的开发行为，导致大理古城整体文化景观的变质、变态和变性，大理古城面临着前所未有的危机和挑战，生态环境急剧恶化，"破坏性建设""毁灭性修复"等现象依然存在。

《云南省大理白族自治州大理历史文化名城保护条例》第二章古城保护第十三条规定，大理古城保护范围分重点保护区、建设控制区和环境协调区。重点保护区以古城为中心，北至双拥路，南至一塔路，西至大凤路，东至城东路。第十六条规定，古城重点保护区的保护对象是南诏国、大理国历史文化遗迹，历史文物及古建筑，传统街巷格局及名称，溪沟水系，古树名木和民族民间文化等。第十七条规定，古城的城市功能以旅游、文化、教育、商贸和居住为主，与其功能不符的，应当逐步外迁。然而，这些保护条例几乎被架空（图 3-17）。

古城南门水库，因为陈凯歌的实景演出《希夷之大理》而建起高高的钢架建筑"大理之眼"，被住房和城乡建设部领导直接点名批判，并被媒体多次曝光。当地政府有关人士透露，这个投资数亿元，亏本运营的露天实景舞台及场地被政府转卖给了当地的一个地产老板。古城北门和南门周边，房屋无序无规划建设和再建，建材店、大理石加工作坊凌乱设立。位于博爱路上的大理府考试院遗址楼，因为产权相争，至今是大门洞开，周边空地成了收费停车场（图 3-18、图 3-19）。

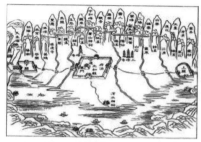
清康熙年间的大理态势图

1986 年大理古城

2007 年大理古城

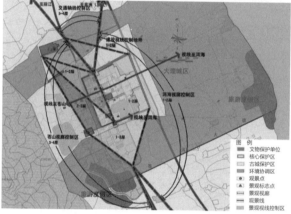
大理古城保护分区图

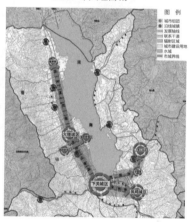
大理市城镇体系

图 3-17　大理古城发展历程

图片来源：大理市古城保护管理局，上海同济城市规划设计研究院．大理古城控制性详细规划 [G].2010.

图 3-18　大理古城新建的商场

图 3-19　古城的新建民居

　　《云南省大理白族自治州大理历史文化名城保护条例》第十三条规定，古城保护控制区为重点保护区以外，北至桃溪、南至白鹤溪、西至苍山海拔 2200m 以下，东至大丽公路东侧 200m。第十四条规定，建设控制区内，应当保持原有村落格局，不得随意改变用地性质、建筑风格。然而，紧邻大理古城 1km 的大丽路边数百亩农田被开发成旅游小镇，被征用建设为"南国城"，占地 150 亩，总建筑面积约 10 万 m²。资料显示，"南国城"共有 158 套房屋有重复销售的情况。2008 年 9 月 8 日，该公司老板因涉嫌诈骗罪被警方控制，这使该旅游房产项目陷入了拖欠农民工工资的风波中。在大理古城西门对面，是大理民族历史文化名片——"千年赶一街，一街赶千年"的三月街。2010 年，在 214 国道扩建过程中，大理龙首关遗址被毁。2011 年 7 月 15 日，当地媒体报道，2011 年 1 月，大理市与一著名公司签订了酒店投资协议书，在三月街片区建设一座五星级酒店。当大理市委托考古队在此考古时，挖掘出人体遗骸，网友质疑这是中国远征军遗骸，因为网友保护历史文化的强烈态度，让在此建设五星级酒店的计划暂时搁浅。此外，据大理州政府网站显示，大理三月街度假村建设项目正式启动。该项目占地 300 余亩，总建筑面积 10 万 m²，是集五星级高端度假酒店、休闲商业、高端养生住宅于一体的休闲养生度假村。然而，如此大面积的建设项目占用的土地却是南诏大理国王城——羊苴咩城遗址。

　　显然，这些破坏性的开发行为已严重危及古城保护生态环境的良性循环，也大大影响了大理的旅游地形象。据统计，10 年前，大理旅游接待总人数和旅游总收入的绝对量，在滇西北四州市（大理、丽江、怒江、香格里拉）中处于首位；如今，此两项的年均增长率排名却垫底。在滇西旅游环线建设加速的过程中，大理已沦为一个"中转站"（图 3-20）。

　　目前，由于云南省社会发展水平与经济发展水平的不平衡，不同地域现有的历史保护状态、特征有所不同，特别是在发达地区与欠发达地区之间存在相当程度的差距。迄今为止，在云南省的历史文化名城中，昆明、祥云、保山、威信古城格局与风貌均已不存，其中保山的历史景观只以点状、片段存在；会泽、通海、

图 3-20　大理苍山脚下的希尔顿酒店
图片来源：https://www.flyert.com/portal.php?mod =view&aid=400628

漾濞、剑川、石屏、广南、腾冲、大理等名城，古城格局虽在，但整体风貌已遭受了相当程度的破坏；只有丽江、建水、巍山、香格里拉的古城格局和历史风貌尚属大体完整。其中，建水、香格里拉的历史建筑遗存也受到了一定的冲击。

昆明等省内经济发达地区，由于较早受到外来思想的冲击，在 20 世纪八九十年代大拆大建，后又大量引入外来资本进行开发，"建设性破坏""过度开发"相对严重，地域性特征受到的破坏相对较大。经济水平稍差的建水、巍山等名城以及大量的历史小镇因为经济实力有限，没有采取大拆大建的举措，在无意识的状态下保留了各个历史时期的城市片断。

经济是衡量一个地区社会生活、生产方式发展水平的标准，也是间接评价一个地区意识形态的标准。虽然云南省内的经济落后地区因"欠发达"的原因而保留了大量的历史遗产，可限于地方经济发展水平，政府的财力远远不能满足历史城镇保护的需要，其后果是直接导致大量历史文化遗产的保护工作不到位，小病久拖成大病，但如果盲目的招商引资必然会造成保护与开发的矛盾冲突。如今，大部分当地政府"忽略"保护规划，重视招商引资的保护管理姿态显然仍在遵循着发达地区的发展路径。这无疑使大量的历史城区及文化遗产面临着巨大的"掠夺式"开发风险。

"拆毁了你们的古城，便埋葬了你们自己。"这是联邦德国人 20 世纪就发出的一个警醒人们的呼吁。今天，尽管我们不会再主动地去拆毁这些不可再生的历史城镇，但对所面临的现实与困境，对于历史城镇今后的出路及其再生发展策略如何引导，确实是值得深入思考的问题。

3.2.3 "旅游化"的普遍冲击

旅游业是第二次世界大战以来逐步形成的发展态势较好和规模较大的新兴产业。由于具有经济效益好、发展速度快、带动相关产业强等明显优势，世界上许多国家和地区都把旅游业作为支柱产业来大力扶持。云南是亚洲几大文化板块的结合部，以形态多样的少数民族本土文化自立，兼容汉、藏、东巴、巴蜀、荆楚、南亚、东南亚文化的精华，形成了异彩纷呈的多元民族文化。加上云南独有的复杂地理环境、垂直的立体气候，造就了云南无与伦比的旅游资源。

云南的旅游业起步较晚，然而发展速度却很快，发展态势良好，尤其是自 1999年中国昆明世界园艺博览会召开之后，云南省已初步建成旅游支柱产业。经过 20 多年的发展，旅游业为云南省的经济发展做出了较大的贡献。例如 2003 年在全国遭受非典影响的情况下，云南省接待的国内旅游仍出现了良好局面，接待国内旅游人数达到 5168.8 万人次，比前年同期增长 1.15%；国内旅游收入 278.31 亿元，比前年同期增长 9.14%；全省旅游总收入 306.64 亿元，比前年同期增长 5.76%，旅游收入占到 GDP 的 5%。2005 年，云南省委、省政府提出旅游"二次创业"，2005-2010 年全省接待海外旅游者从 150 万人次增加到 329 万人次，旅游总收入由 430 亿元增加到 1006 亿元，主要旅游经济指标都实现了翻番。据统计，海外游客在云南省内人均每天花费从 2005 年的 170.6 美元增加到 2010 年的 182.3 美元，增长 6.9%；国内游客人均每天花费从 360.1 元增加到 484.6 元，增长 34.6%。其中，2008 年云南接待国内外旅游者首次超 1 亿人次，旅游业总收入实现 663.3 亿元；2010 年云南省旅游收入达 1006 亿元，旅游外汇收入 13.2 亿美元。2012 年上半年，云南全省累计接待海外入境游客 409.1 万人次，接待国内游客 9578.3 万人次，实现旅游业总收入 765.8 亿元，同比增长 24.6%；2015 年，云南省旅游总收入为 3281.79 亿元；2021 年受疫情影响，云南省接待游客 6.5 亿人次，实现旅游业总收入超过 7000 亿元，分别恢复至 2019 年的 80% 和 65%；2022 年，全省接待游客 8.4 亿人次，恢复到 2019 年的 104.2%，实现旅游总收入 9449 亿元，恢复到 2019 年的 85.6%，恢复程度均远高于全国平均水平，名列前茅。显然，旅游业已成为云南经济的一个重要支柱产业。

在云南，旅游与古城从来都是紧密相连的。在各级历史文化名城（镇、村）中，国家级历史文化名城丽江、大理、建水、巍山古城同时也是国家级的 5A、4A 级旅游景区。1996 年，一场大地震让世界发现了一个历史文化名城丽江。1997 年 12 月 4 日，丽江古城被联合国教科文组织批准为"世界文化遗产"。随后，丽江旅游业开始迅猛发展，1999 年，丽江地区接待海外旅游者 69044 人次，居全省第 3，旅游外汇收入 2180.43 万美元，居全省第 6；接待国内旅游者 273.51 万人次，居全省第 3，国内旅游收入 14.09 亿元，居全省第 4。丽江古城的保护与旅游业的发展在早期曾呈现出互融共进的联动效应，其古城旅游业发展形成了"民族文化和经济对接"的"丽江现象"和"世界遗产带动旅游发展"的"丽江模式"，成为国内其他古城争相仿效的对象。自 1998 年起，旅游业已成为丽江古城经济的支柱产业。丽江古城"旅游 + 保护"的成功范例自此使云南各个历史文化遗产地纷纷步入了"以旅游促保护"的古城发展路径，这也得到了云南省政府的认可。2005 年，云南省提出了首批 60 个旅游小镇名单，其中"保护提升型"小镇 11 个、"开发建设型"22 个、"规划准备型"27 个，并出台了《云南省人民政府关于加快旅游小镇开发建设的指导意见》，以优惠政策及引导性资金支持来推进云南省的旅游小镇建设工作。在这 60 个小镇中，第一批"保护提升型"与第二批"开发建设型"中绝大部分为历史文化名城、名镇、名村。2012 年，云南省又推出"十大历史文化旅游项目"，这些项目的开发建设，是在历史文化遗址、遗迹系统普查、整理的基础上进行的。2016 年，云南省实施旅游产业转型升级 3 年行动计划，重点创建云南特色旅游城市（25 个）、旅游强县（60 个）、旅游名镇（60 个）、民族特色旅游村寨（200 个）、旅游古村落（150 个），其中大部分为历史文化名城、名镇、名村；2023 年，云南省出台《云南文化和旅游强省建设三年行动（2023-2025 年）》，提出要建设世界级旅游目的地，其中重点加强考古发掘和文物保护，提高非物质文化遗产保护水平，推动历史文化名镇（村）、传统村落保护利用，优化城乡旅游环境，建设全国乡村旅游重点村（镇）。

2018 年，全省特色小镇新开工项目 710 个，累计完成投资 633.2 亿元，特色小镇实现新增就业 6.5 万人，新增税收 8.6 亿元，新入驻企业 2576 家，集聚国家级大师和国家级非遗传承人 53 人，特色小镇共接待游客人数 1.8 亿人次，其中过夜游客 5832 万人，实现旅游收入 1052 亿元。2022 年的云南文化旅游招商推介会上，共签约文旅项目 81 个，协议金额达 3322.5 亿元，涉及特色小镇、旅游综合体、景区景点开发等多个领域，分别分布在昆明、临沧、文山、红河、昭通等多个城市集中签约。旅游小镇的大规模建设固然会成为当地经济的发展引擎之一，但不可避免地也会给历史城镇的保护带来冲击，如果规划建设任何一个环节出现偏差，将会对历史城镇的文化遗产造成难以弥补的伤害。

3.2.3.1 历史城镇"商业化""空心化"严重，本土文化面临侵蚀

纵观云南省旅游业发展的历程，其发展是伴随云南省对外开放的进程和历史文化资源的挖掘而逐渐兴起的。北京交通大学旅游管理系教授王衍用一直关注历史文化名城的保护和旅游开发问题，他分析说："我国旅游业发展到今日，地区间的竞争已从资源竞争转向目的地竞争，即城市或地区的整体性竞争。那些历史悠久、文化底蕴深厚的城市占尽天时地利，旅游业自然成为经济支柱，'历史文化名城'往往成为金字招牌。"随着游客向历史名城（镇、村）的自发进入，首先产生的是旅游者在吃、住等方面的消费对当地的经济贡献。对于一个拥有优美风光但经济欠发达的地区来说，这种无需大量投入就能挣到钱的刺激，无疑是强烈的。于是，通过旅游来带动当地的经济发展成为云南各名城（镇、村）发展旅游的一个重要目标。

然而，众所周知，"旅游是一把双刃剑"。进行历史文化资源的旅游开发具有两重性：一方面能促进区域经济的发展，促使当地生产生活水平向好的方面发展；另一方面也加剧了文化生态环境的损耗和地方文化的同化。以丽江为例，由于缺乏有序、合理的旅游经济开发引导，政府盲目扩大旅游开发力度，对古城街区缺乏有效的业态监管和原住民保障机制，丽江古城近年来面临着一系列严重的保护问题。由于丽江古

城的知名度越来越大，导致大研古城街区呈现出过度旅游商业化的特征。古城内居民以贩卖旅游商品为生，盲目追求眼前利益，包括外来经商户的加入，使古城居民旅游形象受损；古城内酒吧林立，消费居高不下，现代化气息过于浓厚，失去古朴小镇的本色；商业化演出取代了淳朴的民族风情表演，使得原本集居住、商贸、游览于一体的历史城区，渐渐演变为商贸旅游区。此外，在现代生活与商业利益的双重驱动下，有些古城居民迁出了古城，把自己的家园让给了游客或商人。传统的、真实的生活方式、居住活动（文化），正在被功利的、庸俗的商业活动、旅游文化所取代。

据调查，1987-1999 年，已有 1/3 的居民迁出古城，"空心化"情况日趋严重。人口置换和空间污染如果未能及时控制，将导致古城文化主体的转移和失落，从而使古城失去"活力"。由此，外来人口的流动、转换给当地的本土文明带来了很大的冲击，丧失了古城的历史真实性，正如媒体批评的，今天丽江古城更像一座游乐园、一个摄影棚。古镇空间结构的改变和纳西族文化的褪色，使丽江受到世界文化遗产组织的严重警告。

类似的情况还发生在大理双廊。在 1999 年昆明世博会的带动下，大理旅游开始红火，特别是 2000 年以后，著名舞蹈艺术家杨丽萍在定居玉玑岛村上的画家赵青的"青庐"旁边建造了一栋"太阳宫"，之后《落叶归根》的导演张扬也在这里落户，自由艺术家沈见华夫妇也选择在此隐居。同时，一些白领、金领逃离都市压力，纷纷在这里购房置业。2005 年，江苏人家明在镇郊的大建旁村沿海处建起双廊第一家外来人客栈——海地生活国际青年旅舍，双廊正式跨入了旅游度假区的行列。随后慕名而来的游客不断增多，双廊越来越火，做开发、搞经营和旅游的人都聚集到这里，沿洱海地段开客栈，民居租建兴起，租地价格不断攀升，农家院落由 2006 年、2007 年的 20 年租金均价 2 万元 / 年，上涨到 2012 年的 9 万元 / 年。截止到 2012 年 4 月，双廊、大建旁行政村洱海沿线民居改造成为餐饮住宿场所在建（新增）基本成型 27 户，新建户 80% 左右是外来人员租房改建，20% 为自主经营改建。大量外地的经营户纷纷进入双廊，租用沿洱海的农村住房，开客栈，办酒吧，做餐饮。在中国乡镇发展史上，这算得上一个难以复制的奇迹（图 3-21、图 3-22）。

然而，在双廊绚丽夺目的发展光环下，却隐藏着当地资源无序开发、生活文化严重脱节等后遗症。从 2011 年到现在，双廊不但人气井喷，而且客栈修建的数量疯狂地增长。白热化的还有双廊连接洱海一带寸土寸金的土地，过去几十万元就能拿下的土地现在早已过百万元。在双廊，一共有 120 多家客栈，其中 70% 的客栈都是由外地人投资建盖的，而剩下 30% 的本土经营户效益普遍较低。外来资金和"新移民"的强势介入，已在潜移默化中影响了原住民的生活习惯和文化习俗。加之外来居民改建的新居与双廊白族传统民居样式有较大差距，双廊居民纷纷模仿，并不再

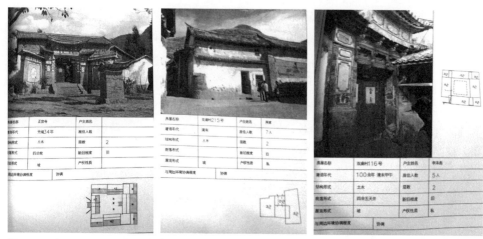

图 3-21　大理双廊的古民居典型样式（2004 年）
图片来源：大理白族自治州城市规划局，云南汇景工程规划设计有限公司．大理市双廊历史文化名镇保护规划
[G]．2005：47.

图 3-22　双廊新民居

对本地的古老民居进行妥善修缮和维护，原始村落的传统风貌被逐渐打破，于是出现了以下怪象：靠近洱海边，是一栋栋风格各异的客栈酒吧；而在不足三四百米外，村落通向山体的另一边，有着几十年甚至上百年历史的老屋摇摇欲坠——双廊古镇已不复原有的"白族民居风貌"。

随着双廊土地租价越来越高，注入资金的人必须考虑成本回收的问题，一些投资者更是借着打造高端度假景区的幌子在双廊圈地捞钱，丝毫不顾及这里的可持续发展。在 2012 年房交会期间，《大理房地产市场调研报告》（2012 年 4 月）统计，仅双廊一地就有以下项目：大理国际影视文化产学园区（4000 多亩）、云南印象大理论坛（2000 亩）、高尔夫用地（4000 亩）、耀鹏地产（200 亩）、中建汇丰（700 亩），政府手中已基本没有土地。

于是，"混乱"成为双廊当前无序开发状态的注脚。"由于无序的开发，双廊海边一度有很多处乱堆乱放的滩地，不仅影响周边客栈的经营，更对洱海造成很大的污染。不仅如此，一些海边还盖了简易的房屋，而这些土地早已在 2000 年退还洱海时政府就已经给予了相应的补偿……洱海沿岸出现的乱围、乱填、乱放情况不仅影响了视觉，更严重的是造成了难以估计的环境污染。"曾经安静的渔村正在变得物质而喧嚣，投资回报率成为双廊没完没了的话题。与此同时，无序与无节制的开发、本地传统与外来文化的碰撞、原住民与外来者的分歧这些发展中出现的问题，已使双廊的历史保护面临着前所未有的危机。

3.2.3.2　"旅游开发 + 历史保护"的"不对等运行"直接或间接导致了历史建筑的"维修性破坏"

自云南全省普遍开展"旅游 + 保护"的历史文化名城（镇、村）双轨制模式以来，"旅游开发"与"历史保护"在许多名城（镇、村）都处于"不对等运行"的失衡状态。重开发，轻保护，采取以牺牲区域民族文化生态环境为代价的掠夺式开发是文化资源开发中存在的主要问题。进入旅游开发程序后，有些地方政府没有把文物保护放在首位，而是一股脑按商业规律来办事，其中一些古村镇受到巨大经济利益的诱惑驱使，加大旅游资源开发力度，许多古村镇建设规划没有从保护的角度出发，盲目模仿大中型城市的建设发展风格，在古村镇中心区或空旷区域生硬地建广场，在古村镇筑高楼、修马路，严重破坏了千百年来形成的传统民居的聚集格局和历史脉络。以会泽古城为例，会泽以"天南铜都"著称于世，古城区位于县城北部的青山之下。在古城 0.92km² 的核心保护区内，会泽自来水厂为了"城市发展"而将明清时期古建筑杨家大院拆除，新建框架结构房屋（图3-23）。当地政府声称"建成之后，仿古外包装就行了，所谓'穿古衣戴古帽'。"

更有许多古村镇为了保持所谓的"原真性"，宁愿斥巨资在古镇旁打造一个"新古镇"（有些甚至是与古镇风格不相符的建筑），也不愿花费力气对历史城区内的建筑遗产进行修缮和整治。以孟连县娜允古镇为例，娜允古镇建城史近 700 年，是我国现有保存最完好、规模最大的最后一个傣族古城，也是傣族

图 3-23　会泽自来水厂"拆旧建新
图片来源：http://news.sina.com.cn/c/2010-04-15/092917375862s.shtml

图 3-24　孟连娜允古镇保护性详细规划总平面图
图片来源：孟连县人民政府，云南省城乡规划设计研究院.孟连娜允古镇保护性详细规划 [G].2008.

图 3-25　孟连娜允古镇老照片
图片来源：孟连县人民政府，云南省城乡规划设计研究院.孟连娜允古镇保护性详细规划 [G].2008.

图 3-26　姚安光禄古镇
图片来源：https://baike.baidu.com/pic/%E5%85%89%E7%A6%84%E5%8F%A4%E9%95%87/9756572/1/d000baa1cd11728b0a12d68bc2fcc3cec3fd2c5f?fromModule=lemma_top-image&ct=single#aid=1&pic=d000baa1cd11728b0a12d68bc2fcc3cec3fd2c5f

四大支系的唯一文化交汇点。孟连县委、县政府于 2111 年开展"娜允古镇文化旅游项目"，即在原古城南侧南垒河以西规划建设与原有古城相连接配套的"旅游文化古镇"。"新古镇"占地约 1300 亩，总建筑面积 100 万 m^2，总投资 23 亿元，以旅游文化为主线，集商住、娱乐、休闲、度假为一体，号称将建成一个集大成的中国傣族旅游文化古镇、世界级的傣族文化大观园。"新古镇"的建筑风格"以傣族古民居、明清建筑、江南水乡建筑风格为元素"，显然属于杂糅的"仿古"；至 2011 年底，已累计完成投资 1.2 亿元。虽然宣称要"将古镇的开发建立在恢复和保护原有古城风貌和景区景点的基础上"，对于古镇内部亟待修缮整治的许多古民居，政府的资金却迟迟不能到位。类似的情况还出现在姚安县光禄镇与广南县城（图 3-24 ~ 图 3-27）。

2010 年 2 月，姚安光禄古镇成立"历史文化遗产保护领导小组"，实行"层层问责制"，要"大力发展以光禄古镇为核

心的'中国福地、福禄之城'文
化旅游产业",具体实施措施不
是修缮原有老建筑,而是由政府
主导全面改造新建的光禄古镇,
积极吸引商家参与投资,以古建
筑为中心,修建商业街,店铺的
外形均统一采用古典风格,这无
疑是另一种类型的"新造古董"。
在"旅游开发＋历史保护"的双
轨保护模式中,"轻保护重旅游"
的不对等运行状态十分明显。

图 3-27　新修的姚安光禄古镇

　　在更多的古镇、古村中,当地居民由于缺乏对民居文化的认识和历史保护意识,
自行"改造、更新"甚至拆除了具有历史价值的民居,代之以丧失文化内涵和人文积淀
的"新民居"。凡此种种,都对历史城区造成了"维修性破坏"。以腾冲和顺镇为例,
仅 2000-2012 年,原本古香古色的和顺民居 80% 都被当地原住民或自行改建,或拆除
重建,造成了难以弥补的文化伤痕。

　　同样相似的情形出现在建水县团山古村。作为建水国家级历史文化名城的一个
组成部分,距建水县城 13km 的团山古村早在 2000 年村民就自行开发旅游服务,
但这显然并不能产生产业化效益。2005 年 6 月,团山古村以"完整保留 19 世纪风
貌特色的原生态村落"和拥有"云南最精美的古民居群"的深厚底蕴,被列为世界
纪念性建筑遗产保护名录。这被建水县政府认为是一个很好的发展契机,决心投入
资金,把团山古村打造成国家 4A 级旅游景区。团山村由此花费了大量的资金进行
重点民居(被开发为旅游点的民居)的修缮和维修,改善基础设施。然而遗憾的是,
当地政府想当然地将古村落斑驳的碎石路面换成了崭新的青砖铺地,用大量黄色涂
料掩盖了古民居粗砺厚重的土坯墙界面……凡此种种,不一而足。团山村村民的许
多老宅却因为不在旅游景点之列,政府没有维修补贴,当地居民大都不再居住,而
是在老宅旁另建钢筋混凝土的"新民居",老宅则任其老化、倒塌、沦为危房,十
分可惜。纵观如今的团山古村,已不复原有的沧桑和古朴风格(图 3-28)。

　　牛街古镇,位于彝良县东北部、白水江畔,始建于东汉时期,至今已有 1600 多
年的历史。这里的房屋建筑匠心独具,别具一格,凝练了滇川民居结构样式及明清
两代古建筑特色,依山傍水,都是串架木房。民国至今,又留下了大量青瓦木质结
构的"串架房""吊脚楼""四合院"等富有浓郁地方特色的建筑。2011 年,彝良

黄色涂料粉刷过的土坯墙（2012）

村口新铺的青石路面（2012）

已然倒塌的老宅。据村民说，倒塌时间为2011年雨季
（2012）

村内修缮后的重点民居与未经整修的一般民居（2012）

同一户村民的新居与老宅，老宅已无人居住（2012）

村民的新居与新居前面临倒塌的老宅风格迥然不同（2012）

修葺前的团山村街景（1998）

修葺改造后的团山村街景（2012）

图3-28　建水团山村民居调研照片

县牛街镇镇政府提出要投巨资大力进行古镇建设，将牛街打造成真正的"旅游文化古镇"。当地编制了牛街古镇概念性规划及旅游开发规划。在规划草图上，民房将一律改造成传统屏风门、传统花窗、小青瓦屋面、白色墙体、棕色穿枋等。当地镇政府要求"为了牛街古镇的建设，沿街商铺必须统一'穿衣戴帽'"。在牛街镇最先进入改造计划的振兴街上，除文物建筑外，所有的老房子均设为"拆除翻新"：原先的建筑经过拆除、改造之后，将成为范本。被拆掉的木质老房的原址上，将来也会按照草图的规划，建盖成统一的仿古模样。至2011年底，牛街镇的大部分老街被拆除改造完毕，几乎所有的临街房屋外墙都已"换肤"——白色与棕色相间；几乎所有临街商铺的窗户都安上了统一的板栗色仿古木窗；几乎所有临街商铺的房顶都加盖了一层带有仿古瓦片的装饰……连街道尽头的小学与医院也不例外。古镇经营者在摧毁了古老文化后，又复制一批所谓"适应现代商业运营"的伪文化遗产，诸多有形与无形的文化遗产在所谓"适当开发"的前提下荡然无存（图3-29～图3-31）。

图3-30　牛街镇的老房子面临拆除和翻新
图片来源：https://www.kunming.cn/news/c/2011-11-25/2750784.shtml

图3-29　彝良牛街镇建筑改造示意图
图片来源：https://www.kunming.cn/news/c/2011-11-25/2750784.shtml

图3-31　房屋翻新时，要安装统一规格的门窗
图片来源：https://www.kunming.cn/news/c/2011-11-25/2750784.shtml

3.2.3.3 粗放式旅游开发模式导致历史城镇当地历史文化资源的"被同化"

在云南开始实施"以旅游促保护"的古城（镇、村）发展模式以来，由于大多数历史地区都采取粗放式的旅游开发模式，开发急功近利，思路错位，使云南各历史保护城（镇、村）的异地文化与本土文化在走向融合的过程中产生了碰撞与摩擦，使原本相对稳定的文化生态走向动荡；当地历史文化在外来文化的冲击下，面对市场经济时出现的"被同化"情形大大超出了主流社会的想象，不仅在速度、广度和深度上异乎寻常，并且表现出在全省范围内多点同时爆发。

在云南历史文化名城（镇、村）旅游迅速发展的过程中，当地的风土人情、文化特色、原汁原味的居民生活原本正是海内外游客旅游体验的一项重要内容，但现在不少历史文化村镇里的少数民族风情、本土民俗风情变了味，在许多少数民族地区，年轻人不穿本民族服装的现象随处可见，传统的民族服饰已逐渐被时尚服装取代；少数民族居住习惯被同化，具有民族特色的民居建筑逐渐消失，很多历史文化街区中的传统民居正被钢筋水泥结构的楼房取而代之。

此外，在"发展旅游"的大旗下，云南许多历史地区的传统风俗被改造成商业性的表演，一切祭典中原有的神圣和敬畏都已经被置换成娱乐式的喧闹和随意，"民族节日经常化""舞台化"，虽然满足了游客需要，但是使民族节日趋于庸俗化。任何民族节日都是一定的历史和文化发展的产物，都有特定的历史和文化内涵，离开了特定的内涵，民族节日就失去了它的意义。许多历史古镇、古村落的各种民族节日由于外来节日及现代庆典的影响，一些富于民族个性的活动内容逐渐消失，有的节日逐渐同质化。有的民间盛会由于过多官方意志，活动旨趣和形式逐渐发生了偏移。许多文化空间如庙会、灯会、歌会等规模逐渐萎缩。各种原始祭祀仪式现今只保留于偏远贫困山区，发达和较发达地区已基本绝迹。另外，为了提高历史村寨的文化含量，吸引更多的游客，许多历史文化名镇（村）随意捏造民俗事象，不尊重民族风俗习惯，随意添加或附会，这些做法已经丧失了文化的尊严。云南省社科院研究员杜玉亭在追踪研究中发现，在市场商潮冲击下，基诺族的传统服装、竹楼、歌唱文化、舞乐、年节习俗、生命礼仪等正在不断消失，他将这种现象称为"市场商潮中的族籍迷失现象"。在云南，凡是旅游业较发达的历史地区，"族籍迷失现象"不同程度地存在。世界遗产管理体系研究专家罗佳明教授早在 2004 年就曾指出，世界文化遗产——居住着 6000 多户纳西居民的丽江古城，由于旅游业发展迅速，主要街道上相继出现了 2000 多家操着不同地区口音的人经营的店铺和客栈，所形成的外来商潮严重冲击了原居民的传统生活方式和习俗，如继续下去，作为"民族基本识别标志和维系社区生存的生命线"的非物质文化遗产的民族语言、风情及其他民族文化亦将被逐渐弱化。

重开发，轻保护，采取以牺牲区域民族文化生态环境为代价的掠夺式开发是云南当前历史文化资源开发中存在的主要问题。云南由于地域复杂、交通不便、人口相对稀少和分散的特殊环境，造就了小范围、小规模的文化发展状态，这使得其历史文化生态环境原本就相对脆弱，但云南省内的大部分历史地区却在历史文化资源开发过程中急功近利，单纯算经济账，忽视了可持续发展，过于粗放地发展、挖掘资源，单一追求现实效益和经济效益，不注意对其进行保护，致使文化生态环境遭到不同程度的破坏，其结果是灾难性的。一些历史文化资源的开发者缺乏基本的文化环境资源维护意识，在功利性目标的驱动下，将历史文化环境作为单纯的经济性产品资源加以投入，其结果是地方性文化环境遭到大面积的侵蚀、破坏，无端地增加或加剧了社会文化环境的矛盾和冲突，有些地方甚至成了一个单一功能的"旅游区"，连续和整体意义上的社区文化均被肢解和打断。

旅游既可以搞活经济，激活文化，给旅游地带来经济效益，提高当地人民生活水平，同时也会给当地生态环境、价值观念、意识形态、民族文化等造成一系列的消极影响。纵观云南许多已开发的旅游名城（镇、村）的发展进程，都不同程度地造成这样一个后果：在初期，无论旅游企业还是当地政府，大多只注重旅游业带来的经济效益，而忽视了旅游业给当地造成的负面影响，结果适度开发变成了过度开发，历史遗产地的文化性、原真性、自然性和生态性被破坏。长远来看，显然得不偿失，最终同样会阻碍该地的旅游业发展。

俗话说："民族的才是世界的。"旅游开发对于云南省内各历史地区而言是一把双刃剑，既有利于集中展示悠久绵长的民族历史文化，却又极易受到外来多元文化的同化而失掉纯粹，而这也最终必将阻碍该地区旅游业的发展。因此，当"快餐经济"以不可思议的速度试图打破、重组社会格局和聚落关系时，如何"慢下来"实现自我文化救赎，寻找完整保护历史文化传统的最佳路径，是云南各历史文化名城（镇、村）亟需思考的问题。

3.3　小结

近年来，"中国—东盟自由贸易区"的建立和"湄公河流域次区域经济合作开发"使位于西南边陲的云南成为我国"面对东盟的窗口"，面临着巨大的发展机遇。正是在这样的发展态势下，我们更加不能忽视这样严峻的状况：虽然云南省内的历史保护工作取得了一定的成绩，但随着经济建设和现代化进程的加快，其历史文化保护工作也面临诸多亟待解决的问题。省内一些历史文化名城（村、镇）、古建筑、古遗址及风景名胜区的传统风貌遭到不同程度的破坏；许多典型历史城镇的历史文化生态正在发生较大变化，有的甚至已濒临失衡；文化遗产及其生存环境受到严重威胁。而作为名城（镇）的核心部分，云南的历史城镇保护与更新问题已成为云南省内各历史文化名城（镇、村）维护历史文化生态平衡，实现良性互动的关键所在。

  "我们时代的文明正在失去人的控制，正在被文明的过分丰富的创造力所淹没，也正在被其自身的源泉和时机所淹没。"这是刘易斯·芒福德对城市的发展背景和发展状况的精确描述。需要思索的是，云南省内历史城镇的保护与更新模式，存在着强烈的"问题规律"现象：省内一些典型历史城镇的保护与发展不仅构成了当地历史文化名城（镇）的主体依赖，同时对其他大部分不太知名的历史地区存在"典范作用"，倘若这种探索模式在发展早期带来了一定程度的经济叠加效应，那么就会有大量的历史地区将这一模式奉为"经典"而争相模仿（比如"丽江模式""束河模式"等）。但是，随着经济效益的获取和发展阶段的推进，许多典型历史城镇的保护问题也纷纷显现。当然，无论哪一座历史城镇都有其自身的生长逻辑，但是相似的发展模式和发展状况往往会衍生出与之对应的相似的保护发展问题。

  因此，在重大的发展机遇面前，如何在"问题规律"的反思溯源基础上寻求破解难题的长效机制，如何在满足社会"真实需求"与多元主体复杂诉求的同时积极推动历史城镇的"有效"保护与更新，如何在实现物质空间遗产的良性循环更新的同时探索其历史、人文、生态的延续与平衡，俨然已成为当前研究云南历史城镇保护与更新的关键所在。

第四章

云南历史城镇保护
与更新状况的实证评价
研究体系

Yun nan

从前文可知，云南历史城镇当前面临着严峻的保护处境与种种的保护与更新问题。在云南正面临巨大发展机遇的前景下，此时的历史城镇保护显得尤为紧要和迫切。为此，本书以实证主义为着眼点，拟从云南历史城镇的保护与更新现实情况的角度出发，建立适合云南本土的历史城镇实证评价研究体系，将云南历史城镇的保护与更新纳入具有实证主义精神的评价、分析与研究框架之中。这样不仅能使相关保护规划和理论在现实中检验，在实践中修正，也能更好、更深刻地观察街区现象；研究其保护、更新机理与衰落、复兴动因；找出新的不同往昔的历史城镇发展自组织的规律性，力求更客观、更科学地指导历史城镇的保护与更新实践。

4.1　实证评价方法

4.1.1　典型案例的介入

如前所述，自20世纪90年代以来，"问题规律"现象已成为云南省内历史城镇保护与更新面临的普遍性难题与窘境。因此，本书针对云南历史城镇的保护更新问题，采取了"典型介入"的实证评价研究方法，选取具有代表性的"一城两镇四地"（其中丽江分为大研、束河两地）的典型历史城镇进行重点案例的实证评价研究，在对其进行深入、详尽的实地调查后，再以科学的逻辑体系和严密的论证过程寻找问题根源，寻求合理的保护与发展策略，以期为云南乃至国内其他地区的历史城镇保护与发展提供一定的引导，探索更加合理的发展路径。

4.1.2　实地调查，回访调研

孔德曾经说过："想象恒常从属于现象。"实证主义者认为，主体对客体的认识应在观察的基础上接受事实的检验。笔者对云南"一城两镇四地"的典型历史城镇采用实地调研的方式，进行深入、细致的调查工作，收集第一手调研观察资料，为总结当地历史城镇的保护与更新状况打下坚实的基础。

笔者从事规划工作多年，深知在云南省虽然许多典型历史城镇都制定了相应的保护政策和保护规划，启动了保护更新机制，然而其后保护情况如何，有无效用等实施状况往往需要一定时间跨度的检验，但是这样的"回访"评价和检验往往缺失，这显然并不利于当地历史城镇保护更新机制的"查漏补缺"。因此，笔者以自己多年来对云南历史城镇的实地调研为基础，对所选取的"一城两镇四地"4个历史城镇实施了"回访调研"，通过对其在一段时间内（不少于 5 年）的演进变迁的深入调查、当地访谈、分析研究，不仅能跨越时间维度来总结和反思历史城镇保护模式下的遗憾和不足，还能更好地触及历史城镇保护所产生的问题核心所在，根源所指。

4.1.3　文献查证，"实态"研究

对于典型历史城镇的案例研究，大量的文献查阅显然尤为必要。然而笔者此次的实证调查研究，不仅必须熟练掌握相关历史城镇的文献资料，还对相应历史城镇采取了实证评价的研究方法。"实态"即"事实状态"，既包含了历史城镇本体保护与更新的实时状态，也包含了历史城镇保护与更新的过程状态，同时囊括了历史城镇保护与更新机制的横向状态（与周边环境的互动关系）和纵向关系（与历史上的历史城区状态比较），对典型历史城镇文献查证和"实时状态"的评价研究使本次研究构筑了较为缜密的逻辑体系和论证过程。

4.2　实证评价要素

4.2.1　历史城镇物质遗存状态

历史城镇的物质遗存状态显然是评价历史城镇保护状态的前提和基石，其主要包括该典型历史城镇内的点、线、面三方面的物质遗存。实证评价要素的"实时状态"不仅指代遗存的物质层面保护情况，还包括物质遗存的"被使用""曾经被如何使用"以及"有否再继续使用"的实时情况。"点"主要为街区内的文物建筑、重要历史建筑、重要历史遗迹等物质遗存的保存状况和被利用状况；"线"主要为历史城镇内的街巷空间、景观轴线的保存状况；"面"则主要指代历史城镇的整体空间状态及周围生态环境保护状态。

4.2.2　历史城镇文化状态

历史城镇的文化状态主要是指当地地域文化的沿袭状况，主要包括当地民风民俗、手工艺传承以及民族文字、语言等方面内容。因文化本真的广延性和流动性特征，历史城区的文化状态应该不仅仅源于历史地段，而是该历史城区所属城镇或地区的传统地域人文的主要表征；与区域范围内其他普通地段而言，历史城区不但理应承

担更为重要的传统文化传承责任和义务，传统文化沿袭的状态无疑也是评价该历史城镇文化保护状态的关键要素。

4.2.3 历史城镇社会生活状态

历史城镇的社会生活状态主要是指历史城区中原住民的生活状况、经济收益、社区流动状况等。原住民不仅是历史城区的使用主体，也是历史城区传统文化的重要载体。倘若历史城区内的原住民大量流失，不仅历史城区文化的传承成了无根之水，无本之木，历史城区的"特色"和"灵魂"也会由此丧失。因此，如何在现代生活中维系历史城区内的原住民社区状态，同样是评价历史城镇保护状态不可或缺的一环。

4.2.4 历史城镇管理机制状态

历史城镇的管理机制状态主要涵盖历史城镇自保护更新机制启动以来所制定的保护措施、管理条例的执行情况，历史城镇管理主体的变更情况，历史城区的开发模式，开发主体的变更情况等。此外，云南历史城镇近年来实施的保护更新机制多与旅游开发相关联，因此对于历史城区原住民、旅游开发企业以及当地保护管理部门间的关系状况的调研显然有着独特的重要意义。

4.3 实证分析研究

实证分析研究即借助云南典型历史城镇进行详尽深入的、基础的实地调研（包括对各评价要素的资料收集与实地调研）与实时状态实证评价；以历史城镇自实施保护与更新机制以来的保护、演进、发展脉络为主线；分析和梳理覆盖历史城镇的历史实证评价要素单元（包含物质遗存状态、文化状态、社会生活状态、管理机制状态等）的实时状态、因果关联与相互关系；比较总结历史城镇保护与更新所取得的成绩和所面临的种种问题，并在此基础上厘清脉络，寻根溯源，追寻历史城镇保护问题产生的核心根源，并依此提出相应建议和策略。

4.4　实证评价体系框架

综上所述，实证分析研究与评价方法、评价要素共同构建了云南历史城镇保护与更新状况的实证评价体系框架（图4-1）。

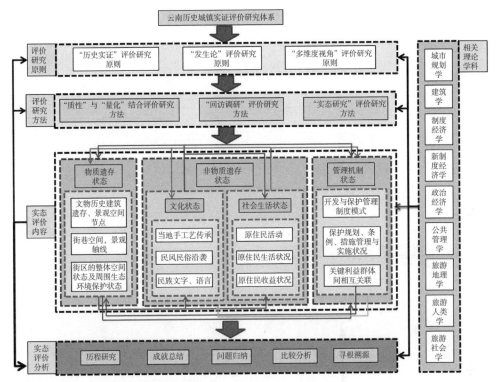

图 4-1　云南历史城镇实证评价研究体系框架

第五章

实证研究

Yun nan

"一切都在流动，都在不断变化，不断地生成和消逝。但是这种观点虽然正确地把握了现象的总画面的一般性质，却不是以说明构成总画面的各个细节；而我们要是不知道这些细节，就看不清总画面；为了认识这些细节，我们不得不把它们从自然的或历史的联系中抽出来，从它们的特性、它们的特殊原因和结果等等方面来逐个地加以研究。"

——恩格斯

5.1　腾冲和顺古镇

5.1.1　古镇的历史沿革及自然人文特征

5.1.1.1　自然环境特征

和顺镇位于云南省腾冲县城西南 4km 处，与缅甸相邻。四周群山环抱，中部为马蹄形盆地，气候温和，雨量充沛，属北亚热带季风气候。土壤适宜农作物和经济林木生长。水源丰富，溢出地表的地下水汇成一条小河，绕村向西汇入大盈江。滇缅公路穿境而过，交通方便。和顺镇驻地为一形似"马褂"的小盆地，呈东、西两小片，南面一个块的三点格局。聚落村庄，围绕坝子周边自由布置，依山面水、青山环抱。这里气候温和，景色极佳，土墙灰瓦的各类古建筑依山而建，形成一种城水相依、天人合一的和谐生态景观。

5.1.1.2　历史沿革

和顺最早的土著是佤族。明洪武十五年（1382 年），朱元璋命"蓝玉、沐英攻大理，分兵鹤庆、丽江、金齿（今保山），俱下"。现在和顺的寸、刘、张、尹数姓的祖先就是从重庆巴县、南京应天府、湖广长沙府等地受命屯军戍边而来的，以后军屯和顺[1]。据民国二十年（公元 1931 年出版）的《说和顺之原始》载："和顺，原称阳温暾屯，见于乡外石碑上，因何命名，无从稽考。按气候较他处温和，或因此得名。厥后因村名聱牙不雅，又更名为和顺乡。"1950 年先后设乡、公社、区，1984 年又改设乡，2001 年改为和顺镇。如果从明洪武军屯的时间算起，和顺古镇已有 600 多年的历史（表 5-1）。

---

[1] 见和顺《寸氏宗谱》，始修于明朝嘉靖九年（1530 年）；《刘氏宗谱》，始修于清乾隆三十六年（1771 年）；《张氏族谱》，始修于清乾隆五十五年（1790 年）。

和顺古镇各姓氏来源一览　　　　　　　　　　　　　　　　　表 5-1

姓氏	始祖	来源地	迁徙原因
寸	寸庆	四川巴县	率三百户以军职戍边军屯
刘	刘继宗	四川巴县	率七十户以军职戍边军屯
李	李波明	四川巴县	率三百户以军职戍边军屯
尹	尹图功	四川巴县	率六十户以军职戍边军屯
贾	贾寿春	四川巴县	率二十户以军职戍边军屯
张	张正	南京、江西、湖广	洪武年间以军职戍边军屯
钏	钏长任	南京	和顺乡大庄钏家
杨		河南	
段	段勤	南京	洪武年间经商来腾
许	许斌	南京	和顺乡小山脚许家

5.1.1.3　文化特色

和顺古镇的地域文化十分丰厚，文化特色浓郁，有马帮文化、侨乡文化、宗祠文化、书馆文化四大文化特色。

以马帮文化为例，和顺镇所在地腾冲县，古称腾越。汉朝开始，与缅甸、印度通商的西南丝绸之路，腾冲是必经之路。唐、宋、元朝，通过腾冲和缅甸、印度的政治、经济、商贸往来更为频繁。明正统后期到嘉靖初年，前后 140 余年太平时期，中缅贸易繁荣，特别是珠宝成为通商中的重要商品。"英人伯琅氏云：孟拱所产之玉石，实于 13 世纪中，为云南驮夫所发现，以后开厂，所产玉石，大半由陆路运往中国销售，为中印通道重要之商品。"（图 5-1）

此外，由于和顺一直是中国连接南亚、东南亚的重要窗口，明初即有和顺人在缅甸定居，从此开始了和顺华侨的历史。据明《四夷馆考·缅甸馆》记载，明代的李瓒一家几代人都是当时有名的通事。明中叶之后，和顺人在中央政府任四夷馆教授仅正德一朝就有 9 人之多。乾隆《腾越州志》疆域条说："和顺乡，周围不满十里，离城七里，居民稠密，通事（翻译）熟夷语者皆出其间也。""腾冲商务，在乾（隆）、嘉（庆）、道光间实为最盛。"现在和顺籍人士在国外侨居的还有 10000 人左右。和顺华侨回报乡里，和顺著名的"三元宫""文昌宫"即当地华侨集资修建。和顺古镇现有人口总

图 5-1　和顺马帮老照片

图片来源：达三茶客. 游和顺 [M]. 昆明：云南人民出版社，2011：8.

和顺华侨寸俊贤一家　　　　　　华侨李玉山　　　　华侨尹玉山　　　　华侨张子耕

图 5-2　和顺华侨老照片

图片来源：董平 . 和顺风雨六百年 [M]. 昆明：云南人民出版社，2000：26.

寸氏宗祠　　　　　　　　　　贾氏宗祠　　　　　　　　　刘氏宗祠

图 5-3　和顺各大姓宗祠

数不到 7000，而在国外的华侨早已超万人。著名学者李根源先生在《和顺乡集》一诗中写道："十人八九缅甸商，握算持筹最擅长；富庶更能知礼仪，南州冠冕古名乡。"（图 5-2）

宗祠文化是和顺古镇又一道独特亮丽的人文景观。古镇竟建有 8 个宗祠，十分罕见。这 8 个宗祠分属于和顺寸、刘、李、尹、贾、张、钏、杨 8 大姓氏。建筑年代最早的是寸氏宗词，建于清嘉庆十二年（1807 年）；建筑规模较大的是李氏、张氏、寸氏宗祠。

和顺乡这 8 姓人家，不仅建有宗祠，而且纂有记载祖先渊源的族史、家谱。这些历史资料，今天已成为我们研究腾冲历史、云南历史，乃至研究中国西南移民史和开发史的第一手资料。和顺现存的不少华侨在国内外生活的历史照片和各种文字资料，已成为我们研究和顺乡史、侨史乃至中国华侨史的重要地方文献（图 5-3）。

书馆文化可谓和顺古镇最富特色的文化特征之一。1928 年，和顺"崇新会"在"咸新社""书报社"藏书的基础上创建了"在中国乡村文化界堪称第一"的和顺图书馆。至 1938 年，堂皇壮丽的新馆屋落成，藏书增加到 6 万余册，馆中还出版了《十周年纪念刊》《和顺乡》《和顺崇新会年刊》杂志，并利用华侨尹大典捐赠的收音机，收发新闻，先后出版《新闻三日刊》《每日要讯》分赠各单位和各地区，成为滇西新闻事业之始，并从此成为提高古镇居民文化素质的精神粮食基地。和顺古镇有句老话："幼不学，老何为，如同禽兽；三代人，不读书，好似牛马。"直至20世纪90年代，和顺乡民仍然有空闲时间去图书馆了解国内外大事、学习知识、交流思想的习惯，每年平均到馆4万人次，有时一天接待读者达200多人次（图5-4）。和顺虽为祖国最边疆的一个小镇，但名人荟萃[1]，文教成绩斐然[2]，素有"在中国乡村文化界堪称第一"的美誉，其书馆文化功不可没（图5-5）。

图5-4　和顺图书馆

和顺图书馆：胡适等题匾　　和顺图书馆：郭绍虞等题匾　　和顺图书馆：李根源、李曰垓等题字

图5-5　和顺图书馆题匾

1　除了以四朝国师尹蓉、总理许名宽为代表的缅甸高官，以寸玉为代表的明朝中央政府翻译群体外，还有著名哲学家艾思奇，辛亥元老寸如东，翡翠大王张宝庭，讨袁檄文作者、曾任云南都督蔡锷秘书长的李曰垓，辛亥"死绝会"宣言的作者张成清等。

2　仅据文字记载的，从明末至清代，和顺出了两位进士（邻乡到和顺受教成才），8位举人，3位拔贡，403位秀才；从清末到民国初年，有12人留学日本；20世纪20年代至今读过中学的达3000余人，加上外乡的多达9000余人；至今在国内外大学毕业的共400余人，其中40余人留学缅甸、泰国、英国、美国、加拿大、澳大利亚，取得硕士、博士学位，全乡人口与大专毕业生比例为20：1。

5.1.1.4 古镇物质空间特色

（1）选址独到，构筑了古镇与自然有机结合的筑城理念

和顺镇主体分布在坐南向北的一大片缓坡地上，四面青山环抱，东翔来凤，南腾黑龙，西架马鞍，北望擂鼓，完全符合古代风水理论"枕山、环水、面屏"的要求。村前有发源于村东陷河、龙潭、酸水沟的"三合河"环绕而过。

和顺先民选址，除从"风水"的角度考虑外，也与优化人居环境密切相关。首先，和顺坝子不大，宜于开垦种植水稻的面积有限，故将村落建于坡地上；再者，村落依山而建，利于场地排水，可有效防止水患。所谓"乡顺河，和顺乡，河往乡前过"，就是和顺乡人有机建城理论的通俗表达（图5-6、图5-7）。

（2）景观构成与街巷空间

和顺镇坐落在陂陀之上，依山顺水自由布置，既得地利，又无水患，并且因此创造了优美的景观空间。"村前一水环绕，小河与环村道并行，道旁一座座月台与沿河一座座凉亭、一方方洗衣池、一座座小石桥互为映衬。环村一个个池塘，塘中多荷花，竹筏穿行其间，不乏高原水乡韵味。"

和顺里巷空间别具趣味。古镇背山面水，通过"一横三纵"的道

图 5-6 和顺古镇自然环境

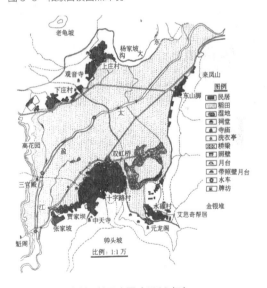

图 5-7 和顺乡村环境示意图（2000 年）

图片来源：蒋高宸，李玉祥. 乡土中国——和顺 [M]. 北京：生活·读书·新知三联书店，2003：106.

路骨架构筑了独特的景观空间。和顺古镇的主村落由尹佳坡、赵家月台、寸家巷、大桥、李家巷、大石巷、尹家巷、寺脚等里巷组成，民居鳞次栉比，由东至西环列山麓。东端与水碓村隔田相望，西端紧接贾家坝、张家坡。李家巷、大石巷、尹家巷为三条南北纵贯的主巷，北接环村道，南与东西向横街贯通并形成十字路集市中心广场，店铺比肩而立，晨间菜市，农贸集市全汇于此；"店铺麇集，早晨买卖菜蔬，早年每五天在此赶一次集。"古镇内里巷交错，"丁字口"较多，一方面是由于古镇创建之初安全防卫的考虑，另一方面这些里巷系列的"丁字汇聚"也体现了其"聚合"功能和由内而外的"过渡"功能。和顺主要里巷 11 条，巷头、巷尾建有闾门，门头上有

图 5-8　和顺古镇里巷空间

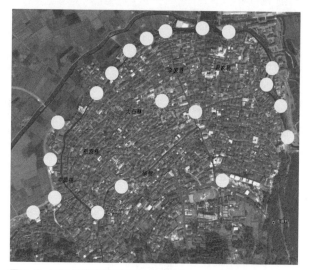

图 5-9　和顺主要里巷及空间节点示意图

匾额，门两边有对联，闾门对着月台，月台分布在村中的各大里巷口和主要建筑物前，共计 20 个（图 5-8、图 5-9）。

（3）民居特色

和顺古镇共 1000 多户民居，其中明、清、民国初年的大户人家建筑 100 多户，超过 5 万 m²。调查统计显示，清以前建设的 28 户，14500 多 m²。建于清、民国的宗祠 8 个，13000m²。建于清、民国的洗衣亭 6 个。

和顺民居将金钱与儒学融为一体，从门头到庭院、从整体布局到细部装饰、从铺地到石作、从选材到色彩，以及雕刻选题、彩绘内容、绿化安排、对联牌匾、家具配置，都弥漫着中国传统儒学典雅的气息。有些 100 多年前的民居，在门窗处理、

栏杆选材、家居布置时，恰如其分地选用了欧式门窗、英国铁艺、南亚家具，使中西文化在民居建筑中有机地融合。和顺民居与丽江大研古城、大理白族民居相比，又有所不同，因为它多了一些精致典雅，多了一些东南亚和西式风格。

1）民居结构、取材

和顺民居均为粉墙灰瓦，木构建筑，石板铺地。虽居斜坡，不采用其他山地民族构建吊角楼的办法，而是自底砌筑条石墙基。为使宅基稳固，墙基往往砌得很高，一眼看去十分气派宏伟；基石"细锤细錾"，平面用錾子挑成各种细点花纹，砌筑不用灰浆，接缝针插不进，当地称"清水墙"。大部分墙体为"清水墙"基石上砌筑土坯砖，土坯砖外或先刷一层拌有切细稻草的泥浆，干后再以石灰浆粉白，或在土坯墙面加贴一层薄砖。土坯墙既节省开支，又有冬暖夏凉的优点，为多数人家采用。

和顺老宅皆为木结构，用不易糟朽的黄心楠木、紫楸木和果松等上等木材制作。两面坡大屋顶，采用无斗拱小式作法（只有祠庙大门和木构牌坊方用斗拱大式作法）。硬山顶封火墙，清末民国间，一些人家采用金式封火墙（当地称"元宝头"，只能有功名的人家采用）。和顺人崇尚朴实无华，照壁及室内装饰用水墨画而不用彩画（照壁檐下书画至多加石蓝颜色围框），室内木雕及装修保持木料本色，不上油漆，而用既防腐、防蛀又防潮的进口"老缅臭油"涂擦，涂后呈茶黄色，既耐磨又防烫。即使是家具用生漆，最多只用黑、深红二底色，一些线条用金粉勾描。

整个和顺坐落在新生代火山熔岩台地上，取用火山石十分方便。墙基柱础、宅基地面、村巷道路，甚至水缸、磨盘等，凡是能用的家具都用火山石。有人说"和顺是用火山石筑成的"，一点也不夸张。这种火山石呈青灰色，布满蜂巢状气孔，既坚硬又富韧性，受潮不易长青苔，是大自然赐予和顺的丰厚财产（图5-10）。

图5-10 和顺民居取材

2）民居文化氛围

和顺人讲求的是道德传家，作为一家主房核心空间的家堂是布置和装饰的重点。许多家堂装修如一幢阁楼（当地称"暖阁家堂"），再施以精细的平雕、透雕，更

图 5-11 和顺民居对联及匾额

图 5-12 和顺民居题字

图 5-13 和顺民居院落及绿化

增加了庄重、威严的气势。有功名和有贡献的人家，堂屋门、大门上方和两侧，均悬挂有各级官府和名人题赠的木刻匾、联，其内容鲜明地体现了主人的身份和传世家风，加以名家的法书、精细的雕刻，每一件都是艺术珍品。

此外，和顺人家喜贴对联。每逢过大年或办喜事，都要在大门、堂屋门、楹柱乃至房门两侧张贴大红春联或喜联，以营造祥和喜庆的氛围。遇有丧事，则要在大门、堂屋门两旁贴白纸黑字的挽联，以示哀伤与冥敬，同时请有身份地位的人撰写"荣旌"和"堂祭文"（图 5-11、图 5-12）。

和顺民居的文化氛围，还在于居民营造的园林情调。和顺民居很少宽宅大院，而宅基大多不规则。于是，人们就充分利用住屋外的有限空间，精心设计、布置居家园林的小环境，小中见大，别有一番情趣（图 5-13）。

3）民居艺术价值

和顺民居院落的建筑造型都为坚实厚重的墙体所包围，加上地形的衬托、材料和处理手法的统一与变化，显示出质朴端庄、自然舒展、高耸刚建的艺术特征（图 5-14）。其主要体现在以下几点：

第一，三段式的墙体构成。和顺传统民居一般在墙体上做横向三段式处理：青色的条石、块石为下段勒脚，土坯墙体为中段，灰瓦屋面和沿屋顶轮廓线走边的装饰带（部分还有小窗）为上段。不论是墙体材料的质感、色彩，还是其虚实、纹理的对比，都呈现出较高的艺术品位和审美情趣。

第二，优美的屋顶轮廓线。和顺古镇传统民居

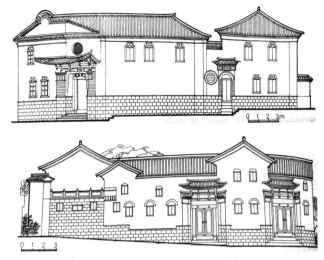

图 5-14　和顺民居"三段式"立面及优美的屋顶轮廓
图片来源：杨大禹，朱良文．云南民居 [M]．北京：中国建筑工业出版社，2009：167.

的屋顶虽然大部分为直坡形式，但屋面上"响瓦"与"筒板瓦"巧妙的交错搭接使得呈现出既丰富多样又和谐统一的纹理。此外，筒板瓦在檐口和两山处独特的走边的形象，厢房山墙山尖的圆弧形、多边形等细小而多变的处理方式，不仅使建筑呈现出和顺当地沉郁深厚的地域文化底色，也赋予了民居建筑灵动多元的传统人文气韵。

第三，精致的雕刻。和顺民居的木雕艺术十分精美。木雕部位多在门罩、梁枋头、月梁上、外檐下、吊柱、撑拱、牛腿、雀替、门窗、暖阁家堂，以及桌椅茶几、床罩妆台等家具。其雕刻图案有寓意吉祥、辟邪的各种花草植物、禽兽动物、日月水云、盘长方胜、万字回纹、福禄寿喜字、人物故事等，刀法精细，线条流畅，形象贴切，气韵生动。根据不同的部位，施以平雕、深浅浮雕或透雕。尤其是三至五层透雕，证明民间传说的"一个工一把木屑""一两木屑一两银子"并非夸饰之辞。另外，民居照壁墙檐下的透空砖雕，也别具当地特色，具有很高的艺术价值（图5-15）。

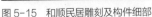

图 5-15　和顺民居雕刻及构件细部

4）重点突出的入口门楼

和顺古镇的合院民居很重视入口门楼的设置和装饰，其门头做工的规模气势、装饰的繁简程度，往往视住家经济实力和在镇中的声望地位而定。而且在一些门头上还悬挂有表明住户心声的匾额，比如"民国人瑞""道德家具""书香世荫""司马第""进士""状元"，等等。通过地面台基高差和房屋门面的处理，和顺古镇中民居的入口门楼一眼看去即可辨别出房屋的"尊卑"与"主次"（图5-16）。

图5-16　和顺人家门楼

5）民居组合方式

和顺现存的合院民居大多数是晚清和民国时期建的，其平面空间格局主要有两类：

一是"门"字形一正两厢房。此类民居相当于中原的"三合院"和大理白族的"三坊一照壁"。即以三幢建筑围成一个方形或矩形的庭院，以轴线上的三开间正房为主，正房前为天井，天井两边对称建厢房（大多为两开间、重檐两层的楼房）与正房相接，轴线下正房对面筑有中高两边低、仰弧形、挑檐飞角、青瓦盖顶的照壁，连接两厢山墙，使之成为一个完整的封闭式庭院。

二是四合院。如果严格按照建筑学的名称，并非真正的四合院，而应称作"对合式天井院"。即在三合院平面格局的照壁部位，建一幢与正房相同顺深的三开间厅房，四周围以墙，形成一个完整的封闭式庭院，适合进深较大的宅基。

以上两类说的是和顺民居的基本组合方式，但真正方整、标准的三合院、四合院是很少的。由于和顺坐落在半坡上，其地形客观条件的限制，造成多数人家宅基平面的不规则。人们为了充分利用土地，就产生了以三合院、四合院为基础的组合方式的丰富变化，可以说一户人家就是一种建筑组合的变化，从而成为和顺民居的一大特点。这种建筑组合的变化就是，首先根据宅基的形状、大小和适用性原则作出整体规划，在宅基最宽大处建较规整的三合院和四合院作为主宅，再在剩余土地上建其他次要的附属建筑。附属建筑

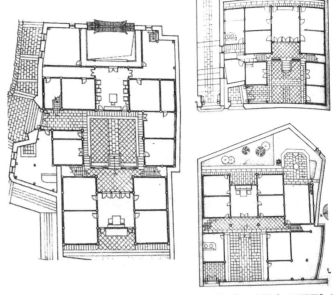

图5-17　和顺合院民居平面（左图"一正两厢＋花厅"，右图"一正两厢"）
图片来源：杨大禹，朱良文.云南民居[M].北京：中国建筑工业出版社，2009：172.

有大有小，或前或后，或左或右，有弧形、三角形、多边形各种不规则的形状，依山就势，顺其自然。这使得古镇民居保持着一种稳定而有机的整体结构关系，无论其规模、尺度如何改变，这种整体结构关系的严整组合都不会有太大的改变。

　　作为一种传统聚落形态或一种生存方式，和顺古镇给人们展现的是中原移民和原住民自明代屯兵戍边伊始，至后代不断经营这一生存环境的历史进程。因袭自然，并满足自己生存发展而"演变"至今的和顺古镇，具有独特的风貌格局和鲜明的地域文化特征，直至20世纪90年代末，仍有效地控制着聚落环境人口容量，有序地维护着良好的古镇自然、人文生态生境（图5-17）。

5.1.2　古镇近30年的功能演进历程

5.1.2.1　腾冲城市发展中的古镇演进

（1）农业主导，纳入县城（1983-1996年）

　　腾冲开始制定城市总体规划始于1984年。据有关资料表明，1983年腾冲县以农业为主，第一产业占国民生产总值的52%；工业以轻工业为主，占国民生产总值的37%。1984年《腾冲县城总体规划》将腾冲城定义为："全县政治经济和文化中心，

积极发展轻手工业，扩大边境民间贸易，成为商业繁荣，对外开放的历史文化边城。"和顺镇当时还是"和顺乡"，为腾冲县城下辖乡镇之一。

1987年10月，腾冲县城被列为省级历史文化名城和省级风景名胜区。1990年7月经国务院批准，腾冲被列为对外开放县。1991年，腾冲县被列为省级口岸。1993年，腾冲开始进行总体规划修编。规划将腾冲县城的性质确定为：腾冲县城是全县的政治、经济、文化中心，历史文化名城；是以发展边境贸易、旅游业、资源开发加工和转口加工业为主的口岸城市。在此次总体规划中，和顺乡属于乡集镇，首次被纳入规划区范围（全乡面积 17.85km²），与城关镇、小西乡、洞山乡、中和乡的部分村镇一同列入县城的远景城市控制区。和顺乡还被定义为"历史文化遗留地区"，总体规划在此建议要对其进行专门的保护规划制定，并以此指导建设。但与之相矛盾的是，规划确定将来发展以和顺为中心的一个侨乡和重工业组团，这并不利于和顺自然生态环境的保护。在这一时期，和顺是传统的以农耕为主要经济来源，其产业结构也比较单一（农业占生产总值的95%），国民生产总值位于腾冲县各乡镇后5名，但华侨有7000人，占了县城华侨总人数的大概三分之一（图5-18 ~ 图5-20）。

（2）初始发展，开发旅游（1997-2002年）

图5-18 腾冲县城现状用地图（1991）
图片来源：云南省城乡规划设计研究院，腾冲县人民政府.腾冲县城总体规划（修编）（1992-2010）[G].1991.

图5-19 县城规划用地图（1992-2010）
图片来源：云南省城乡规划设计研究院，腾冲县人民政府.腾冲县城总体规划（修编）（1992-2010）[G].1991.

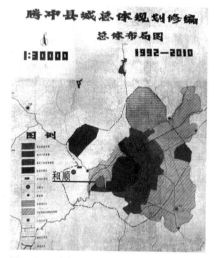

图5-20 腾冲县城总体布局图（1992-2010）
图片来源：云南省城乡规划设计研究院，腾冲县人民政府.腾冲县城总体规划（修编）（1992-2010）[G].1991.

1997 年，虽然腾冲已成为国家地热火山风景名胜区、省级历史文化名城和国家级口岸，但全县只有热海景区面向游客开放。1997 年，全县只有五洲旅行社一家旅行社、导游 9 人、二星级宾馆 4 家。1998 年保（山）腾（冲）公路的开通吸引了大量游客，随着旅游业的开始发展，带动了全县二、三产业的发展，使腾冲的经济建设与社会发展进入了快车道，成为发展最快的时期之一。即使 1998 年在经济发展受到东南亚金融危机影响、导致边贸"三资"企业产值急剧下滑，烤烟实行"双控"税收比 1997 年减少 2800 多万元的严峻形势下，仍实现了经济稳步增长，国内生产总值比 1997 年增长 9.5%，高于全省 1.5 个百分点，财政收入增长 2.5%，农民人均纯收入、城镇居民人均可支配收入分别增长 9.4% 和 8%。1999 年上半年，全县国内生产总值实现 6.42 亿元，同比增长 8.6%。1999 年，腾冲共有星级宾馆 4 家、涉外宾馆饭店 5 家，拥有客房 2400 多间、床位 4600，日接待能力首次达到 2 万人以上。1999 年修编的城市总体规划将腾冲县城定义为"国家级地热火山风景名胜区主景区"，国家级一类口岸及省级历史文化名城；全县的政治、经济、文化中心，是以发展旅游、商贸、资源开发和转口加工为主的商贸城市。和顺乡此时也被列入总体规划的规划区范围（图 5-21）。

　　2001 年，腾冲实现国民生产总值 184638 万元（表 5-2），比上年增长 7.4%，其中第一产业 67623 万元，占 36.6%；第二产业 35268 万元，占 19.1%；第三产业 81747 万元，占 44.3%。社会消费品零售总额达 46687 万元。同时，腾冲也开始大力发展旅游。2001 年 10 月，和顺乡由"乡"改成"镇"。同年，和顺成立了由政府经营的国有企业——和顺旅游发展公司，但是由于各方面体制和管理的原因，发展过程中出现了诸多问题，使得古镇经营不善，管理水平低下，市场经济适应性差，可持续发展后劲不足，难以适应社会主义市场经济体制改革和旅游产业发展的趋势；另外，和顺古镇还存在基础设施薄弱、维修保护方面不到位、资金投入不足和人才匮乏等先天性不足，截止到 2003 年，公司经营连年亏损，发不出职工的工资，负债高达 1350 多万元。

　　2002 年，和顺镇乃至整个腾冲的旅游都刚刚起步，没有机场、高速公路，甚至鲜有宣传，但旅

图 5-21　腾冲县城总体规划图（1998-2015）

图片来源：云南省城乡规划设计研究院，腾冲县人民政府.腾冲县城总体规划（修编）总体规划图（1998-2015）[G].1999.

游业的开发仍给当地经济带来了提振作用。据《保山年鉴（2002 年）》的统计数据表明，和顺镇总人口 6096 人，财政收入 192 万元，农民人均纯收入 1843 元，居腾冲县第 8 位；粮食总产量 3170 元，占 78 位。从 2002 年的年鉴数据看，粮食总产量居 78 位，而农民人均纯收入居第 8 位，这一数据有效证实了旅游给当地带来的经济效益。在这一时期，旅游开始在和顺的发展计划中提上日程，旅游业的经济收入开始成为当地居民收入的有益补充，只是收益尚不明显。2002 年，全县有旅行社 4 家、导游 111 人、二星级宾馆 14 家、1267 个床位，无三星级以上宾馆。从腾冲历年经济发展状况看，腾冲县的第三产业占比从 2000 年前后已超过第一、第二产业，主要也源于旅游业的快速发展（表 5-2）。

腾冲县历年经济发展情况（当年价）　　　　　　　　　　　表 5-2

年份	国内生产总值（万元）	人均国内生产总值（元）	第一产业（万元）	第二产业（万元）	第三产业（万元）	三次产业比重
1982	14 048		10 201	3 345		
1983	15 011	308	10 871	4 140		
1984	15 202		10 301	4 301		
1985	17 185		11 506	5 679		
1986	18 620		11 625	6 995		
1987	20 178	396	12 203	7 978		
1988	21 970	424	12 360	7 904		
1989	23 280	441	13 341	9 936		
1990	24 375	457	14 028	10 346		
1991	25 057	464	14 141	10 946		
1994	89 012	1 592	40 817	16 584	31 612	45.9：18.6：35.5
1995	106 919	1 904	46 426	20 832	39 661	43.4：19.5：37.1
1996	126 749	2 236	54 171	26 326	46 252	42.7：20.8：36.5
1997	140 170	2 459	58 500	28 950	52 720	41.7：20.7：37.6
1998	151 329	2 621	62 976	30 412	57 941	41.6：20.1：38.3
1999	160 553	2 758	64 612	33 150	62 791	40.2：20.6：39.1
2000	171 793	2 917	66 103	32 838	72 852	38.5：19.1：42.4
2001	184 638	3 098	67 623	35 268	81 747	36.6：19.1：44.3
2002	198 810	3 309	70 137	38 712	89 962	36.9：18.9：44.1
2003	218 519	3 602	74 399	45 400	98 721	34.0：20.8：45.2

年份	国内生产总值（万元）	人均国内生产总值（元）	第一产业（万元）	第二产业（万元）	第三产业（万元）	三次产业比重
2004	257 343	4 316	77 524	48 702	10 859	32.3：21.9：45.8
2005	292 436	5 294	80 730	54 622	114 100	32.2：22.9：44.9
2006	303 317	6 325	86 946	67 458	134 790	30.6：24.8：44.6
2007	413 854	6 584	115 710	102 352	195 792	28.2：26.6：45.2
2008	503 400	8 078	142 700	142 100	218 600	28.3：28.2：43.4
2009	567 485	8 930	156 124	165 096	246 265	27.5：29.1：43.4
2010	704 022	10 992	177 500	231 632	294 890	25.2：32.9：41.9
2011	874 566	13 513	218 134	306 088	350 344	24.9：35：40.1
2012	1 060 125	15 937	252 101	370 603	427 761	22.4：37：40.6
2013	1 222 800	18 670	273 000	440 700	509 100	22：36：42
2014	1 334 000	20 262	300 200	484 100	549 300	22.5：36.3：41.2
2015	1 459 000	22 050	321 700	522 500	614 800	22：35.8：42.2
2016	1 600 271	24 035	336 124	576 650	687 727	21：35.8：43.2
2017	1 768 300	26 439	357 300	654 500	756 500	20.2：37.0：42.8
2018	1 938 000	28 863	387 000	743 300	807 900	20：38.3：41.7
2019	2 527 000	37 536	469 000	992 000	106 600	18.6：39.2：42.2
2020	2 823 500	43 911	550 400	1 136 700	1 136 400	19.5：40.3：40.2
2021	3 219 000	50 088	638 000	1 337 000	1 244 000	19.8：41.5：38.7
2022	3 479 000		654 700	1 512 900	1 310 400	18.9：43.5：37.6

表格来源：据《腾冲县统计年鉴》相关资料整理

（3）旅游主导，公司化运营，大力开发（2003年至今）

2003年10月，柏联集团与腾冲县政府签订了开发和顺景区协议，获得和顺古镇40年经营权，并于同年11月成立云南柏联和顺旅游文化发展有限公司（以下称"柏联公司"），注册资本金6000万元，开始了对和顺旅游资源的开发。在开发过程中，政府成立了专门机构全面做好古镇保护管理工作，对柏联集团提供政策、资源、服务等一条龙服务。同年，和顺镇人民政府成立了顺镇古镇管理办公室，主要负责抓好古镇风貌保护、交通秩序、市场维护和环境卫生等工作。

2003 年，在腾冲旅游业已成为中北部地区脱贫致富最快、最好、成本最低的途径之一。至 2003 年年底，全县已有上百个村寨、数十万人口通过旅游得到实惠。尽管受"非典"大环境影响，2003 年到腾冲旅游人数仍达 175.1 万人次，增长 15.2%；实现旅游总收入 6.45 亿元，增长 14.6%，成为拉动内需最具活力的领域，作为国民经济消费增长点的地位得到进一步巩固和发展。发展旅游业还能最大限度地解决城乡居民的就业问题，旅游业每增加直接就业人员一名社会就能增加一个就业人员。2003 年腾冲县旅游直接就业人员 100 多人，间接从业人员达到 300 余人。

和顺古镇目前的产业发展较前几年有了很大的改观。从旅游收入上来看，2004 年以来，柏联公司累计完成投资 4000 多万元，实现经营收入 700 多万元。2004 年 1–5 月，旅游人数达 84.77 万人次，同比增长 24.73%；实现旅游总收入 3.57 亿元，同比增长 49.3%。仅门票一项，2003 年全年和顺古镇门票收入仅为 92.6 万元，2004 年 1–10 月门票收入就达到 113．37 万元，比上年同期有大幅度增长。

2005 年，云南省委、省政府提出旅游"二次创业"，2005–2010 年，全省接待海外旅游者从 150 万人次增加到 329 万人次，旅游总收入由 430 亿元增加到 1006 亿元，主要旅游经济指标都实现了翻番。在这个大背景下，2005 年 1–9 月，腾冲县实现文化产业增加值 1.35 亿元，占全县生产总值的 6.5%，在 2004 年年底基础上提高了 2 个百分点。

2005 年在中央电视台魅力名镇的评选活动中，和顺镇一举夺魁，从一个无名小镇变身为炙手可热的旅游名镇。2006 年腾冲旅游的知名度不断提高，获得了"中国优秀旅游名县"称号。同年，和顺古镇被评为"全国环境优美乡镇"与云南十大名镇第一名，并成为国家 4A 级景区，旅游规划已经通过专家评审与省市县三级政府审批。翡翠产业持续发展，被授予"中国珠宝玉石首饰特色产业基地"称号。全年接待游客 244.9 万人次，实现旅游总收入 9.06 亿元，分别增长 10.2% 和 12.5%。文化产业加快发展，实现增加值 2.97 亿元，占全县生产总值的 8.5%。在旅游文化业的带动下，商贸、金融保险、交通运输、住宿餐饮、邮政电讯等第三产业蓬勃发展。2006 年末全县共有宾馆酒店 232 家，其中星级酒店 18 家、总床位 10000 张；批准设立旅行社 11 家，其中国际社 1 家、国内社 8 家、旅行社门市部 2 家；全县旅游从业人员 3000 人、导游 274 名。2006 年，在委托上海同济城市规划设计研究院编制的《腾冲县城总体规划修编（2006–2025）》中，将腾冲的城市性质确定为"中国连接南亚陆路大通道的枢纽和门户，国际性休闲旅游城市和历史文化名城，是面向南亚的物资集散地和转口贸易加工基地，保山市域城镇体系的两个中心城市之一"。和顺古镇在城市布局中隶属"城中大景区"，位于腾冲城市两个发展组团之间，计入规划修编的城市建设用地。2006 年春节黄金周，古镇门票收入 55.78 万元，同比增长 139.9%（图 5-22 ~ 图 5-24）。

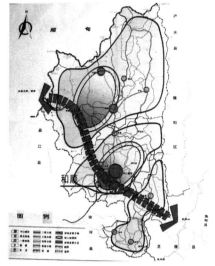

2007 年，腾冲共计接待游客 262.09 万人次，同比增长 7.02%，实现旅游总收入 10.83 亿元，同比增长 19.51%。火山、热海、和顺等 6 个旅游景区门票收入 1661.17 万元，同比增长 14.5%。客源以北京、上海、四川、江苏、浙江、贵州、广东、天津为主。2007 年末，腾冲全县批准设立旅行社 11 家，其中国际社 2 家、国内社 7 家、旅行社门市部 2 家；全县旅游行业从业人员 3000 人、导游 266 名、景区解说员 60 多人。外地带团进入腾冲的导游超过 1500 人，全县共有宾馆酒店 243 家，二星级以上宾馆酒店发展到 20 家 2480 张床位，其中五星级酒店 1 家、四星级酒店 2 家。

图 5-22　腾冲县域规划结构分析图（2006-2025）

图片来源：腾冲县人民政府，上海同济城市规划设计研究院. 腾冲县城总体规划（修编）图集（2006-2025）[G]. 2006.

2007 年底，全县酒店总床位数达 11058 张，加上临近县城的一些宾馆旅社，全县日接待能力达 2 万人以上。

2008 年，在云南省旅游产业发展大会上，腾冲连同抚仙湖、世博园被定为旅游产业改革发展综合试点。2008 年 5 月 5 日，云南省人民政府正式批复了腾冲县上报的《腾冲旅游产业改革发展综合试点方案》。和顺镇在《方案》中被列入了重点开发项目，对外宣传和硬件设施的建设一并推进。2008 年腾冲旅游总收入比 2004 年增加 5.06 亿元、游客人数增加 87.9 万人次，分别增长 68%、

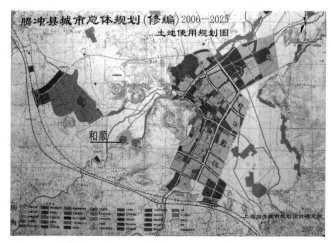

图 5-23　腾冲县城土地使用规划图（2006-2025）

图片来源：腾冲县人民政府，上海同济城市规划设计研究院. 腾冲县城总体规划（修编）图集（2006-2025）[G]. 2006.

图 5-24 腾冲县城规划结构分析图（2006-2025）

图片来源：腾冲县人民政府，上海同济城市规划设计研究院. 腾冲县城总体规划（修编）图集（2006-2025）[G]. 2006.

43.8%。2008 年旅游总收入比 2007 年增加 1.67 亿元、游客人数增加 26.41 万人次，分别增长 15.42%、10.08%。"2008 年的时候，和顺古镇入住率突然提升了近 30%。"

2009 年腾冲机场的开通成为腾冲以及和顺旅游的转折点。腾冲机场 2009 年 1 月 23 日通航，从省会昆明到腾冲由开车 10 个小时左右缩短为乘坐飞机 50 分钟。当年共起降航班 3016 架次，旅客吞吐量达 25 万多人次。机票价格没有折扣，经常满员，缔造了国内支线机场发展神话，被媒体称为"全国最牛机场"。2009 年，和顺景区接待游客人数达 23 万人次。"2009 年和顺住宿率在此前的基础上提高了 50%。"到 2009 年，腾冲旅游的中外游客人数达 330.2 万人次，同比增长 14.5%，实现旅游收入 16.2 亿元，同比增 29.68%，文化产业增加值达 4.9 亿元，占全县 GDP8.6%。至 2009 年，腾冲有旅行社 13 家、二星级以上宾馆 20 多家，其中五星级酒店 1 家、四星级酒店 3 家。同年，柏联公司于 8 月 29 日与中国进出口银行成都分行正式签署协议，在未来 6 年的时间里，合力将中国历史文化名镇和顺古镇打造成为"世界级旅游胜地"。中国进出口银行成都分行为柏联公司提供 39 亿元人民币的信贷支持，主要用于和顺古镇西线旅游景区的建设。

2010 年腾冲机场正式通航。通航之后，国内外高端客源不断，从重庆、成都、北京乃至海外涌来的游客大幅增加。和顺镇从此前日均游客不足 300 人，增长为日均游客 1000 人，与 2009 年相比平时的游客数量迅速增加。黄金周期间，和顺镇 2 万多 m² 的停车场"座无虚席"，自驾游游客从昆明、四川、重庆、广州等地蜂拥而至。2010 年，到和顺的游客达 31 万人次，旅游总收入达 4500 万元，农民人均纯收入达 4126 元，其中旅游收入占 65%。据不完全统计，2010 年腾冲县共有旅游住宿设施约 340 家，二星级以上总床位数约 2000 张，其中二星级以上旅游宾馆酒店 22 家，包括五星级 1 家、四星级 3 家、三星级 3 家、二星级 15 家、其他住宿设施约 318 家。

2011 年"十一"黄金周期间，腾冲县共接待游客 22.91 万人次，中远程游客数量增多，仅和顺就接待游客 2.2 万人次（表 5-3）。

腾冲县 1988-2022 年接待海内外客人情况　　表 5-3

年限	旅游人数（万人次）			旅游总收入（万元）		
	国际游客	国内游客	总人数	国际	国内	总收入
1988	0.38	0.86	1.24			
1989	0.21	12.35	12.56			
1990	0.25	13.20	13.45	1.48	296.00	297.48
1991	0.28	14.80	15.08	2.76	306.00	308.76
1995	5.20	28.10	33.30			
1996	4.39	40.20	44.59			
1997	1.40	49.60	51.00	2 138.14	2 910.00	5 048.14
1998	4.01	55.54	59.56	7 515.18	4 778.06	12 293.24
1999	3.95	67.50	71.45	9 393.97	5 972.57	15 366.54
2000	4.07	96.00	100.37	9 064.96	14 769.08	23 834.04
2001	4.64	120.35	125.00	9 015.73	26 612.82	33 562.85
2002			152.13			56 212.54
2003			175.10			64 523.21
2004			200.06			74 400.52
2005	4.35	220.8	225.15	7 928.59	72 594.51	80 523.10
2006	4.44	240.46	244.90	9 061.25	81 552.01	90 613.26
2007			262.09			108 289.71
2008	7.31	281.19	288.50			125 021.50
2009	7.64	322.56	330.20			162 130.21
2010	7.66	300.54	308.20			200 621.42
2011	8.31	431.86	440.17			262 513.54
2012			501.20			341 000.00
2013			551.80			420 000.00
2014	11.20	639.00	650.20			521 000.00
2015	11.48	738.54	750.02			660 100.00

年限	旅游人数（万人次）			旅游总收入（万元）		
	国际游客	国内游客	总人数	国际	国内	总收入
2016			1 063.1			1 002 000.00
2017	14.03	1 400.57	1 414.6			1 511 000.00
2018	15.48	1 611.32	1 626.8			1 851 000.00
2019	17.20	1 941.60	1 958.8			2 418 200.00
2020	0.72	1 167.68	1 168.4			1 150 000.00
2021			1 009.1			1 045 000.00
2022	0.39	1 635.04	1 635.43			1 781 200.00

表格来源：根据腾冲旅游局相关资料整理

2012 年腾冲县共接待中外游客 501.2 万人次，增长 13.9%，旅游收入 34.1 亿元，增长 29.9%。2012 年春节黄金周期间，和顺旅游市场火爆，共接待游客 3 万人次，旅游综合收入达到 300 万元。2012 上半年腾冲全县接待国内游客 253.55 万人次，同比增长 20.1%，实现旅游收入 14.17 亿元，同比增长 44.3%，其中接待国外游客 3.67 万人次，同比增 29.6%。星级宾馆住宿率 48.2%。腾冲机场起降航班 3372 架次，同比增 24%，旅客吞吐量 31.13 万人次，同比增 20%，客座率 71%。"休闲游、散客化"是 2012 年旅游市场的突出特点，同时也反映了经济较发达地区居民休闲度假需求日益增长的趋势。自助自驾游比例提高，旅游需求由单一观光型转向"观光＋休闲度假"的复合型需求转变。

2013 年腾冲县接待游客 551.8 万人次，同比增 10.1%，实现旅游总收入 42 亿元，增长 23.2%。据统计，2013 年 2 月 9–15 日，腾冲全县共接待国内外游客 35.91 万人次，同比增长 17.2%，实现旅游总收入 2.01 亿元，同比增长 20.4%。腾冲机场起降航班 178 架次，输送旅客 15924 人次，客座率达 67%；星级饭店住宿率 67.2%。全县翡翠交易额达近亿元。和顺春节黄金周期间的游客达 3.75 万人次，旅游总收入突破 1000 万元，分别同比增长 27% 和 10%；据悉，游客来源有北京、上海、陕西、四川、广东、云南等地，以川、渝两地为主，出行方式以家庭亲友自驾车自助游为主。节日期间和顺所有 100 多家民居旅馆的房间全部住满，甚至出现打地铺现象；接待旅游团队 325 个 3567 人。

2019 年腾冲旅游业到达新高，和顺古镇共计接待 82 万人次，旅游收入达 1.21 亿元。

由于疫情原因，近两年腾冲旅游业有所回落，但 2022 年回升趋势明显。2022 年腾冲市共接待游客 1635.43 万人次，按可比口径同比增 47.82%，实现旅游业总收入 178.12 亿元，按可比口径同比增 38.30%。腾冲市完成旅游业固定资产收入 77.2144 亿元，同比增 52.9%。其中，接待海外游客 0.3984 万人次，同比增长 46.63%。景区门票收入 3681.98 万元，同比增长 31.2%。全市星级饭店 1~12 月累计平均床位出租率 34.9%，同比增长 7.76 个百分点，非星级饭店 1~12 月累计平均床位出租率 26.6%，同比增长 10.1 个百分点。腾冲机场全年共保障航班起降 5205 架次，同比降 34.68%，运输旅客 44.98 万人次，同比降 32.40%，平均客座率 63.07%，同比增长 1.87 个百分点。

2023 年 5 月，腾冲市共接待游客 125.61 万人次，同比增长 38.57%；实现旅游业总收入 16.9 亿元，同比增长 42.38%。其中，接待海外游客 0.2024 万人次，同比增长 736.4%。全市星级饭店累计平均床位出租率 58.6%，同比增长 29.9%，抽样非星级饭店累计平均床位出租率 38.5%，同比增长 24.5%。腾冲机场起降航班 550 架次，同比增长 187.9%；运输旅客 5.1274 万人次，同比增长 191.1%；平均客座率 67.07%。

（4）小结

从 20 世纪 80 年代至今发展的 40 余年时间，腾冲—和顺都经历了发展、演进的蜕变。1997 年前，腾冲全县尚未进行旅游开发，虽然被列为口岸城市，但商贸尚不发达，经济结构以农业为主；和顺乡则以传统的农耕为主要经济来源，产业结构比较单一，国民生产总值处于腾冲各乡镇中的后 5 位。1997 年腾冲开始发展旅游，1997~2003 年腾冲县累计接待游客数超过 700 万人次，1998~2003 年旅游人次年平均增长率为 52.04%；1998 年接待的游客数为 59.75 万人，是 1997 年游客人数（20 万）的近 3 倍。1998 年成为腾冲旅游业发展的转折点，这与 1998 年保腾公路的开通吸引了大量游客直接相关。

腾冲旅游业促进了腾冲三次产业结构调整，产业结构比例从 1978 年的 60.04：12.40：27.56 发展到 2002 年的 35.28：19.47：45.25，产业结构由"一三二"型转变为"三一二"型。第一产业下降 20 多个百分点，第三产业则上升 17.69 个百分点。这种变化和旅游业的发展有着密切的关系。旅游收入占国内生产总值的比重由 1997 年的 6.59% 上升到 2002 年的 28.32%，上升 20 多个百分点。旅游业在第三产业中的比例由 1997 年的 26.2% 上升到 2002 年的 62.58%，上升 36.38 个百分点。2002 年腾冲旅游业总收入已占 GDP 的 28.29%，旅游业成为腾冲县的一个重要产业。腾冲还在这期间累计完成固定资产投资 22.33 亿元，新修和改建道路 60 条 600 余 km，这深刻地影响了全县的社会经济结构。

旅游业的发展开始带动腾冲二三产业的发展，也为和顺镇的经济带来提振作用。2003年，柏联集团获得腾冲县和顺古镇40年的旅游经营权，开始对和顺进行"整体打造"，和顺的旅游收入开始较快增长。2005年和顺因成为"中国十大魅力名镇"之首而扬名全国，腾冲也获得了"翡翠之都"的称号，旅游收益均开始呈现出井喷之势。2009年腾冲机场的通航进一步加速了其旅游业的迅猛发展。

腾冲旅游业对第三产业发展的带动作用明显，将有力地推动腾冲地区产业结构的优化升级。2004-2008年，在腾冲旅游产业的拉动下，第三产业增加值逐渐攀高，增长率不断上升，旅游业占第三产业比重始终在一半以上，这表明腾冲旅游业有力地支撑着第三产业的发展，并带动了其他相关产业的发展。

2008-2011年，腾冲第一产业比重持续下降，第二产业比重上升，第三产业比重则无明显变化，但旅游业比重明显上升。2010年腾冲县共接待国内外游客380.2万人次，实现旅游总收入20.1亿元，占第三产业总收入的68.03%，旅游业已成为腾冲县主要经济支柱产业之一。2011年腾冲县GDP总值为874566万元，第三产业生产总值为350344万元，而旅游总收入为263000万元，占了腾冲县GDP总值的30.07%，占了腾冲县第三产业生产总值的75.07%。这表明腾冲工业化进程不断加快，旅游、文化产业不断发展壮大，但最主要的还是第三产业的发展，得益于旅游业的发展，直接或间接带动了腾冲其他相关产业的发展，如交通运输、城市建设、商业服务、轻纺工业、对外贸易、金融、房地产、邮电等部门的发展，特别是与其关系密切的外贸、民航、建筑业所受的影响最大。资料表明旅游业不仅是腾冲县第三产业的主力军，也是国民经济中重要的一员，并在国民经济中的作用日显重要。

2007-2022年，腾冲共接待游客14030.61万人次，旅游总收入从2007年的10.8亿元增加到178.12亿元，年均增长20.54%，"腾冲经验""和顺模式"得到广泛认同，成为云南旅游二次创业新亮点。2011年，柏联和顺被评为全国文化产业示范基地；"中国翡翠第一城"品牌优势不断显现，翡翠毛料公盘建成开盘，到2022年，腾冲成功举办8期翡翠公盘，成交额超7亿元（表5-4）。

表 5-4

腾冲县旅游发展和三次产业构成比较

项目	国内生产总值（GDP）/亿元	第一产业总产值/亿元	第一产业占GDP的比例/%	第二产业总产值/亿元	第二产业占GDP的比例/%	第三产业总产值/亿元	第三产业占GDP的比例/%	游客数/万人	游客总收入（国内旅游收入）/万元	旅游业占GDP比例/%	旅游业占第三产业比例/%
1997 年	14.01	5.85	41.70	2.89	20.70	5.27	37.60	51.00	5 048.14		
1998 年	15.13	6.29	41.60	3.04	20.60	5.80	39.10	59.56	12 293.24		
1999 年	16.06	6.46	40.22	3.32	20.67	6.28	39.11	71.45	15 366.54	9.57	24.36
2000 年	17.18	6.61	38.47	3.28	19.09	7.29	42.43	100.37	23 834.04	13.87	32.69
2001 年	18.46	6.76	36.62	3.52	19.07	8.17	44.26	125.00	33 562.85	18.18	41.08
2002 年	19.88	7.01	35.26	3.87	19.47	8.99	45.22	152.13	56 212.54	28.86	62.53
2003 年	21.85	7.44	34.05	4.54	20.78	9.87	45.17	185.10	64 523.21	29.53	65.37
2004 年	25.07	8.07	32.19	5.56	22.18	11.44	45.63	200.06	74 400.52	29.68	65.04
2005 年	30.33	9.80	32.31	7.06	23.28	13.47	44.41	225.15	80 523.10	26.55	59.78
2006 年	35.20	10.77	30.60	8.73	24.80	15.70	44.60	244.90	90 613.26	25.74	57.72
2007 年	41.39	11.66	28.17	11.14	26.91	18.59	44.91	262.09	108 289.71	26.16	58.25
2008 年	50.35	14.27	28.34	14.21	28.22	21.86	43.42	288.50	125 021.50	24.83	57.19
2009 年	57.47	15.85	27.58	16.45	28.62	25.16	43.78	330.20	162 130.21	28.21	64.44
2010 年	70.40	17.75	25.21	23.16	32.90	29.49	41.89	380.20	200 621.42	28.50	68.03
2011 年	87.46	21.81	24.94	30.61	35.00	35.03	40.05	440.17	263 000.00	30.07	75.08
2012 年	105.05	25.21	24.00	37.06	35.28	42.78	40.72	501.20	341 000.00	32.47	79.71
2013 年	122.28	27.08	22.15	44.05	36.02	51.15	41.83	551.80			
2014 年	133.40	30.02	22.50	48.41	36.29	54.93	41.18	650.20			
2015 年	145.90	32.17	22.05	52.25	35.81	61.48	42.14	750.02			
2016 年	160.24	33.65	21.00	57.37	35.80	68.22	42.57	1 063.10			
2017 年	176.83	35.73	20.21	65.45	37.01	75.65	42.78	1 414.60			
2018 年	193.80	38.70	19.97	74.33	38.35	80.79	41.69	1 626.80			
2019 年	252.70	46.90	18.56	99.20	39.26	106.60	42.18	1 958.80			
2020 年	282.35	55.04	19.49	113.67	40.26	113.64	40.25	1 168.40			
2021 年	321.90	63.80	19.82	133.70	41.52	124.40	38.65	1 009.10	1 045 000.00	32.46	84.00
2022 年	347.97	65.47	18.81	151.29	43.48	131.04	37.66	1 635.43			

表格来源：腾冲县统计局、腾冲县旅游局 1997～2022 年相关资料

115

2005 年至今，和顺相继获得"全国环境优美镇""国家 4A 级风景区""国家级历史文化名镇""全国旅游文化产业示范基地""中国十佳古镇""中国最美镇""云南省村镇建设示范镇""云南旅游名镇""云南大名镇"等荣誉称号，旅游经济也成为当地居民增收致富的主渠道。随之而来的，和顺古镇的旅游经济正朝着规模化方向快速发展，并且随着旅游经济的不断壮大，其对全镇经济的拉动作用也正在增强，体现在对生产总值的贡献也在提高。2010 年以来，每年至少有 30 多万人次游客来到和顺古镇，旅游收入达 3000 万元左右，其中门票收入 2000 万元以上。和顺已经开发出来的产品有：八大宗祠、和顺图书馆、马帮博物馆、艾思奇故居、滇缅抗战博物馆、七大寺庙、和顺小巷等。

综上所述，2007-2022 年共 15 年间，腾冲的旅游业迅猛发展，并促进了腾冲三次产业结构调整，三次产业结构比例到 2022 年为 18.9%:43.5%:37.6% 的"二三一"型，这种变化尤其是第三产业的发展和旅游业的兴旺直接相关。在这其中，和顺古镇的旅游业收入已然成为腾冲旅游收入的主要支柱。2019 年旅游业收入冲到高点以后，因疫情原因，腾冲旅游业有所下滑，但 2022 年后回升趋势仍然明显。2022 年腾冲旅游业总收入已占 GDP 的 51.18%，旅游业已经成为腾冲的核心产业之一（表 5-5）。

和顺古镇历年旅游收入情况			表 5-5	
年份	接待游客（万人次）	旅游收入（万元）	当地居民人均收入（元/年）	门票收入（万元/年）
2002	19	65	2 099	
2003	30	92.6	3 043	83
2008	15.3	1 300	5 367	1 200
2009	25	4 000	6 326	2 500
2010	29.47	5 600	8 746	3 800
2011	40	7 300	9 067	4 750
2014	50	8 500	10 324	5 612
2019	82	12 100	13 277	7 800
2022	38.4	5 676	6 316	4 909

表格来源：腾冲县旅游局 2002-2022 年相关数据

5.1.2.2 古镇相关保护规划的制定及概况

（1）《和顺古镇保护与发展规划（2006）》

2005 年 11 月，为保障和顺古镇历史环境保护和村镇开发建设的协调进行，指

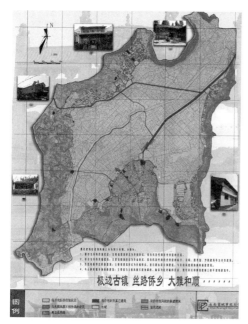

图 5-25　和顺古镇现状建筑风貌评价图（2006）
图片来源：腾冲县城市建设管理局，云南省城乡规划
设计研究院.和顺古镇保护与发展规划图集 [G].2006.

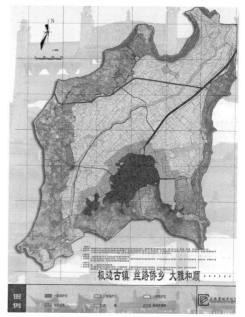

图 5-26　和顺古镇保护区划图（2006）
图片来源：腾冲县城市建设管理局，云南省城乡规划
设计研究院.和顺古镇保护与发展规划图集 [G].2006.

导和顺古镇的保护与建设，提供保护、整治与建设的技术法规依据和措施，腾冲县城建局委托云南省城乡规划设计研究院制定了《和顺古镇保护与发展规划》，并于2006 年报批实施（图 5-25、图 5-26）。

规划划定的保护范围为和顺镇域范围内，以和顺古镇大寨子片区为核心的和顺坝区及周边对古镇景观有影响的山体部分，规划总面积为 6.8km²。规划的保护内容是：保护古镇的总体格局和古镇的总体风貌，包括古镇的道路网络、水系，建筑的平面布局、体量、造型、风格、尺度、比例等；保护古镇中的街区、街道、胡同形成的历史空间结构和村镇肌理；保护文物古迹、有价值的传统民居或建筑局部；保护传统街区；保护古镇的历史文化的真实信息；保护古镇的社会网络以及民风民俗的载体。

规划设立了一级、二级、三级保护区，建议应适当增加居住建筑用地、公共建筑用地及公用工程设施用地；需在一、二级保护区内适当增加绿化用地；提出将现有的砖厂等污染企业进行搬迁，取消所有的二、三类工业用地。

规划设定了重点保护类（相当于文物保护单位）、保护类、保留类、整治类、更新类 5 种建筑类型，并分类别进行相应保护。规划还设定了高度控制及视廊保护，对文物古迹、绿地建设、非物质环境等的保护进行了规定。

（2）《腾冲县城市总体规划（修编）2006-2025》关于历史文化名城的保护

腾冲是省级历史文化名城，规划保护范围包括腾冲古城（原腾冲古城城墙包围区域）部分旧址、和顺古镇、下绮罗古村（环城南路以南部分）、南诏古城遗址，以及在腾冲城市规划区内其他文物古迹及其保护范围（图5-27）。

规划重点保护腾冲古城部分旧址、和顺古镇和下绮罗古村的整体格局和建筑风貌。上述范围内新建建筑必须通过风貌审核后方可建设。已经编制保护规划的区域除满足总体规划的有关保护要求外，还必须满足相关保护规划的要求。

和顺古镇和下绮罗古村内，不得新建红线宽度大于10m的道路，对原有街巷的改造不得拆除街巷两侧历史建筑。

和顺古镇和下绮罗古村内，不得新建高于12m的建筑，不得新建平顶建筑，建筑坡顶一律采用灰黑颜色，新粉刷建筑外墙体一律采用灰白色。

和顺古镇边界外围100m范围为风貌协调区，区内不得新建建筑。下绮罗古村的风貌协调区为古村外西至热海路、北至霞光路、东至北海路、南至水映寺南山体山脊线的区域。

城市规划区内各级历史文物建筑和遗址、遗迹本身为核心保护区，应按有关法律法规进行保护，核心保护区边界外应划定不少于20m的风貌协调区。风貌协调区内不得建设与历史文物建筑和遗址、遗迹风貌不协调的建筑物和构筑物，现有风貌不协调的建筑物和构筑物必须拆除。

图5-27 腾冲县城历史文化遗产保护与绿地系统规划图（2006-2025）
图片来源：腾冲县人民政府，上海同济城市规划设计研究院.腾冲县城总体规划（修编）图集（2006-2025）[G].2006.

（3）《腾冲市国土空间总体规划（2021-2035年）》关于历史文化名城的保护

规划保护范围包括腾冲古城（原腾冲古城城墙包围区域）部分旧址、和顺古镇、下绮罗古村（环城南路以南部分）、南诏古城遗址，以及在腾冲城市规划区内其他文物古迹及其保护范围。

规划重点保护腾冲古城部分旧址、和顺古镇和下绮罗古村的整体格局和建筑风貌。上述范围内新建建筑必须通过建筑风貌审核后方可建设。已经编制保护规划的区域除满足总体规划的有关保护要求外，还必须满足相关保护规划的要求。

和顺古镇和下绮罗古村内，不得新建高于12m的建筑，不得新建平顶建筑，建筑坡顶一律采用灰黑颜色，新粉刷建筑外墙一律采用灰白色。

和顺古镇边界外围100m范围为风貌协调区，区内不得新建建筑。下绮罗古村的风貌协调区为古村外西至热海路、北至霞光路、东至北海路、南至水映寺南山体山脊线的区域，风貌协调区内不得建设与下绮罗古村风貌不协调的建筑物和构筑物，现有风貌不协调的建筑物和构筑物必须拆除。腾越古城的风貌协调区为腾越路、翡翠路、华严路和玉泉路围合区域，风貌协调区内不得新建高于6层的建筑，现有风貌不协调的建筑应改造建筑形式或拆除。

城市规划区内各级历史文物建筑和遗址、遗迹本身范围为核心保护区，应按有关法律法规进行保护，核心保护区边界外应划定不少于20m的风貌协调区。风貌协调区内不得建设与历史文物建筑和遗址、遗迹风貌不协调的建筑物和构筑物，现有风貌不协调的建筑物和构筑物必须拆除。

（4）《腾冲地热火山风景名胜区和顺景区详细规划（2011-2025）》

2011年，云南省住房和城乡建设厅委托云南省城乡规划设计研究院制定《腾冲地热火山风景名胜区和顺景区详细规划》（2011年11月住房和城乡建设部批准实施），规划将和顺镇片区和腾越镇片区合并称为"和顺景区"，并强调要加强对其建筑风貌的管理，严格保护其建筑保护区和田园风貌保护区（图5-28～图5-30）。

规划设立一、二、三级保护区，并提出和顺古镇主体的居住片区，也是腾冲最具特色的居住片区之一，规划对其以保护为主，

图5-28 古镇景区与县城关系图
图片来源：云南省住房和城乡建设厅，云南省城乡规划设计研究院.腾冲地热火山风景名胜区和顺景区详细规划图集（2011-2025）[G].2011.

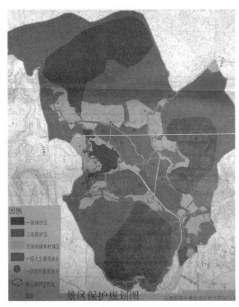

图 5-29　景区保护规划图
图片来源：云南省住房和城乡建设厅，云南省城乡规划设计研究院.腾冲地热火山风景名胜区和顺景区详细规划图集（2011-2025）[G].2011.

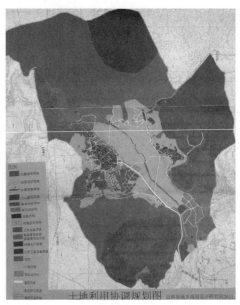

图 5-30　土地利用规划图
图片来源：云南省住房和城乡建设厅，云南省城乡规划设计研究院.腾冲地热火山风景名胜区和顺景区详细规划图集（2011-2025）[G].2011.

适当完善生活配套设施和旅游服务设施，不得新建多层住宅。

　　和顺古镇内不得新建高于 12m 的建筑，不得新建平顶建筑，建筑坡顶一律采用灰黑颜色，新粉刷建筑外墙一律采用灰白色。

　　规划还在核心保护区外界划定不少于 20m 的风貌协调区，并规定风貌协调区内不得建设与历史文物建筑和遗址、遗迹风貌不协调的建筑物和构筑物，现有风貌不协调的建筑物和构筑物必须拆除。

5.1.3　实地调研现状

　　和顺镇共辖水锥村、十字路村和大庄村三个村寨。历次保护规划所划定的"保护核心区"则包含水锥村、十字路村两个村寨。这两个村寨也是本书所重点研究的对象。因此，本书所指"和顺古镇"特指十字路村与水锥村传统民居群体。本书采用一般性社会研究方法，通过实地踏勘调研、参与式观察、结构式访谈、问卷调查等方式，从社会、经济、文化和旅游学等角度多方面综合考察和顺古镇的保护与发展问题。

5.1.3.1　尚属完整的社区结构

和顺是一个有着几百年历史的社区，各姓的开基老祖到来之时大多聚族而居，因此才有诸如尹家坡、赵家月台、寸家湾等以姓氏为标志的地名，现在虽然姓氏格局依旧存在，但各个巷道基本都是不同姓氏的人家混杂居住在一起，比如水锥村从新中国成立前就主要有李家、赵家、张家居住；尹家坡主要住着尹家和刘家；大桥主要是住着寸姓；高台子有寸家、许家、周家；李家巷里住着李、寸、刘、段四姓，外加姓马的回族；大石巷的住户主要姓李和寸；赵家巷住着赵姓和寸姓；小尹家巷住着尹姓和刘姓；尹家巷里又有尹、刘、寸三姓；贾家坝住着贾姓和张姓；寺脚有尹、寸、贾、张四姓；张家坡有张、段、沈三姓；下庄主要是杨、李、许、唐、胡各姓；上庄则有杨、训、许、寸等姓。和顺十大姓（寸、刘、李、尹、贾、张、杨、训、许、赵）有八大姓建有宗祠（许姓和赵姓没有宗祠），其中尹姓建有两个，宗祠总数达9个。

自1987年至今，和顺古镇的人口变动始终处于比较平稳的状态，如今还保留着较为完整的社区结构（表5–6、表5–7）。

和顺镇虽然在行政建制上是一个镇，但人口却只相当于一个比较大的行政村，其中和顺古镇（包括水锥村和十字路村）共有14个村民小组，一些外来人口，包括从外地嫁进来的媳妇、外地来做生意的人，以及刚出生的婴儿等没有被统计进来。和顺古镇还有一些退休在家的国家干部、工人，他们没有村籍，不过从血缘来讲，他们是和顺人。

和顺古镇两个行政村落人口、规模、家庭统计表　　　　　　　　　表5–6

户数 行政村	家庭成员一人（户）	家庭成员二人（户）	家庭成员三人（户）	家庭成员四人（户）	家庭成员五人（户）	家庭成员六人（户）	家庭成员七人（户）	家庭成员八人（户）	家庭成员九人（户）	户数合计
水锥村	25	47	65	108	96	50	15	10	4	420
十字路村	85	115	188	230	150	81	31	12	35	927

从表5–6可以看出，在和顺古镇将近一半的家庭是由一到两个孩子与父母组成的核心家庭，共863例。根据我国从20世纪80年代以来实行的"计划生育"政策，规定在汉族农村地区如果一对夫妇第一胎为女孩的，允许过几年生育第二胎，这应该是和顺古镇核心家庭比率高的原因。较之城市社区，和顺的主干家庭及扩大家庭算是比较多的，这类家庭通常除了父母、孩子外，还有祖父母及媳妇、女婿（入赘）。和顺的联合家庭已为少数，只有61例。162户两口之家多半为新婚不久还没有孩子的年

轻夫妇，或者孩子长大外出读书或分家单过的中老年夫妇以及未婚的子女与丧偶的老
人组成的家庭。另外还有110户独居家庭，一般为丧偶，无子女或子女不在身边的老
人[1]。

和顺镇历年人口数据（常住人口）（建制由区—乡—镇）　　　表5-7

年份	和顺人口数（区—乡—镇）（人）（常住人口）	和顺非农人口数（人）	和顺暂住人口数（人）	和顺古镇人口数（人）（常住人口）	和顺海外华侨人口数（人）
1987	5 066（区）	235	0	4 866	7 000
1988	5 072（区）	309	0	4 943	
1989	5 080（区）	432	0	5 008	
1990	5 664（区）	465	0	5 032	
1991	5 739（乡）	471	0	5 072	7 600
1992	5 755（乡）	475	11	5 133	
1993	5 813（乡）	487	14	5 167	
1994	5 827（乡）	495	14	5 208	
1995	5 836（乡）	501	17	5 325	
1996	5 831（乡）	513	21	5 321	
1997	5 825（乡）	528	24	5 408	9 000
1998	5 810（乡）	530	26	5 689	
1999	5 802（乡）	533	35	5 772	
2000	6 810（乡）	561	78	5 794	
2001	6 729（镇）	782	102	5 815	12 130
2002	6 021（镇）	890	223	6 096	
2003	6 029（镇）	1 054	205	6 085	
2004	6 086（镇）	1 120	486	5 798	13 000
2005	6 166（镇）	1 532	743	5 810	15 000
2006	6 159（镇）	1 671	1 098	5 820	
2007	6 220（镇）	1 893	2 315	5 913	16 000
2008	6 389（镇）	2 340	4 000	6 089	

1　家庭形态可以分为四类：核心家庭、主干家庭、扩大家庭、联合家庭。所谓"核心家庭"指的是由父母和未
婚的子女构成；"主干家庭"指的是父母及其未婚子女与一对已婚的子女所组成的家庭，甚至还可以包括四代及
四代以上的成员所组成的家庭；"扩大家庭"是指由年老的父母及其未婚子女与两对以上的已婚子女所组成的家
庭；"联合家庭"是指由若干核心家庭围绕以父母为中心的大家庭，这样的核心家庭没有分割祖先留下的共同财产，
他们在经济上不分开，在当地的社会、宗教活动上还是属于本家的一分子，因此这类家庭可以叫作"联邦式家庭"。

年份	和顺人口数（区—乡—镇）（人）（常住人口）	和顺非农人口数（人）	和顺暂住人口数（人）	和顺古镇人口数（人）（常住人口）	和顺海外华侨人口数（人）
2009	6 419（镇）	2 841	5 023	6 056	17 050
2011	6 616（镇）	3 452	5 871	5 910	
2012	6 664（镇）	3 860	6 000	5 794	18 000
2017	7 531（镇）			6 825	

　　和顺古镇的常住人口常年来没有较大的变动，一方面，这与当地居民很深的"乡梓情结"不无关系；另一方面，也源于政府和当地居民都认识到"乡土文化"对和顺古镇旅游业的重要性。镇政府在 2009 年还出台了相关规定，禁止古镇原住民出售房屋产权。值得一提的是，笔者访谈过的和顺当地人，无论官员还是普通居民，都在向笔者反复强调：我们这里乡土性很强的，是"原汁原味"的，当地人都不愿意走，和顺不会商业化……这样的认识确实让人欣慰。因此，虽然近年来随着和顺旅游收入的大幅攀升，暂住人口有较大规模的增加，但和顺古镇的常住人口相对稳定，在街巷中徜

图 5-31　富有生活气息的和顺古镇

祥仍可时时看到当地居民生活的场景。这在全国其他地区的古镇中并不多见（图5-31）。

5.1.3.2 经济结构的嬗变以及书馆文化的消失

新中国成立前的和顺，侨汇收入曾经是和顺人收入的主要来源之一，也由此带来过和顺历史上的辉煌时期。但新中国成立以来，随着国内国际形势的变化，和顺人的出国之路封闭了，又回到了以农业种植为主的道路上来。和顺人均不足六分地，耕地包括山地和水田两种。由于和顺全年气候温和，雨水充沛，所以采用一年三熟的耕作模式。水田一年之中轮流种植水稻和油菜，山地主要种植苞谷（玉米）、烟草、芭蕉芋以及各种蔬菜。直至1993年，和顺仍以传统农耕为主要经济来源，产业结构也比较单一（农业占生产总值的95%），国民生产总值位于腾冲县各乡镇后5名。

20世纪末至21世纪初，和顺古镇还是一个以农业为主的小型社会，农业仍然是当地人赖以生存的基本方式。2004年全镇经济总收入3705.03万元，比2003年增长5%；财政总收入为254.1万元，比2003年增长10%；乡镇企业总收入为3045.71万元，比2003年增长3%；农业总产值172.04万元，比2003年增长2.9%；2005年农民人均纯收入2150元，比2003年增长5%；粮食总产量320万kg，比2003年增长0.04%。农民的收入主要靠出售农产品、家禽等。农产品主要是玉米、稻谷和芭蕉芋。在这里个体户往往又从事农业生产。和顺镇已出现了一些专门从事藤编产品生产的手工作坊；政府也倡导开展"生态特色农业"，大力推广种植甜柿、莲藕、菱角、草莓、葡萄、雪莲果等经济作物。除农业种植业外，和顺的普通人家一般都养殖有猪、牛、鸡、鸭、鹅等家禽和家畜，也有人家搞一些特色养殖，比如养殖肉兔、长毛兔等市场销路不错的动物，当地居民收入有所增加。和顺古镇开始进行旅游开发，古镇居民在农闲时会售卖旅游商品及进行一些餐饮、住宿服务，但大部分仍以务农为主。

2005年和顺旅游业的井喷效应大大提高了当地居民从事旅游相关行业的积极性。和顺开始出现一些专门从事藤编产品生产的手工作坊；和顺的一些妇女在自己的家中开设了刺绣编织作坊，专门生产刺绣编织产品，可以创造一定的经济收入；一些村民也通过修建房屋、粉丝米线加工、酿酒、农机修理、碾米及开设小商店的方式获取经济收益。2005年，和顺旅游资源的开发解决了20%的农村剩余劳动力就业。他们中20人进入旅游部门从事收费、清洁、宣传等工作。当地开办了民居旅馆4所、上档次的特色饮食3所。物品加工行业主要是果脯加工业2家，外出打工也是和顺古镇居民的经济来源之一。2007年和顺镇的农村经济总收入为4086.6万元，农民人均纯收入2836元，粮食总产量344.08万kg，农业总产值2283.9万元。非农业收入已占到全年总收入的将近一半。其中水锥村及十字路村的居民全年非农收入已超过农业收入，跃升为全年主要收入来源。

2009 年腾冲机场的通航为和顺古镇带来了大量的高端游客，省外游客量也大大增加。外地人开始大量涌入和顺，或经营店铺，或经营旅馆业。当地人也纷纷加入旅游服务业中来，民居旅馆、餐馆、家庭作坊（商店）等如雨后春笋般涌现。2008 年，全镇 1600 多户 6500 多居民中，开设民居旅馆的有 100 多户，开办餐馆（小吃）、商铺的有 120 多户，从事交通运输的有 50 多户，发展莲藕、草莓、红花油茶等特色产业的有 600 多户，从事藤编、果脯等旅游产品开发的有 20 多户，直接在当地旅游企业工作的有 350 人，直接参与旅游的有 2000 多人。2009 年，和顺共有 43 个家庭旅馆、132 个商铺、33 个玉石店铺，还有 156 个在家中开的商铺，共计 300 多个。至 2012 年上半年，和顺实现财政总收入 657.2 万元，其中一般预算收入 311.2 万元；农民人均纯收入 3826 元，预计全年实现农民人均纯收入 6625 元；接待游客 25 万人次，实现旅游总收入 3200 万元，与去年同期相比分别增长 51% 和 50%，预计全年接待游客 48 万人次，实现旅游总收入 9000 万元。截止到 2012 年，据笔者调研，和顺已有民居旅馆 338 家、民居餐馆 213 家、有床位 2000 多张，实现民居旅馆、民居餐馆接待收入 500 万元，当地居民从事旅游服务的人员超过 500 户近 2000 人。2020-2022 年虽受疫情影响，但截止到 2022 年底，全镇仍有餐馆 150 户，商铺 420 家，民宿、客栈、旅馆 495 家，床位 6000 余张，当地居民从事旅游服务的人员 2500 人左右，旅游服务收入已成为和顺居民年收入的主要来源（表 5-8）。

虽然 2012 年和顺人均耕地已由原来的 0.6 亩增至 1.2 亩，但和顺古镇（十字路村、水锥村）居民绝大部分已不再直接从事农业生产。据笔者调研，当地居民往往将手中的田地"出租"给外来人员种植，收取租金；而自身则或经营商业，或出租店铺（旅馆）等。当地居民主要从事的行业已变为开办民居旅馆、生产销售旅游纪念品（玉石、手工艺品等）、从事交通运输（接送游客）、贩卖当地小吃及开办茶摊、出租房屋（将房屋出租给来和顺做生意的外地人，外地人一般来和顺开设店铺出售旅游纪念品，或者开设酒吧、饭店、旅馆）（表 5-9）。

和顺古镇历年旅游收入情况　　　　　　　　　　　　表 5-8

年份	接待游客（万人次）	旅游收入（万元）	当地居民人均收入（元/年）	门票收入（万元/年）
2002	19	65	2 099	
2003	30	92.6	3 043	83

续表

年份	接待游客（万人次）	旅游收入（万元）	当地居民人均收入（元/年）	门票收入（万元/年）
2008	15.3	1 300	5 367	1 200
2009	25	4 000	6 326	2 500
2010	29.47	5 600	8 746	3 800
2011	40	7 300	9 067	4 750

注：2017—2022 年，和顺古镇累计接待游客 395 万人次，实现旅游总收入 5.67 亿元，旅游收入占居民人均纯收入 70%。

和顺古镇历年民居客栈、商铺数量一览表　　　　　　表 5-9

年份	民居旅馆（家）	商铺（家）			
		玉石商铺（家）	家庭商铺（家）	商铺（餐饮，其他）	共计
2003	3	10	12	31	53
2006	22	23	25	54	102
2009	61	33	109	156	298
2011	88	35	127	126	288
2012（现场调研）	338	78	154	213	445
2022（现场调研）	300	100	160	180	440

表格来源：现场调研和当地镇政府提供资料

　　经济结构与生产方式的改变提高了当地居民的收入，据和顺镇镇长介绍，水锥村居民的人均年收入早已突破万元，十字路村居民的人均年收入在 2011 年也达到了 8000 元左右，远远超过了和顺镇平均水平（5371 元）及腾冲县水平（5018 元）。但令人遗憾的是，收入提高的同时，和顺古镇原来浓郁的"书馆文化"正在慢慢消失。为满足游客需求，古镇越来越商业化。

　　以扬名中外的和顺图书馆为例，直至 20 世纪 90 年代，和顺古镇居民仍有到图书馆看书读报的习惯，风雨无阻，每年达 4 万人次；直至 2005 年，中央电视台著名主持人崔永元还说过一段饶有趣味的话："和顺镇的人都不务正业，这个地方是以农业为主，按理说大家应该种田，但是经常有人放牛，把牛放在山上吃草，自己跑去看书。"然而据在图书馆多年的工作人员称，已经好几年没有当地村民来图书馆看书了，"原来多得很，现在几年都看不到一个"。笔者 2012 年、2018 年两次到和顺调研，向当地居民问起是否去图书馆，大多回答"去了干嘛"或是"不想去"。深究其原因，一方面是由于图书馆被辟为景点，向游客收取门票，当地居民不愿意"被参观"；另一方面也是因为相对容易获取的旅游收益降低了古镇居民汲取知识的热情。走夷方的时候，和顺人认识到了知识的重要性，捐建这所中国最大的乡村图书馆，现在对于知识恐怕他们已经有了不一样的理解。

和顺图书馆的衰落只是这座古镇书馆文化衰落的一个缩影。与此相应的是，和顺古镇曾经引以为豪的教育状况也岌岌可危。在和顺，从幼儿园到中学，和顺人从不用担心孩子的学业，因为学校就在古镇里面，益群中学的名声更是令人钦佩。常人看来，受历史的影响今天和顺在外读书的学生应该是很多的，但真实情况并非如此，大部分学生在本地读完中学以后就留了下来，跟随父母开开旅馆、摆摆铺子。1997 以来，和顺古镇益群中学在全县完中的排名从第一名降至第八名，招生分数线从 1998 年的 550 分降至 2004 年的 465 分；教育观念在这里愈发淡薄。据一位在当地从事餐饮业的老板介绍，他的女儿是村里为数不多愿意上大学的年轻人，"现在好些人家出租旅馆，每年什么都不做就有 10 万元，上学做什么啊？"和顺古镇的"书馆文化"显然已不复往昔。

今天的古镇开发，除了增加古镇居民的就业机会，提高经济收入之外，它的社会效益在什么地方？和顺丰厚的文化底蕴，不应该只是作为景点来赚取门票，它的深度开发，切入点又应该落在何处？这些都值得我们深入思考。

5.1.3.3　公司"整体开发"后的保护问题

20 世纪 90 年代以来，腾冲县政府及和顺当地政府开始倡导开发和顺的旅游资源，成立了相关的旅游开发公司，但盈利情况并不十分理想，2003 年腾冲县政府引进柏联集团公司，对和顺旅游开发重新进行规划。2003 年 10 月 31 日，腾冲县人民政府与昆明柏联房地产开发有限公司签订了《投资开发经营和顺景区协议书》，柏联集团获得腾冲县和顺古镇 40 年的旅游经营权（对和顺古镇进行投资、开发、经营管理、整体打造），并于同年 11 月注册成立云南柏联和顺旅游文化发展有限公司。在引进柏联公司之后，和顺古镇实行所有权与经营权分离。

客观地说，柏联集团的进驻起初为和顺古镇的旅游发展提供了很好的助推作用。公司提出"保护风貌、浮现文化、适度配套、和谐发展"的原则，至 2006 年投入3000 多万元，建立了中国第一家民间收藏、民间投资的滇缅抗战博物馆，对和顺不同风格的宗祠建筑进行了不同程度的修复，修缮了艾思奇故居，建立了大马帮博物馆，组织挖掘整理了和顺洞经古音，扶持了腾冲女子洞经乐团、腾冲皮影与神马艺术展览，恢复了腾冲古法造纸等。公司还赞助申报了两个国家级文物保护单位。公司入驻后，一直在为被当地人所接受而努力，确确实实为当地做了一些事情。公司出钱扶持村民发展观光农业,使旅游与村民增加收入协调发展。公司为和顺提供了大量就业岗位,500个员工有85%是和顺居民。在益群中学设立奖学金、奖教金,2007年以来,公司一直无偿为全镇农业户口的6000多位居民缴纳新型农村合作医疗个人承担部分。2010年公司设立"柏联和顺养老基金",每月为全镇60岁以上的居民发放50-200元的养老保障金。2011年公司又成立了柏联和顺幼儿教育保障金。2007年4月,柏联公司被评选为全国旅游系统先进集体。2008年10月15日,柏联公司成功入选文化部命名的第三批国家文化产业示范基地。2011年11月23日,文化部公布"年度十大最具影响力国家文化产业示范基地"名单,柏联公司榜上有名,成为西部地区唯一一家获得该项殊荣的旅游文化企业。和顺古镇的旅游开发模式一度被誉为"和顺模式"。然而,与国内许多其他古镇经营的企业一样,当介入和顺古镇的经营后,柏联集团无疑更注重利益成本的快速回收,这使和顺古镇的整体保护与旅游开发之间出现了许多问题与矛盾。

(1)古镇整体历史环境、生态环境的无奈改变

柏联公司在进驻和顺古镇之初,曾郑重承诺正确处理保护与开发的关系,尊重和顺的历史,绝不让新开发项目破坏任何有价值的原有遗存,其中包括自然的、人文的遗存;公司还启动了文物建筑、古树名木挂牌保护的行动。但是,企业保护的重点仅着眼于可以让企业赚钱的建筑个体,而非古镇全部,这是在整个古镇保护过程中最突出的问题。

2003年公司进驻后,随即启动了"和顺小巷"的旅游地产项目,即采用大规模的更新改造方式,以拆迁部分传统民居的代价建设旅游仿古街区,虽然这一项目没有涉及重点保护民居与文保单位,但是"小巷"位于保护规划规定的"二级保护区",区内规定禁止新建建筑,而"小巷"的建造显然突破了保护规定。此外,在"小巷"的建造过程中,不少传统的古民居也遭到了破坏,而代之以重建后的"假古董",这个损失是不可小觑的,也损害了古镇"原有的"整体风貌。另外,为了"原汁原味"地重建"和顺小巷",企业向当地居民收集旧门窗、旧房屋构件,许多不明白自身老屋价值的和顺居民纷纷"拆楼求购",拆除了相当一部分古镇内的传统民居,企业对此则不闻不问。自2003年至今,企业定期拨款修缮、维修的建筑仅限于位于主要游线上的"收费景点式"的文保单位、重点保护民居及部分祠堂,数量十分有限,其余大量的重点保护民居则置之不理,更不用说位于核心保护区内的其他传统民居了,这在相当程度上成为近年来和顺古镇"新民居"滥觞的原因之一(图5-32、图5-33)。

此外,开发商从经济利益的角度出发,在开发建设时对和顺古镇整体生态环境

图 5-32 "和顺小巷"使用的旧门窗

图 5-33 和顺古镇入口处新建的影视基地

图 5-34 和顺乡"湿地 + 河流 + 农田"的整体环境 1（2000 年）
图片来源：和顺古镇保护管理局

造成了建设性的破坏。和顺古镇选址极其考究，古镇位于陂陀之上，盆地周围青山环抱，古镇前一江穿流，数溪萦绕，还有大片的天然湿地，与数顷良田共同形成"城、田、水"天人合一的和谐生态景观与田园风光（图 5-34、图 5-35）。初始开发时，许多专家学者纷纷建议可保留原有的湿地水系景观，在离古镇较远处修建游客服务中心等设施。然而，柏联公司出于经济效益的考虑，修建公路，切断了原有的水系；填平湿地，并在其上建造游客中心等大型旅游服务设施，还建造了"和顺影视基地"。至此，和顺古镇李根源老先生所描绘的"叠水声喧万树风""村环一

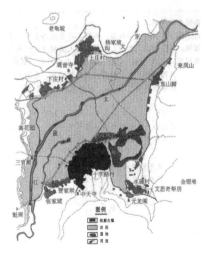

图 5-35 和顺乡"湿地 + 河流 + 农田"的整体环境 2（2000 年）
图片来源：和顺古镇保护管理局

图 5-36　和顺乡"湿地 + 河流 + 农田"的整体环境 3

图 5-37　古镇旁在建的柏联精品酒店

水似长虹"等景色再不复返（图 5-36、图 5-37）。

2010 年 1 月，柏联公司与县政府签订合作协议，规划建"天下和顺"的项目，用 3-5 年时间建设财富和顺、柏联温泉 SPA、柏联产权式酒店、柏联精品酒店、新停车场、大庄村旅游综合开发、和顺湿地公园、夜和顺 8 个项目，预计打造集旅游观光、休闲度假、养生保健、旅游购物为一体的旅游文化产业综合项目。项目规划概算投资 23 亿元，前期工作已于 2009 年 12 月 23 日陆续启动。

项目区位于腾冲县城西南方向约 3.0km 的和顺旅游景区西北，用地约 600 亩，占地均为和顺古镇本已为数不多的优质水田。2012 年笔者调研期间，该项目即将完成的精品酒店坐落在和顺古镇边，无论建筑体量还是建筑风格都与古镇恬美的田园风光格格不入，和顺古镇"山·水·田·城"的生态环境氛围已被打破。

古镇生态环境的平衡与保护问题，是不能交给市场来调节的。企业具有天然的短期行为局限性，其生产活动与生态环境的平衡必须由政府进行监督、管理和保护，而不能由市场进行调节。若寄希望于企业自动地在开发建设活动中拥有生态自觉，这无疑为"海市蜃楼"般的幻想。

（2）公司·居民·政府的纠葛

2003 年柏联公司入驻后，曾经有一段与当地居民短暂的"蜜月期"。如前所述，公司为了赢得当地居民的认同，也确实做了一些对当地有利的实事。但近年来，许多问题和纷争开始显现，公司与村民之间冲突愈演愈烈，政府则扮演尴尬的中间人角色。2009 年和顺农友会贴出公告"倡议书"，称柏联公司将当地百姓共同拥有的古迹遗产设卡收费，当地百姓却未得分毫，十分不公；公司强征百姓良田，出价太低，无法弥补损失；倡议书要求公司给予古镇居民一定的经济补偿，并强调古镇是居民的古镇，而非公司的古镇（图5-38）。

2012年据笔者走访调研，当地百姓大多认为公司刚来时，和顺名声响了，自己收入增加了，感觉还可以；但是几年后就觉得"亏了"，表现在以下几点：①和顺古镇近年来游客增多，公司门票收入暴涨（从2003的83万涨到2011年的4750万元），但村民从旅游开发中所获得的收益却比较有限（2011年村民的人均收入9076元），村民认为自己祖辈传下来的古镇被"圈地收费"，但是却未获得相应的旅游收益，十分不公平；②公司声称解决了古镇人的就业问题，可全镇（包括十字路村和水锥村）近6000人，被公司雇佣的不到300人，所从事的也大多是清洁、

图5-38　古镇街道上粘贴的2009年和顺农友会"倡议书"残片

服务、收取门票之类的低端工作，月工资不超过2000元；③公司所建的大型旅游设施、商业建筑随意向古镇前小河中排污，破坏了当地环境，使和顺当地百姓十分不满；④公司征收当地村民的土地赔偿款太少，且涉嫌"强行征收"，村民认为不公。至于柏联公司为村民购买的保险、给予村里60岁以上老人的经济补助等，由于数额较少（每年50-200元），被村民认为是"虚伪""邀买人心"。

笔者调研期间也发现，柏联公司收取古镇景区门票有一定的操作问题：门票是当日制，这就意味着游客如果想要在古镇停留、居住就要每天都购买门票，这在很大程度上限制了游客在古镇居住、停留的欲望；而当地村民的旅游收入则主要依靠出租或经营客栈、商铺，自然希望加长游客的停留时间。这一矛盾使得当地人经常有意"帮助"在自家客栈住宿的游客逃票。笔者在和顺期间，就起码经历了两次景区售票处的大规模纠纷，均源于"逃票"与"索票"，不少当地居民都参与其中。

就这一问题笔者也曾向当地政府探询，当地政府的态度则显得比较为难。政府认为，当初选择这个公司进行整体开发是由于政府开办的旅游公司经营不善，难以为继，希望能打破和顺古镇旅游开发的困局；政府引进公司来和顺搞旅游开发，也

是本着发展和顺经济、改善和顺人生活的目的；而柏联公司入驻后，也确实为和顺古镇的旅游飞速发展做出了很大贡献。公司和村民有矛盾，有时候政府夹在中间确实尴尬，但是和顺如今的模式是"管理"与"经营"分开，对于柏联公司的具体经营方式，政府不好过多干涉；当然，政府会尽力协调公司与民众之间的矛盾冲突，尽量为民众争取应有的权益。

从制度经济学和公共选择理论的角度来看，在和顺的旅游开发模式中，和顺古镇作为一种"有价值商品"成了政府与开发商之间的交易物品，柏联公司在这交易过程中投入了交易成本，那么公司必然要求从古镇这一"物品"的价值开发、利用中获得效用来实现本次交易的最大效能化。但问题在于，和顺古镇属遗产型景区，其具有准公共物品的属性，至少在一定程度上属于世代居住在这里的原住民。原住民由于自身经济修养及眼光的局限，未能看到和顺古镇旅游开发后巨大的经济前景与潜力，这就使政府、开发商与和顺原住民间存在严重的信息不对称问题。政府和公司利用这样的信息不对称，绕过了原住民进行交易，这显然不尽合理。为安抚原住民的情绪，公司也出台了一系列惠民的办法，这些办法在初期自然能起到一些效用，但几年来随着和顺古镇巨大经济效益的突显，原住民发现自己通过旅游经营所得以及微不足道的公司补贴（每户 60 岁以上老人每月 50 元补贴）与公司从古镇获取的经济效益相差极大，而这经济效益又是通过比较简单粗放的景区经营模式"围蔽收费"来获取，甚至这样的经营模式还在损害原住民的旅游收益，当地居民自然觉得自身的权益受到了剥夺、侵害，怨气在所难免。

再者，虽然和顺居民大部分已不再务农，但对于农民而言，土地仍是他们生存的根本。当地居民出租土地，租金都很廉价，有的甚至不收租金，"白送给"外地人耕种。笔者问其究竟，他们回答是因为优质田地倘若几年不播种，就会日渐贫瘠"废了"，为了保证土地的肥沃，他们宁愿倒贴钱也要请人来种。费孝通在《江村经济》一书中曾经引用一个老农的话来强调土地对于农民的重要性："传给儿子最好的东西就是地。地是活的家产，钱是会用光的，可是地是用不完的。"政府协助公司把土地征收以后，只一次性地赔付给失地农民一笔有限的款项，这笔钱不能够保障其一家长久的生活支出，失地的农民又通常没有什么技能，当地也没有多少经济实体可以提供足够多的工作岗位，这无疑加重了居民的怨怼情绪。笔者从与当地居民的访谈中了解到，当地居民最大的愤懑在于自己应有的权益受到了侵害，生存的权益（土地）也无法保障，他们渴望参与到对家乡旅游资源的开发活动中来，试图保留对地方事务的解释权和获取正当收益的权利，排斥外界强加给他们的解释。

政府因早年经营不善，迫于政绩与发展的需要，急于引进资金进行旅游开发，这种迫切的心态在一定程度上造成了政府在与柏联公司进行"商品交易"的谈判中处于相对弱势的局面，这也就导致了政府在谈判时势必首先争取政府的收益问题，当地居民的利益问题自然排在了后面。加之观念和体制的巨大惯性，使政府和官员在看待"出让经营权"这一问题上仍然习惯性地运用"全民思维"，认为自己这一决定是为了提高"和顺人民生活水平"，是为了"大局着想"，只要给予百姓一定的"福利"即可。这使得政府在协议中完全忽略了当地百姓在这件事上应有的知情权、收益权，因而为后来各种矛盾的发酵种下了根源。此外，由于和顺景区近年来巨大的门票经济和其他旅游收入贡献的税收也使政府从中获益，使得政府必须在中间扮演"关系协调者"的角色。由于角度和立场的问题，政府在处理矛盾时大多与公司站在同一立场，这往往被村民所诟病。

对于柏联公司而言，企业作为一个经济体，自然是以追求企业效益的最大化或极大化作为最基本的动机。企业以自身利益为行动目标，只考虑自己所承担的成本和所得到的利益，根据的是私人边际成本和边际收益，而不是社会的边际成本和边际收益来进行生产决策。柏联公司在入驻和顺之初还是做了一些有利于古镇保护和发展的事宜；但也许是企业逐利的特性使然，近年来柏联公司在和顺的一些作为显然具有明显的追逐短期利益，从而忽视古镇保护良性运转的投机性特征；而这只关注附带利润最大化、具有功利主义特征的对短期利益的追求带来的往往是对长远利益和社会利益的忽视，这类行为在带来利益的同时也无疑会给和顺古镇的保护状况、社会文化、社区稳定带来消极乃至破坏性的影响。

在中国其他与和顺类似、已经进行旅游开发的古镇、乡村，也存在着类似的矛盾：旅游公司通常都采取相同的模式对这些村落进行开发，所以产生和面临的问题都有共同之处。如果没有法规制度或相应完备的合同对企业行为进行合理约束，寄希望于政府能"妥善协调"，或者企业自己"提高觉悟"，那么实现"古镇良性保护"的希冀很难实现。

5.1.3.4 "裂变"的民居现状

2006 年古镇制定的《和顺古镇保护与发展规划（2006）》，把建筑的保护和更新方式分为五类：第一类，重点保护类建筑，包括文物保护单位、重点保护民居建筑、宗祠建筑及月台、洗衣亭等建筑；规划要求严格按照《文物保护法》和《文物保护法实施细则》的规定执行（图 5-39）。

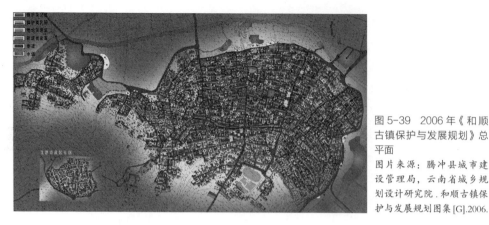

图 5-39 2006 年《和顺古镇保护与发展规划》总平面

图片来源：腾冲县城市建设管理局，云南省城乡规划设计研究院. 和顺古镇保护与发展规划图集 [G].2006.

第二类，保护类建筑，规划设定为古镇保护区内尚未被列入文物保护单位名单，但具有一定历史文化价值的传统民居和建（构）筑物，应当参照对文物保护单位的相关法律法规和办法按历史原貌修复，规划要求保持原样，以求如实反映历史遗迹，对个别构件加以更换和修缮，修旧如旧，同时拆除违章建筑物，整理和恢复原有院落，加固和修缮建筑。

第三类，保留类建筑，规划要求原有建筑结构不动，局部修缮改造同时对其内部进行调整改造，改善居住条件，适应新的生活方式，并运用技术手段进行抗震加固工程，同时满足古镇风貌景观要求。

第四类与第五类为整治类和更新类建筑，规划要求针对具体的建筑分别通过拆除、降低高度、平屋顶改坡屋顶、立面整治与改造等措施，将其改造为与古镇整体风貌相协调的建筑。

然而，据笔者 2012 年的实地调研来看，和顺古镇一级保护区内的大量保护建筑已经或正在遭受着大规模的侵害，古镇传统建筑风貌的维系岌岌可危。

（1）传统民居的大规模"突变"式更新

据笔者 2012 年、2018 年的两次实地调研，和顺古镇保护已经出现了十分棘手的"突变"式的民居更新问题，以及当地传统民居在近几年被居民大量改建甚至拆除重建。据调查，这股风潮始于 2003 年，由于柏联公司收购旧门窗和房屋构件，一部分居民便将自家的老屋"拆整为零"出售。大规模的"拆旧建新"应该是从 2005 年和顺古镇被评为"魅力名镇"榜首，旅游人数大增后出现的。据笔者调研结果，当地自建、改建的现象相当严重，对古镇风貌的损坏令人触目惊心。仅 2009 年，和顺镇水碓村、十字路村申请新建、改建及古宅打造民居旅馆达 48 户，共 246 个标间。

其中新建 142 间、改建 82 间、古宅打造 22 间。2012 年笔者调研时，和顺改造重建的民居院落已达古镇民居总量的 4/5 左右；笔者调研期间正在拆除老房准备新建房屋的院落就有 12 处。至 2018 年笔者再调研时，和顺古镇共有 300 多个家庭旅馆、440 多个商铺、100 多个玉石店铺，还有 160 多个在家中开的商铺。截止到 2018 年，和顺镇水碓村、十字路村申请新改造及古宅打造民居旅馆 84 户，共 738 个标间。和顺古镇的传统风貌已经发生了巨变，原有传统建筑的优美在新建民居上几乎荡然无存，具体表现在以下 3 方面：

1）结构改变

和顺古镇的传统民居均为土木结构房屋，主体结构为无斗栱小式木结构，木结构为承重结构，房屋的尺度均以木材搭建的"间架"为基本单位，这使得传统民居虽院落大小不一，形式多样，却统一在总体和谐的韵律节奏之下。然而村民的新建民居采用砖混结构后，一味追求自家筑屋的个人需求，房屋大小不一，而且由于居民的新建房屋大多是为了适应现代生活，从而造成群体空间的韵律、节奏失衡，严重削弱了古镇传统聚落的整体魅力。据笔者观察，许多新建民居大多是在砖混结构外再添加一个木制回廊或直接在墙面上"镶嵌"木柱，构筑装饰性木梁，以营造所谓的"木构房屋"（图 5-40~图 5-42）。

图 5-40　2004 年和顺古镇建筑结构示意图

笔者就为何弃用土木结构问题询问过当地建房者，据称主要有以下两方面原因：

一是土木结构房屋无法适应现代生活的需求。随着

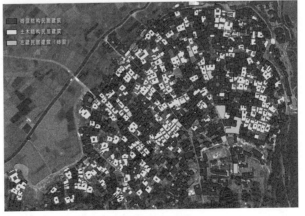

图 5-41　2018 年和顺古镇建筑结构示意图

图 5-42 新筑民居 1：砖混结构 + 装饰性构件 + 木门窗

当地居民生活的现代化，尤其是厨房、卫生间的现代化，居住者认为原有的木结构房屋无法满足其现代生活的要求，例如厨房的厨具、灶具、橱柜及排烟设施，卫生间的下水设施等。对于老宅而言，装备这些显然需要更加复杂的工艺和技术以及耗费更多的成本。由此，当地居民自然采用了自认为方便节省的办法：拆除老宅，建造新屋。据笔者在古镇的走访情况看，即使一些老宅尚未被拆除，可大部分也重新在院中新建了厨房和卫生间，这样的人家在古镇比比皆是。

二是木结构房屋的造价相对昂贵。和顺本地产杉木较多，但由于杉木强度和韧性不够，因此古镇老宅建房，承担房屋主结构（比如梁柱）的木材大多由缅甸运来，非承重部分的木材多取自本地所产的杉木。近年来，随着木材价格逐渐走高，油价上涨导致物流费也逐年上涨，加之懂木雕工艺工人的减少，木工费用十分昂贵（市价 200-300 元 / 天）因此，当地民居建房均尽量减少或弃用大木作，使用或尽量少用小木作。在走访过程中，一个手艺娴熟的木工还告诉笔者，由于当地木工的稀少与相对昂贵，许多居民转而雇佣大理剑川的木工。然而这样一来，古镇原有的富有当地特色精美木雕工艺面临着被大理剑川的木雕成果所淹没的危机（图 5-43）。

2）取材改变

和顺传统民居均为土木结构房屋，主体结构为无斗栱小式木结构，墙基柱础用火山石，当地称"清水墙"；清水墙上再加土坯砌筑的墙体，外面先刷一层拌有切细稻草的泥浆，干后再以石灰浆粉白；有的富户则在土坯墙面加贴一层薄砖。传统民居的墙体一律在横向上做三段式处理：下段为青色的条石、块石勒脚，中段有粉刷面或不粉刷的土坯墙，上段为灰瓦屋面和沿屋顶轮廓线走边的装饰带，以及有规律开设的圆拱形小窗。使用材料的质感、色彩不同，加上带边的圆拱小窗，虚实、纹理、色彩的对比呈现出良好的艺术效果。然而村民如今新建的民居，其结构、取材几乎完全改变（图 5-44、图 5-45）"新民居"基本上是砖混结构，只在外立面上加以木材装饰。墙体则均用青砖或红砖，土坯墙体基本已被弃用（图 5-46）。

图 5-43　新筑民居 2：砖混结构＋装饰性构件＋木门窗（大理剑川木雕工艺）

　　和顺古镇原有的大量土坯墙民居使古镇具有一种从大地上生长起来的原始姿态，既恬淡安详，又厚重沉实；在墙面上自然呈现出时间周而复始循环再任意重叠后的痕迹，质朴而粗犷，建筑仿若生长出来般与环境浑然一体。然而，如今在大量的新建民居上，这些富有艺术特色与美感、当地独有的粗粝厚重的墙面材质以及良好的"三段式"艺术效果已渐渐消失。

图 5-44 2004 年和顺古镇民居建筑材料示意图 1　　　图 5-45 2018 年和顺古镇民居建筑材料示意图 2

图 5-46 当地的"新民居"，其结构与材料已迥异于传统民居

就新民居取材的问题，笔者专门向当地百姓咨询。据百姓称，从 2000 年开始，古镇居民新建或改建房屋就已逐渐弃用原有的土坯砖，改用青 / 红砖；大规模、清一色的弃用则始于 2005 年。弃用原因为以下几方面：

一是土坯砖建造期较长。土坯砖需使用槽型模具，在模子中夯实定形，然后晾置一个月才能使用。此时的土坯砖不但刚度远大于定形前，在表面还会形成一层硬化的保护膜，更不易被损坏。在晾置成形后，土坯砖用泥浆黏结砌筑成墙体。这与砖墙快速砌筑相比，土坯砖显然耗时更长。由于自 2000 年后，当地居民外出打工者较多，各家在筑屋时大多需雇工人，耗时较长的土坯房显然增加了筑屋的成本。

二是土坯砖所需原料逐渐减少。当地的土坯砖除取用本地生土外，还需加入牛粪、稻草等辅助材料以加强其韧性和强度。但自和顺古镇大规模开发旅游业以来，当地居民大多不再务农，转而以经营旅游服务业或出租房屋为生，家中养牛的越来越少，现在可谓"一粪难求"。

三是土坯砖施工难度较高。在施工过程中，土坯砖需顺丁交替并注意错缝，泥浆填缝时也要加入适量草料（稻草或秸秆），以加强单面墙体内部的整体性；在转角，需采用一顺一丁分皮砌法，加强相邻墙体间的连接；沿高度方向隔一定距离夹用竹筋或木条做"圈梁"，门洞窗口设木质"过梁"，以加强四面墙体间的联系。这样的施工要求显然高于普通青/红砖墙的施工难度，自然增加了施工成本。

四是土坯砖墙的开窗面积受限。土坯砖墙属生土墙面，并不适宜大面积开窗。因此在和顺古宅中，往往外围土坯砖墙开窗很小，临内院的墙面则采用木板墙以大面积开窗，并由此形成"外实内虚"的格局（图5-47）。然而，如今这样的格局使建筑内部采光条件有限，已不被当地百姓所喜爱。当地居民有的是为追求现代生活，有的则意欲建造客栈旅社，在其思维意识下，"改善生活"/"修建客栈"="大面积开窗"="钢混结构+砖墙"。在这样的逻辑模式下，放弃老宅原有的结构与材料模式在所难免。

图5-47　和顺古镇老宅"外实内虚"的格局

五是土坯砖墙较厚，影响了房屋的建筑面积。普通240砖墙抹灰后的厚度一般为270mm，而和顺古镇老宅的土坯砖墙大多厚为400-800mm，这使得在相同宅基地面积下，土坯砖墙砌筑的房屋使用面积明显低于青/红砖墙屋。和顺古镇人烟稠密，加之居民大多欲建/改建客栈，在趋利心理下，房屋面积自然越大越好。

从以上原因可知，虽然土坯价格更便宜，但如今居民新建乃至修葺老屋，均采用普通砖墙。然而，就调节微气候而言，土坯砖墙建筑热工性能较好：夏季，墙体可隔绝室外的热量传入，同时吸收室内环境的热量；冬季，生土维护结构，还可反向室内散热。此外，土坯砖墙作为当地原生的建筑材料，在建、修建和使用的全过程中，对自然环境都无污染，是国内外较热门的原生态建筑材料。而尤为关键的是，古镇老宅的土坯砖建筑显示了浓郁的地域色彩，无疑是当地传统民居极富生命力的精神传承载体，对古镇文脉的延续有着至关重要的作用。因此，当地土坯砖建筑的沿袭有其继续使用的必然性。而在土坯砖建筑建造使用的现实可行性方面，技术人员可以将其作为现代地域建筑和可持续发展建筑设计研究中的一项重要课题，针对古镇现状，在传统做法的基础上辅以现代技术手段，从而使生土这种最原始、最普遍的地方材料重新在古镇焕发生机。

3）屋顶、民居组合方式的改变使新民居"迥"于原风貌

原有的和顺古镇老宅，屋顶是房屋立面构成的一个重要元素，尽管和顺古镇合院民居的屋顶绝大部分是直坡形式，但"响瓦"屋面与筒板瓦的混合使用，让屋面的纹理有了变化，用筒板瓦在檐口和两山处走边的形象更为独特。厢房山墙的山尖处理，有圆弧形、多边形等多种细小的变化（图5-48）。

图5-48　古镇老宅的屋顶轮廓线

然而和顺古镇近几年建造的"新民居"虽然大部分是坡屋顶，但由于施工的标准化和制式化，屋顶轮廓线明显僵直，老宅屋顶许多细腻的处理方法已然不存。此外，由于时代的更迭，宗族意识的变更，原有的两进、三进的大户宅院已然分割为多重小四合院；新民居的建造除保留了"四合"的院落意识外，其余的空间感已迥然无存（图5-49~图5-51、表5-10）。

图 5-49　新建房屋的屋顶轮廓线

图 5-50　2004 年和顺古镇民居屋顶示意图

图 5-51　2018 年和顺古镇民居屋顶示意图

和顺民居建筑群风貌改变列表　　　　　　表 5-10

	传统风貌	不协调现状
建筑结构及布局	以火山石为基底、木构架为骨架、土坯为外墙，以青瓦覆顶 一般呈现为合院式，单层或两层	不按传统模式建造，虽然大多为合院式，但由于建筑体量过大，失去合院空间的和谐美 以全新的材料、结构建造，传统风貌丧失

141

	传统风貌	不协调现状
建筑外观	自底砌筑条石墙基。砌筑不用灰浆，当地称"清水墙"。清水墙以上再往上加土坯。墙体多数用土坯砌筑，外墙先草泥抹灰，干后再以石灰浆粉白；有的富户则在土坯墙面加贴一层薄砖。屋顶纵横错落，天际线和谐而富有变化	用青/红砖代替土坯砖，失去了原有的地缘性特征及独特的艺术效果。建筑屋顶平直无变化，与传统的起山落脉的灵动造型不符
装饰铺装	局部木雕精美，多在门罩、梁枋头、月梁上、外檐下、吊柱、撑拱、牛腿、雀替、门窗、暖阁家堂处	本地工匠式微，使当地独有的建筑装饰风格被外来工艺（如大理剑川等）所取代

对于和顺古镇而言，古镇民居的结构与取材等已不仅仅停留在物质层面上，其质地、肌理、色彩甚至气息与古镇的文化、历史水乳相融，构成了古镇文脉的深层内容。倘若它们被简单、粗暴地更迭与替代，古镇的历史风貌、文脉都会受到极其严重的伤害。如今，这样的伤害已然铸成，实在令人痛惜。但这样的伤害竟然是在古镇居民自发改建、新建中铸成，这同样值得我们深思。诚然，在古镇保护中，任何行为都不应该以破坏文化保护为代价，对于将来的古镇而言，加强管理和监督，避免更大面积的伤害势在必行；然而，我们也要想到，只有究其居民大规模新建、改建房屋的深层根源，并着力解决，使有效保护古镇的同时也能满足古镇居民生活便利、获得经济利益的需求，才能维护古镇良好的保护秩序。否则若一味地"禁止""惩罚"，只能是舍本逐末，收效甚微，古镇的文脉流失同样无法避免。

（2）重点保护民居的"孤岛"式遗留

在 2006 年古镇制定的《和顺古镇保护与发展规划（2006）》中，对 3 个文保单位、68 栋重点保护民居、8 栋宗祠建筑、20 座月台的保护要求是：保持原样，保持建筑的原真性，以求如实反映历史遗迹，对本区内文物点采取保存的方式，对个别构件加以更换和修缮，修旧如旧。保护的重点应是文物古迹的周边环境，特别要加强绿化，同时应拆除违章建筑，整理和恢复原有院落。重点保护类建筑除民居外，应保持其原有使用功能，不可排斥居民的正常使用，但在使用过程中应小心维护。

就笔者 2012 年调研的情况来看，68 栋重点保护民居呈现出大量"空置"遗留的情况。从官方提供的资料显示，直至 2008 年，68 栋民居 97 户居民尚有至少 60% 的居住率，但至 2018 年底笔者调研时发现，这一比率已下降至 16%。通过详询重点保护民居的居民得知，其搬迁的原因大致为以下两点：

首先，与其他非重点民居居民相同的原因。老房子原有的布局已不太适应现代化的生活需求（采光、厨卫设施），居住的村民又限于"保护条例"不能随意改建，于是保留老屋、另住新屋就成了许多居民的最佳选择。在笔者逐栋探访重点保护民居的过程中，发现很多老屋旁（或不远处）的新屋屋主就是老宅原有的居住者（图5-52）。当地虽然针对重点保护民居采取了挂牌保护，依据保护规划规定内容制定保护管理条例等保护措施，但由于保护规划制定的保护条例具体操作性不强，使得居民对房屋的认知仅限于"要保护"，而具体怎样对古民居进行保护、维修、修缮却一无所知。甚至有些居民还告诉笔者："保护就是不动（古民居），不拆嘛。"在这样的认知下，"不动"古宅，另辟新居也就"顺理成章"（图5-53）。

图 5-52　重点保护民居的屋主往往在保护建筑旁另辟新屋居住

其次，由于和顺旅游业逐渐兴旺，除少量特征明显的宅院被政府辟为博物馆外，许多古宅的主人将自己的宅院出租或自营，改造成客栈、酒吧、餐饮等，这样既"保护了"老宅，又获取了收益。这样的宅院不在少数（图5-53）。

此外，虽然3个文保单位的物质保护状况良好，8栋宗祠建筑与20座月台的维护情况尚可，但大部分重点保护民居只能称为被"保留"，维修、修缮情况明显欠佳，许多房屋年久失修，破败不堪。而一些重点保护民居在另辟他用后，屋主采取了"自己认为合理"的改造方法整修房屋，对原有的老屋风貌也产生了一些不利的影响（图5-54）。

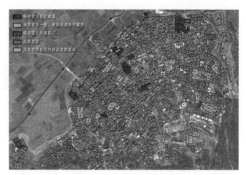

图 5-53　2004 年古镇重点保护民居的使用现状调研　　　图 5-54　2018 年古镇重点保护民居的保存现状调研

　　笔者通过与重点保护民居部分屋主的交谈，得知房屋保护状况欠佳的主要原因是维修的费用问题。一位屋主颇有怨气地向笔者抱怨称："政府发文说要保护这些（房子），发给我们东西（指相关保护管理条例）说这不能做，那不能做，可该怎么做又不告诉我们，我们（住在里面）生活不方便谁管呢？修房子（政府）说一定要找手艺人（懂雕刻的工匠），可这样就老（太）贵了（该屋主所居住四合院约 350m²，小修一下就需要 20 万元左右），这笔钱难道该我们出吗？那我们就不管了，出来住好了，房子空就空着吧。"笔者针对此事向当地保护管理局咨询，当地工作人员也十分无奈，称政府一直想通过物质补贴的方式来维护这些重点保护民居，但财政紧张，这笔资金始终无法到位。

　　作为和顺古镇最具代表性的建筑精华，这些重点保护民居无疑为和顺"极边古镇"的形象做了最好的诠释，体现了百年老镇的古朴和优雅。虽然一部分"编制内"的民居保存状况尚可（比如博物馆、旅游景点等），然而大部分重点保护民居的保护状况显然不容乐观。"编制内"的保护民居包含三类建筑：一是文保单位，二是被划入公立博物馆的重点民居，三是被列为景区景点的重点民居。前两者有国家专款维护修缮，后者则由景区承包者柏联公司负责维修；三者都有门票收益，显然游客也分担了一定的维修成本。而除这三者以外的"编制外"的重点民居则总体沦为无人问津的境地：居民纷纷迁出，房屋空置成为座座"孤岛"；房屋年久失修，有的已摇摇欲坠；有的房屋另辟他用时采用了不适宜的改造方法，房屋内部空间变化较大，古韵消失。此外，从房屋内迁出的居民往往就在附近另辟新居，新居的风格又毫无例外都是前文所提到的"突变式"现代新民居，这对古镇的风貌同样造成了破坏。古镇"编制内"与"编制外"建筑截然不同的保护待遇，以及十分堪忧的保护现况值得我们深思。

诚然，传统建筑及其历史文化遗产保护是个辩证统一的关系。和顺古镇传统民居建筑的修复既要考虑历史文化的延续，也要考虑其有机更新要达到适应性再利用的可操作性，这样才能使古镇民居的生命力实现从形式上的保护到文化内容的延续。但无论如何，粗暴的改造和拆除都是对物质文化遗产不可逆转的破坏行为，这样造成的历史文化损失将无法用价值来衡量。让我们记住英国古建筑保护协会创始人威廉·莫里斯说的话："建筑绝不仅仅属于我们自己，它们曾属于我们的祖先，还将属于我们的子孙。除非我们将之变为假货，或者将之摧毁，它们从任何意义上说都不是我们可以任意处置的对象，我们只不过是后代的托管人而已。"

5.1.3.5　保护管理单位行政级别偏低，缺乏执法力度

1998 年，腾冲县委、县政府提出要走"农业稳县、工业立县、旅游名县、口岸活县、文化强县"之路。腾冲也开始认识到和顺"古镇保护"的旅游经济效益，县政府公布县级文物保护单位 27 处，1998-2000 年拨出 16 万元专款维修，并成立了县文管所，修建用房 10 间，编制 6 人，2002 年拨经费 2 万元。

2006 年，腾冲县成立和顺古镇保护与发展管理委员会，委员会由建设、国土、环保、财政、发改、水务、林业等相关部门及和顺镇政府为成员单位，下设办公室在和顺镇人民政府，具体负责和顺古镇保护与管理日常工作。由此对小镇的管理，形成了"党委、政府 + 小镇管理委员会（公司）"的管理模式。但这样的模式使古镇的管理权分散交叉，呈现出"体制复杂，政出多门"的较为混乱的管理状态。加之古镇保护与发展管理委员会办公室工作人员不具备古镇保护与管理的执法权，对违反和顺古镇保护规划和条例的违法行为只能说服教育，保护管理效果差。因此，在 2010 年 6 月，云南省人大常委会颁布实施《云南省和顺古镇保护条例》后，根据《条例》规定，2011 年 7 月腾冲县和顺古镇保护管理局正式成立，核定行驶行政职能的事业编制 8 名。建立伊始局长由镇长挂名兼职，常务副局长、副局长各一人，其余为工作人员。具体工作则由常务副局长主持。这一体制沿袭至今。保护管理局履行下列职能：

首先是实施规划的执行职能。管理局负责贯彻执行《云南省和顺古镇保护条例》《云南省历史文化名城名镇名村名街保护条例》等相关古镇保护管理的法律法规；组织实施和顺古镇保护规划、详细规划等古镇保护管理的相关实施细则。

其次是维护与准入职能。保护管理局负责维护和顺古镇基础公共设施和文物古迹，组织实施古镇保护性基础设施和环境整治项目；负责古镇的安全和卫生管理，维护社会秩序；负责古镇商业经营活动的管理，加强古镇市场准入监管，合理布局

古镇商业网点；依法征收、管理和使用古镇维护费。

最后是协调与惩罚职能。保护管理局根据市、县人民政府授权，依法集中行使和顺古镇保护管理的部分行政处罚权；负责古镇保护管理的宣传教育、学术研究和对外交流工作；负责组织和协助有关机关挖掘、整理、保护古镇传统文化；协调县、乡（镇）相关职能部门做好古镇保护管理其他相关工作；完成县委、县政府及上级领导机关交办的其他工作。

据笔者现场调研的情况，腾冲县和顺古镇保护管理局为县政府正科级派出机构，现任局长不再由镇长挂职，管理局局长兼镇党委副书记。内设三个股级机构：办公室、保护规划股与法制股。也就是说，保护管理局由原来县政府直接派出的单位降格为和顺镇下属二级单位（党支部为镇二级支部）。仅就行政级别而言，和顺古镇保护管理局的级别过低，这并不利于和顺古镇的保护、维护与管理。此外，据笔者了解，虽然保护管理局内部出台了许多条款想加强对古镇的维护与管理，但由于古镇的门票收益归于企业，保护管理局的管理与维护资金只能依靠上级部门的财政拨款，极度缺乏。保护管理局想在近期内收取古镇维护费用来补贴，但由于古建修缮的资金缺口过大，仍然远远不够。这在一定程度上导致了和顺古镇如今的建筑乱象。此外，就目前笔者调研的情况看来，保护管理局只是有权对古镇的居民进行一定的行为约束和引导，并无管理和介入承包企业（柏联公司）行为的权力，这也使得当地的保护管理工作较难开展。

依笔者看来，原来的管理体制管理条块分割，各自为政的状况突出，确实不利于古镇的保护与管理；但专设的和顺古镇保护管理局过低的行政级别和行政执法权力，杯水车薪的保护、维护费用也使得当地政府对古镇的保护、维护、管理停留在了表面。

5.1.3.6　保护规划无法落实

应该说，当地政府对古镇保护规划的制定较为重视，自 2006 年以来共制定了三项相关的保护规划：《和顺古镇保护与发展规划(2006)》《腾冲县城市总体规划（修编）2006–2025》《腾冲地热火山风景名胜区和顺景区详细规划（2011–2025）》，并于2010 年通过了《云南省和顺古镇保护条例》。尽管如此，从 2000 年至今，古镇面貌仍然发生了令人担忧的变化。制定保护规划的目的是为了更好、更有系统地对古镇进行保护，但就目前看来，古镇制定的各种保护规划并未被很好地落实。规划形同虚设固然有管理、居民自觉性、承包企业等方面原因，然而这与古镇多版保护规划、管理条例自身存在的漏洞不无关系。

（1）规划的衔接不够

　　和顺古镇至今一共制定了三项相关的保护规划，但这些规划在许多关键性内容上并不一致，规划之间缺乏一定的衔接与统一。

　　例如，2006 年制定的《和顺古镇保护与发展规划（2006）》中的核心保护区范围、级别与《腾冲县城市总体规划（修编）2006-2025》中历史文化名城保护规划中的核心保护区范围以及《腾冲地热火山风景名胜区和顺景区详细规划（2011-2025）》不尽一致（图 5-55 ~ 图 5-57）

　　此外，在 2006 制定的《腾冲县城市总体规划（修编）2006-2025》在历史文化名城保护规划中明确提出：和顺古镇外围 100m 范围为风貌协调区，区内不得新建建筑。然而，在同年制定的《和顺古镇保护与发展规划（2006）》中，这一范围属"二级保护区"，保护要求则调整为区内"一般"不应建设新建筑，确需建设的，"其用地应当报请当地主管部门批准，其建筑风格必须与周边建筑相协调"。在《腾冲地热火山风景名胜区和顺景区详细规划（2011-2025）》中，二级保护区的范围再一次被压缩，保护的要求被进一步放宽。当笔者询问当地的保护管理局工作人员具体以哪一版规划作为实施和管理依据时，对方不假思索地回答"都是我们的执法依据"。由这样前后不一致的三版规划同时作为"保护管理的依据"，带给具体操作人员的难度和困惑可想而知，规划执行的贯通性、落实的力度自然会"困难重重"。

　　当然，各版规划内容的不一致与规划制定的委托方意愿及规划制定的背景有着紧密的因果联系。《腾冲县城市总体规划（修编）2006-2025》的委托方为腾冲县城建局，《和顺古镇保

图 5-55　《和顺古镇保护与发展规划》中的保护区及分级
图片来源：腾冲县人民政府，上海同济城市规划设计研究院.腾冲县城总体规划（修编）图集（2006-2025）[G].2006.

图 5-56　《腾冲县城市总体规划（修编）2006-2025》核心保护区范围
图片来源：腾冲县城市建设管理局，云南省城乡规划设计研究院.和顺古镇保护与发展规划图集 [G].2006.

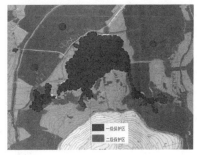

图 5-57　和顺详细规划保护区分级
图片来源：云南省住房和城乡建设厅，云南省城乡规划设计研究院.腾冲地热火山风景名胜区和顺景区详细规划图集（2011-2025）[G].2011.

护与发展规划（2006）》的委托方为和顺镇镇政府，《腾冲地热火山风景名胜区和顺景区详细规划（2011-2025）》的委托方则为云南省住房和城乡建设厅。腾冲县城建局并不直接主管和顺古镇的保护工作，因此在总体规划相关内容中，和顺古镇保护规划只划定了保护区，提出了几点保护要求；《和顺古镇保护与发展规划（2006）》的制定是为和顺申报国家级历史文化名镇的同时"招商引资"，规划也由此命名为"保护与发展"规划；《腾冲地热火山风景名胜区和顺景区详细规划（2011-2025）》则源于腾冲地热火山风景名胜区的整体旅游开发，因此规划更多着眼于景点开发、游线组织。在这样的情况下，一些"不和谐"也就自然产生。只是虽然有诸多"客观因素"，但这样的结果显然不利于古镇的保护与管理。因此，如何使各版规划在各司其职的同时互相贯通、协调统一，以便于当地的实施与管理，是我们规划人员所亟需思考的问题。

（2）规划的滞后性

在和顺古镇的三版规划中，无一不反映了规划的滞后性。据笔者了解，早在2003年10月，柏联集团与腾冲县政府签订了开发和顺景区协议，获得和顺古镇40年经营权，就开始了对和顺旅游资源的开发。至2004年，古镇景区前的"和顺小镇"就已经基本完工。但《腾冲县城市总体规划（修编）2006-2025》仍然在相关内容中提出："和顺古镇外围100m范围为风貌协调区，区内不得新建建筑。"面对已建成的"既成事实"，滞后的规划要求显然是一纸空文。鉴于城市总体规划的权威性，《和顺古镇保护与发展规划（2006）》也沿用了这一规定，只是增加了"确需建设的，其用地应当报请当地主管部门批准，其建筑风格必须与周边建筑相协调"的相关文字，"默认"了"和顺小镇"的合理性。对于规划的制定者而言，默认既定事实也是不得已为之，但面对一些所谓的"既定事实"，我们显然更应该从古镇保护和管理的专业角度出发，有针对性地制定具体可行的规划建议和管理条例，以防止类似"既定事实"再次发生。一味地逃避、默认，显然不是解决古镇保护管理问题的良方。

（3）规划的具体操作性有待加强

虽然三版规划都制定了古镇保护的规划内容，但规划的针对性、实施性不强，可操作性不够。我们国家的历史文化名城保护是从文物保护中生发出来的，在法令制度的设计方面仍有空缺。例如，虽然国家1989年颁布的《城市规划编制办法实施细则》第二十一条规定："各级历史文化名城要做专门的历史文化名城保护规划"，但对于保护规划实施细则的内容编制要求并不具体。

《腾冲县城市总体规划（修编）2006-2025》中关于和顺古镇的保护内容也较为

简单，主要是对新建建筑进行了较为简单的限高要求（统一规定不能超过 12m）、色彩要求（建筑坡顶一律灰黑色，外墙体灰白色），以及划定了古镇外围 100m，保护边界外扩 20m 的风貌协调区，提出风貌不和谐建筑需拆除的保护要求，但对"风貌不和谐建筑"的判定标准和依据并没有加以进一步的说明。

相较而言，《和顺古镇保护与发展规划（2006）》在建筑保护内容中有较为详细的阐述，除文保单位外，划分了重点保护类建筑、保护类建筑、保留建筑、整治建筑、更新建筑 5 个等级。规划要求重点保护类建筑"保持原样，保持建筑的原真性，以求如实反映历史遗迹，对本区内文物点采取保存的方式，对个别构件加以更换和修缮，修旧如旧"；保护民居则"保持原样，以求如实反映历史遗迹，对个别构件加以更换和修缮，修旧如旧，同时拆除违章建筑物，整理和恢复原有院落，加固和修缮建筑"。

《腾冲地热火山风景名胜区和顺景区详细规划（2011-2025）》在保护方面着墨较少，只是增加了一些地块控制引导的图则，规定了软质与硬质界面，对建筑体量、形式、风格要求、建筑色彩等做出了控制。

总的说来，三版规划对于古镇的保护内容十分"规范"，符合各项国家规定及要求，但却不接"地气"。一般文物保护的做法确实是先确定保护区的范围，然后在这个范围内划定分级保护的区域，再以点的形式确定重要的文物、民居，最后以条文来明确一些准则，规定允许和不允许的事项。然而，确定以后怎么维护，如何根据当地特有的情况、居民的需求来制定针对性的保护及管理措施，才是保护规划得以实施的关键。但这些"关键部分"在三版规划中均未体现。由于规划的实施指导措施不够，当地由保护规划衍生而来的《云南和顺古镇保护条例》自然也出现了"难以落实"的窘况。在这一保护条例中，保护措施为第 13 条至第 21 条，除经营内容、使用能源、消防外，最主要的则是"禁止"条例，涵盖了 15 项行为。但当地居民最关心的怎么维修房屋、居民用何种方式改善居住条件、居民分户与房屋居住等条文并未出现。也就是说，《保护条例》只提到了"禁止"做什么，却未曾告知居民怎样做。这也成为古镇的"违法乱建"屡禁不止的成因之一。

此外，传统保护规划中划定分级保护区的做法也会使无节制的建设、开发有机可乘。就和顺古镇而言，自 2006 年保护规划划定了重点保护民居后，保护分级使得当地政府的保护重点落在了"重点民居"上，从规划实施至今，保护措施都是围绕重点保护建筑来展开；而当地百姓对"除重点民居外"的保护民居的拆除改建则无所顾虑。当笔者询问正在拆自家老房子的居民是否知道老屋需要保护时，回答是："我家这屋又没挂牌（重点民居挂牌保护），不需要保护嘛！"这些问题的出现值得规划界反思。

5.1.3.7　原住民问卷调查

本研究采用访谈和半开放式的形式，结合国内外学者的研究经验和成果，根据和顺古镇的实际，选取相关的居民影响感知指标设计了调研问卷，于 2018 年 10 月 20 日至 10 月 30 日随机抽取了和顺乡的 116 名居民进行调研，回收有效问卷为 103 份，反馈率为 89%。

在随机抽取的当地居民中，男性 66 人，占 64.1%；女性 37 人，占 35.9%。年龄分布为 15 ~ 34 岁 6 人，35 ~ 64 岁 72 人，65 岁以上 25 人。职业构成包括个体私营业主（53 人）、旅游企业工作人员（15 人）、公务员（1 人）、农民（28 人）、学生（4 人）、其他职业（2 人）。受教育水平方面，小学及以下 5 人，占 4.9%；初中 42 人，占 40.8%；高中（中专、中技）28 人，占 27.2%；大专 12 人，占 11.7%；本科以上 16 人，占 15.5%。2011 年家庭月收入 700 元以下占 11.22%，701-1500 元占 24.01%，1501-2000 元占 23.52%，2001-3500 元占 26.15%，3500 元以上占 15.10%，其中大部分家庭均从事与旅游相关行业，可见居民及其收入与旅游有着密切的关系。

从调查问卷的结果来看，主要有以下几方面特征：

①当地居民对和顺古镇的旅游开发基本持正面欢迎的态度，反对者仅占 4.5%；

②随着近年和顺旅游业的开发，居民们对古镇的保护、发展状况并不满意，这样的不满意主要体现在"旅游收益分配不公"（占 84.3%），其次为基础设施不够完善（占 5.9%）。

③居民们对自己的居住状况基本满意，占 63.7%；大多数人（78.4%）并不想近期搬迁。不过值得注意的是，回答"满意"的人家基本上（92.3%）都已拆除老屋，建造了新屋或是改建/扩建了原有的老屋；而不满意的人的改造意愿也十分强烈，占 78.1%。

④居民们改动老宅的原因主要有"不适宜居住、面积不够、想出租/经营"等理由。

⑤除重点保护民居的居民外，其余居民绝大多数（93.1%）认为自家老屋没有保护价值，不需要保护。

⑥重点保护民居的居民都愿意对建筑进行保护，但大多数（89.1%）认为应该由政府补贴来对民居进行修缮。少部分居民（10.9%）认为应该完全由政府承担相关费用，没有居民持"自行承担所有维修费用"的观点。

⑦居民愿意付出老宅维修费用的比例依次为：50%（占 38.9%），25%-35%（占 35.8%），10%-20%（占 25.3%）。

5.1.4　小结

古镇保护不是一个抽象的逻辑结构，也不是既定的管理秩序，而是一个动态的实践过程。与其他地区的历史古镇相比较，和顺古镇难能可贵地保持了较为稳定的社区结构，但其面临的保护状况已十分严峻：虽然古镇原有的社区结构尚属完整，但大部分传统民居已经出现了触目惊心的"裂变"；随着经济结构的转变，古镇的整体历史环境、生态环境正在遭受破坏，濒临危机；此外，公司·居民·政府的纠葛不断，体现了古镇保护状况相互冲突与矛盾的多重现实。笔者认为，和顺古镇的保护危机固然有规划缺乏实效、古镇经济结构转型等环境因素，但究其根源，是多方利益群体对古镇的过度使用而造成的古镇保护的"公地悲剧"。

对于和顺古镇的"公地悲剧"，为解决不同主体对利益的追求所形成的冲突，应从制度上着手，建立渐进完善机制和赏罚体系，并制定出不同的政策，引导有关组织和个人采取不同的行动以综合平衡各方利益，在原有的利益格局基础上形成新的利益结构。此外，还应强化道德约束，使其与非中心化的奖惩联系在一起。古镇资源固然要开发旅游以获取价值回报，但和其他资源一样，也需要节俭使用，需要谨慎的管理和有序的保护，如此才能使古镇保护进入良性循环。

5.2　丽江大研古城

5.2.1　大研古城自然环境特征

大研古城位于丽江市西南部城区。丽江市位于青藏高原东南缘，横断山脉东部，滇西北中部。独特的地理区位——川滇藏结合部、西进世界屋脊之门、滇西北中心，使丽江自古就成为西南边陲的重镇。

丽江市以其独特的自然景观、人文景观和深厚的历史文化积淀成为滇西北旅游区和大西南旅游圈的中心地带，是连接迪庆、怒江、大理三地州和西藏、云南、四川三省区旅游的枢纽。20世纪90年代以来，丽江的旅游业得到了迅速发展，目前已成为云南省除昆明为中心的滇中旅游区之外的第二大旅游区。丽江还是大香格里拉旅游区和滇川藏旅游区的腹地以及未来大西南旅游圈的重要支撑地。山谷、河流、盆地（坝子）相间分布，形成了丽江大研古城周边丰富多样的自然景观，这也为大研旅游业的可持续发展奠定了坚实的物质基础（图5-58～图5-60）。

 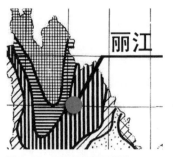 

图 5-58 丽江的旅游区位图

图 5-59 丽江的气候区位图
图片来源：丽江市人民政府.丽江市市志 [M].昆明：云南人民出版社，2005：13.

图 5-60 大研古城"大山水"格局示意图
图片来源：据 Google 地图自绘

5.2.2 大研古城的历史沿革及遗产价值

5.2.2.1 历史沿革

在丽江城区位于狮子山东麓玉河沿岸、面积约 2.7km² 的大研古城，是整个丽江城市建设的根基和精华所在。早在唐宋时期，今丽江古城一带的纳西先民早期自然聚居，已经开始具备了某些古代城市的基本功能。

元代是丽江古城的形成阶段。元代丽江古城的选址合理利用了自然生态环境及地形优势，造就了理想的建城格局。古城四季无寒暑小气候的形成是充分利用自然生态环境的结果。除建城选址外，元代在古城建设上的贡献主要为开挖西河拓展城区和开辟四方街露天集市。

明清两代是丽江古城建设日趋成熟并日臻完善的时期，其主要历史作用集中在几个方面：首先是明代木府即木氏土司官邸的兴建。其次是四方街露天集市的改造和完善，形成以四方街为中心，呈放射状沿中、西两河及其大小支流的体系开辟街巷。最后是清代"改土归流"后流官府的兴建与东河的开辟，形成如今古城"三河分流"的格局，并以水系网络使整个大研古城有了城市空间和建筑生长的依据；形成了主要街道依傍主要河道，小巷民居临支渠，"家家门前流活水"的高原山水城市风貌。据史料记载，清代雍正年间，大研镇已基本发展成形，十分繁华热闹（图 5-61 ～图 5-63）。

图5-61　纳西族迁徙路线图
图片来源：木丽春.丽江古城史话
[M].北京：民族出版社，1997：12.

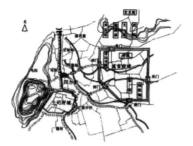

图5-62　四方街、木氏土司府城、清代流官府城位置示意
图片来源：木丽春.丽江古城史话[M].北京：民族出版社，1997：13.

图5-63　明代云南土司设置略图
图片来源：木丽春.丽江古城史话[M].北京：民族出版社，1997：13.

5.2.2.2 遗产价值

（1）古城选址

大研古城的选址充分体现了前瞻性的生态营城观以及对自然环境的巧妙因借。首先，古城选址以山为屏障，避免了城内冬秋两季受来自雪山方向的寒流侵袭，并使夏季季风畅通，从而为古城获取了适宜定居的环境微气候。其次，古城选址地处金沙江江湾腹地、丽江盆地中心，符合"居中而治"的原则，同时交通便利，利于城市发展。最后，古城营城时并未拘泥于营城旧制，而是充分发挥了地区独特的地理优势，以高山险关、大江深谷等自然地理条件作为天然的防卫屏障（图5-64）。

（2）古城理水

"三河分流"的水系是古城的血脉。玉河水在双石桥下一分为三流向古城腹地，中、西、东三河共同构成古城水系的主脉，通过分流形成了密如蛛网的古城水系。中河是原先的自然河，西河和东河是人工河，分别挖掘于元代与清代。每条主河分成无数支流，入墙过屋，穿街绕巷，流遍全城。沿主河凿渠分流保证了古城水系的均匀分布，并巧妙利用了自然水位势差，形成城市的自动供水系统，每家都可

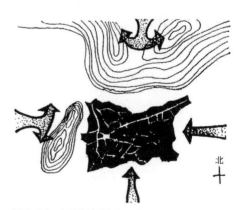

图5-64　大研古城微气候形成示意图
图片来源：丽江纳西族自治县县志编纂委员会.丽江府志略[M].昆明：云南人民出版社，1997：35.

153

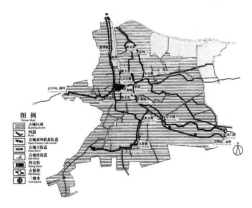

图 5-65 古城水系、街巷构成示意图

图片来源：毛刚．生态视野：西南高海拔山区聚落与建筑
[M]．南京：东南大学出版社，2003：22．

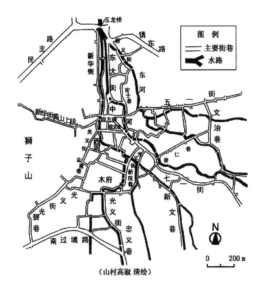

图 5-66 大研古城街巷水系分布图

图片来源：毛刚．生态视野：西南高海拔山区聚落与建筑
[M]．南京：东南大学出版社，2003：22．

以利用循环的活水，非常方便。水流进家入院，成为饮用、消防、景观、生活之用。此外，四方街设有利用水位势能差自动冲街洗垢的排污系统，街面如瓦片般中间地面微微凸起，西边凹下，周围设暗沟；每当收市后，利用西河的落差自流冲洗，这套完整的排污系统保证了生活环境的清洁，令人赞佩。古城居民还采用分时段用水、用沟渠分流排水等办法来保证水源的洁净。同时利用城内涌泉修建的数座"三塘水"，上池饮用，中池洗菜，下池漂衣，反映出古代纳西族人对水资源的合理使用。古城水道尺度适宜，结合绿化种植、小品石阶形成了极具人情化的滨水空间。水使古城充满活力，又平添古城秀色，可以说没有水，古城将魅力减半。

（3）古城格局

丽江古城空间以一种随势自然的方式进行布局划分，以四方街为中心，以新华街、五一街、七一街、新义街、光义街 5 条主要街道为经络的格局，构筑了以古城水网为脉络的主街傍河、小巷临渠的层级式空间网络体系。古城 5 条街道中分布有 30 多条主街和主干巷道、数百条小巷道。以四方街为中心，呈放射状，四通八达，回环连贯；街道路面铺宽、厚 20cm 左右的五花条石。古城结合地形自由布局，房屋就着地势高低组合，形成致密、自由、小尺度、丰富和谐的古城空间。徐霞客在《滇游日记》中曾称赞："居庐骈集，萦城带谷""民房群落，瓦屋栉比"（图 5-65、图 5-66）。

（4）古城纳西民居

古城纳西民居多以"三坊一照壁""四合五天井"式的合院式瓦屋楼房为主，因地形原因，较注重与坡地、水体局部环境的结合。在大研古城，纳西族民居畔水而居，以辅助性设施如厢房、院墙等来灵活调整、平衡标高不同和不规则的地形，因势修造，使院落的空间组合更加自由、自然协调。纳西民居外观规整朴实；从正面看是重檐，从背面看是单檐，从侧面看是马头墙形式；民居中墙身向上收分，在造型处理上着意加强上低下高的趋势，加之深挑出檐的悬山屋面，使其民间造型外拙内秀、玲珑精巧。作为纳西族民居特有的标志"悬鱼"，其形式、大小、花样繁简不下百余种，功能上既有装饰作用（掩盖封檐板处的接缝），又有"吉庆有余"和民居建筑等级、规模的象征作用（图5-67）。

（5）古城文化

丽江大研古城位于滇西北地区的中部，由于地处青藏高原、四川盆地和滇中高原的过渡地带，该地区文化受多元文化交融影响，形成了自己独特的文化印记：

1）东巴文化

东巴文化是以纳西族古老的宗教——东巴教为载体，以东巴教的经书

图5-67 大研古城纳西民居

为主要记录方式而存活于纳西民众中的独特民族文化。东巴教是丽江的本土宗教，它集丽江传统文化之大成，是世界文化史上不可多得的探究原始宗教的珍贵资料。东巴文化包括东巴经、东巴文字、东巴舞、

东巴绘画、东巴音乐、东巴法器、东巴祭祀活动等内容。东巴文化对纳西族影响深远，渗透到纳西社会生活的各个层面。从脱胎于图画、作为东巴文化的文字表征的东巴象形文字上，还可以窥见一些文化图式象征对纳西传统聚落的建构有着不可忽略的意义。有关纳西族象形文字的文献史料反映，纳西人很早就建立了极强的"中央"的空间概念，人类居住在中央，正好位于神鬼、社会之间，通过东巴礼仪可以维系天地平衡。由此看来，位于中心，面朝四方的"中央"意念还是纳西人文化意识中秩序的载体和安定的象征。因此，在大研古城中，四方街始终占据着聚落的核心位置。

纳西族东巴教认为，世间万物由龙主宰，破坏自然、污染环境要受到惩罚，人与自然是亲密的两兄弟。在人们的意识中，自然界的日月天地、山川树石、水火风云等等一切莫不具有神灵。他们认为，人与自然处于一种平衡状态，如果扰乱了与自然的平衡关系，就必须想办法弥补它。这反映出一种朴素的生态理念和人地关系思想。因此，纳西族等各族人民有较强的自然环境保护意识。自古城形成以来，在大研古城，树、水与聚落的共生关系几乎无一例外地普遍存在着。居民对它的自发性保护一直都在进行之中。纳西人视水源为木神灵的家，由此还产生了一套约定俗成的法规来保证水源的清洁。有关保护城市环境景观的民谣、诗词及乡规民约至今仍在纳西人中间流传。

2）民间技艺

大研古城民间技艺历史悠久，主要为造纸、皮革加工、铜银器加工、陶艺和毛纺、竹编技艺等。

纳西族造纸历史悠久，创制于唐朝，距今已有1200多年历史。由丽江纳西少数民族创制，以天然树皮为原料，以手工精心加工而成，工艺完全沿袭唐代的特点。以前多被用来书写东巴经书，所以被称为"东巴纸"。东巴纸被列为中国首批非物质文化遗产名录。

丽江纳西族是氐羌族群的后裔，是游牧民族逐步变为半耕半牧的民族，传承的皮革工艺构成了丽江古城世界文化遗产的重要内容之一。至迟在明代，丽江束河一带已经发展为皮革业加工制作的中心，服务范围发展到滇川藏三省区，是近代大理、迪庆等地重要的皮革创作中心和皮匠聚集区。

丽江铜器历史久远，铜器加工起源于明代中叶，主要制造各种生活生产日用铜皿，有铜盆、铜锅、铜锁等。明代徐霞客来丽江之际，木氏土司以"红毡丽锁"相赠，其中"丽锁"即丽江民间艺人加工的"黄铜挑簧锁"。丽江产银，丽江银匠也是明初由木氏土司从中原内地聘请而来。到民国时期，丽江古城已经有了明确的行业分工，古城中就有银匠巷（纳西语"五堆过"），即今兴文巷。

纳西族古时就使用陶器，烧瓦制陶是纳西人必备的传统技能之一。此外，古代纳西族生活地域无棉，多种大麻，剥皮蒸煮脱胶，手捻为麻线，织成当地人的"培"（麻布）。清代引进手纺车和织机，织成毛毡毯，用植物色素染色。"牛肋巴"又称"藏围腰"，也用于装饰衣服，做被面、背带等。纳西人的编织工艺主要以竹作为原料，其中尖底篮和五眼篮是纳西族最具特色的竹编工艺品。2006年，竹编已被列入丽江市古城区民间文化保护名录。

3）居住理念

丽江在历史上是以农业为基础的，崇尚悠闲自然的生活和安宁舒适的居住理念，这一点从丽江世居民族的住房——四合院即可看出。每年的正月十五，是纳西族人的节日"棒棒会"，是纳西族人为自己的四合院购买花卉等各种植物的时候。纳西族人人际交往非常广泛，平常的生活之中打跳等歌舞场景随处可见。在他们的神话传说中，也多有反映自然、尊崇自然的故事。这些与自然相和谐的生活观、价值观及其行为，恰恰组成了一种独特的文化资源，吸引着喧嚣都市中的人们来体验这宁静的生活。顾彼德在《被遗忘的王国》中曾写道："在丽江，时间的观念和西方的完全不同。在欧洲，尤其在美国，大部分时间花在赚钱上，不是为了维持已够体面的生活，而是为了积累更多的安逸奢华。……他们如此忙碌以致完全没有闲暇。……在上苍赐福的丽江坝，忙得没有时间领略一切美好事物的说法不是实情。人们有时间享受美好的事物，如街上的生意人会停下买卖欣赏一丛玫瑰花，或凝视一会儿清澈的溪流水底。"传统社区所酝酿出来的纳西文化基本上是一个"不喜欢热闹"的文化，到大研镇真正与现代化相接触时，承载这些文化的人也试图继续自得其乐地与自家的亲戚过着与世无争的日子。

古城的布局是在充分利用自然地形、风向、山水以及周围环境的条件下形成的。这种特定结构的产生，使整个城区的布局、景观方面都形成了自己的独特风格。从古城的历史演进历程可以看出，其自元代兴起，至明清繁荣；而其格局及城市发展是在含蓄和渐进中以数百年的时间演变而成。古城的选址在满足政治经济及军事条件的基础上，充分结合了自然生态的环境要素优势；而在它的形成完善过程中，"生态理念"始终贯穿其中。这反映了古代城市化与自然生态环境之间的历史辩证观。

世界文化遗产之一的大研古城以其优美的城市布局以及天人合一的建构理念，如今已成为丽江最有代表性、最富吸引力的旅游胜地之一。

5.2.3 新中国成立至今古城在丽江城市空间发展中的演进及发展历程

5.2.3.1 20世纪90年代以前——居住型的古城

（1）1958年古城规划

丽江古城地处祖国西南边陲，自形成至新中国成立前，发展较为缓慢，以农业、畜牧业为主要产业，作为茶马古道上的重要节点，形成了一定规模的商品交换，人民生活自给自足。新中国成立后，城市建设进入新的时期，随着经济发展、社会进步，城市人口不断增加，加之工业企业的兴建，使古城用地规模严重不足，用地性质混杂，随之带来一系列的城市问题。在道路方面，新中国成立后，因交通、消防的需要，古城一些台阶路面改成可行车的坡道。1977年，玉河中河由玉龙桥下流入卖鸡巷口的河段以水泥板覆盖为暗河，拓宽路面，建起北起玉龙桥广场、南至卖鸡巷长320m、宽17m的街道，称为东大街。以条石路为中心分界，西面属新华街，东面属新义街。

1958年7月，国家建筑工程部规划设计院、省建筑工程厅工作组协助丽江专区、县草拟了丽江县城规划方案。规划方案的核心内容就是明确县城的功能分区，具体为：以古城八一下段机床厂以南为工业区；以古路湾专区大礼堂作为县城中心，其西北面为居住区，西南面为行政办公区；东南的狮子山及东面的象山为风景区。地委专署设在大研镇。

这次规划是新中国成立后丽江县城拟定的第一项总体规划，国家处于经济恢复和调整时期。当时县城建成区主要是古城和周围沿几条过境路的零散用地。规划方案对日后在丽江古城西北面发展新区的建设起了一定的引导作用，但对工业区的选址欠缺考虑，为后来城市发展及古城保护留下了隐患。而且由于"地方民族主义"错案及特殊历史时期，规划方案未能实施（图3-1）。

（2）1983年古城规划

由于1958年规划方案没有得到实施，又经历了漫长的特殊历史时期，丽江县的城市发展比较缓慢，1958年预期的人口和用地规模都没有达到。且在1958-1982年，丽江县城随着人口的增加、城区的扩大、工业和交通运输的不断发展，也相应地带来了一系列的问题。具体如下：

①对旧城及周边环境的保护不够：象山胡乱砍伐树木情况严重，玉泉出水量逐年减少；

②县城用地功能划分及土地利用不合理：工厂、仓库等用地包围古城四周；

③市政公用设施落后，旧城生活污水直接排入河中；

④古城已出现新旧建筑混杂，使古城风貌受到一定程度的损害，玉龙桥东侧新辟街道直穿旧城，有损古城风貌。

为改变城市建设的无序状态，保护自然环境以及古城原有的良好格局，促进城市发展，1983年丽江纳西族自治县规划办公室委托重庆建筑工程学院编制《丽江县城总体规划》。

这一轮的规划编制正值"文革"后全国恢复城市建设的时期，也是国民经济和社会发展的第七个五年计划时期，规划中首次提出了保护古城、保护周围风景名胜区及生态环境的规划原则。

当时考虑到丽江水利资源和农副产品资源丰富，林牧业较为发达，所确定的城市性质为：丽江县城为地、县、镇所在地，是地区的经济、政治、文化中心，也是纳西文化中心；是以农林牧产品加工为主的轻工业城镇；同时，利用丰富的风景资源逐步创造条件成为玉龙山风景旅游区。这一城市性质的确定，突出了丽江在整个地区的重要作用以及民族特性，明确了县城的主导产业，特别是由此可以看出风景旅游业的重要性开始受到丽江城市建设的关注。

规划以保护古城、水系和生态环境为主要任务，在城区限制发展工业尤其是重污染工业；结构保持一镇（大研镇）两点（南口、长水）的形式，并充分利用自然地形、农田、果林等将片、点隔开，以利于生态环境的净化。规划还依据城区用地的布局现状和历史发展特点，确定了城区的主要功能区，并设定从白龙潭起，包括木家宫殿旧址、丽江古城、狮子山、象山、黑龙潭直至清溪水库一片为集中体现丽江古城风貌的景区。

总体来看，1983年城市建设首次提出了"一镇两点"的城市格局，并以农田、树林作为生态隔离以及组团式发展的城市空间概念，开始对丽江县城景区进行系统分级评价，并提出以保护人文景观为契机发展旅游业的设想。但是因为当时县城规模尚小，且新旧城以狮子山相隔的格局已然形成，办公、商业、文体等功能区也初具规模，使规划在疏解古城空间、明确新区功能分区等方面缺乏力度，因而造成人口和城市的主要职能依然集中位于古城及周边；这不但增加了古城的保护压力，也不利于新区的建设以及远期城市空间发展。同时，规划的着眼点限于对中心城区（大研镇）的研究，对区域联系的关注不够。

在之后的数年间，丽江古城中的工业、厂房逐渐向城外南口区搬迁或重建，缓解了工业生产与古城居民生活之间的矛盾，改善了古城景观；城市基础设施条件有所改进，古城的工业废水和生活污水排放得到了控制；古城及周边的旅游景点形成规模，其中玉龙雪山风景名胜区于1988年被定位为国家级风景名胜区。但随着城市发展步伐的加快，新的城市矛盾随之产生和加剧（图5-68、图5-69）。

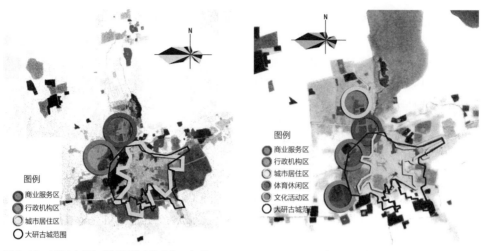

图 5-68　1982 年丽江县城用地功能现状示意图　　　图 5-69　1983 年丽江县城总体规划功能结构示意图

5.2.3.2　20 世纪 90 年代以后至今的古城演进

（1）1991-1995 年丽江古城的城市空间发展

1）1983 年规划后丽江古城城市发展情况及规划应对

1983 年后，古城保护开始引起地方政府的重视。政府采取积极主动的保护措施，编制了古城保护规划，并对古城基础设施建设维护，古城修复项目审批，古城民居、街道、桥梁、水系、古树名木保护，古城环境保护，环境卫生、绿化、市容市貌管理等都做出规定。1985 年始，县城建局每年在城市维护费内安排专款维修古城道路。1987 年，丽江成为国务院颁布的第二批国家级历史文化名城。1988 年政府投资 14 万元维修古城街道、路面 5338m²，整修玉龙桥至新华街双石段旁两旁傍河小道及百岁坊、七一街的沿中河小道。1989 年，古城卖鸡巷居民另择地建房，将卖鸡巷胡同改建为四方街通达东大街的可行车道路。1990 年 4 月丽江当地政府招待了美国及加拿大驻华大使的旅游观光。

1983 年总体规划对丽江县城建设发挥了一定的指导作用，但是几年来，由于丽江经济改革的进一步深化，县城产业结构的调整以及国家对少数民族优惠政策的贯彻，县城的发展速度逐年加快，使得县城发展在几个方面突破了规划的预定设想：

①城市性质发生变化。丽江于 1985 年 7 月被国务院批准为对外开放县；1986 年 12 月被公布为国家级历史文化名城；1988 年 8 月被定为国家重点风景名胜区，成为全国少有的"三位一体"的县城，旅游业将成为丽江地区经济发展的主要优势之一，

城市性质发生了较大的改变。1989年3月，美国广播电视网用一周的最佳时间，向全国播放了丽江纳西古乐。丽江的旅游知名度开始上升。

②城市发展方向改变。1983年城市总体规划确定的城市发展方向是向西北发展，5年来随着东干河小区的开发，城市实际是向西发展。

③城市发展突破原有的设想规模。一是人口规模突破。1983版总体规划确定的县城近期（1990年）为37501人（非农人口），人口的自然增长率为6‰，机械增长率为10‰；但由于这5年期间，国家对少数民族实行优惠政策，容许生两胎，自然增长率实际上在16‰左右。且随着经济改革的深化，一批人从事第二、三产业，机械增长率在20‰左右。所以1990年末城市非农人口为41693人，突破了原来的设想规模。二是用地规模突破。1990年末城市建城区面积为6.17km^2，突破了原规划确定的3.97km^{2}的用地规模。

④城市经济发展速度加快。"八五"期末，随着广（广通）大（大理）铁路的通车，丽江七河二级机场的通航，以及远景滇藏公路的修建，丽江的经济发展将有一个大的飞跃。

此外，经过几年的建设，丽江古城的保护与发展问题有些得到了缓解，有些则继续加重，还有一些新问题开始出现，具体如下：

①仍存在对古城及周围环境保护不够的问题；

②古城水系污染严重，狮子山绿地被大面积侵占；

③仍有一些工业分散于城区（特别是古城）中，严重影响环境；

④古城周边开始出现高层建筑，与古城风貌不协调且遮挡景观视线；

⑤当时城市道路存在问题比较多，主要体现在布局混乱，无系统；等级低，功能划分不明。

因此，由于城市性质、规模和城市发展方向等城市空间发展的重大问题以及众多古城保护问题的出现，1991年，丽江县城乡建设环境保护局委托云南省城乡规划设计研究院对丽江县城总体规划进行修编。

规划充分认识并突出强调了县城在整个地区定位的变化以及自身主导产业的变化，将城市性质定义为国家级的历史文化名城，玉龙雪山风景名胜区主景之一，地区行署驻地，发展中的旅游城镇（市），从而首次明确提出旅游业在丽江未来发展中举足轻重的地位。这对规划丽江的产业布局、用地布局以及确定反映丽江特殊性的各项指标有重要意义。这一版规划从实际出发，将1983版规划所确定的向西北方向发展调整为向西发展，便于集中发展、节约用地；远期再向西北方向拓展发展空间。规划强调中心区除作为县城的中心、地区行署、县政府驻地，地、县的行政、金融、商业、文化、科研中心外，还是历史文化名城的主体。

此外，为了更充分地体现城区扇型布局的特点，规划对1983版总体规划的道路结构做了较大调整，新区道路围绕"古城、狮子山"扇形展开，以烘托古城，狮子山作为全城制高点。采用方格网道路系统延展，古城四周开辟环路，分别为新街（一号路）西安街和镇乐路，以利于对其保护；新区与古城的过渡地段，建筑层数严格控制，不得高于狮子山；古城四周开辟环路，以利于古城的完整保护。对新区主要节点与玉龙雪山间的景观视线进行了严格的控制，这样就使反映丽江县城特点的古城、狮子山、象山、金虹山、玉龙雪山更加突出，体现丽江别于其他城市的个性。

1991年总体规划修编还规划丽鸣作为县城北部与宁蒗的联系道路，丽江七河二级机场开始兴建。至此，交通系统的完善为古城的旅游业开发注入了发展动力。

1991年总体规划修编由于没有经过批复，不具备相应的法律效力；但作为1983版至1995版之间的过渡，发挥了一定的承上启下的作用：它已开始认识到并强调了古城保护和发展旅游业的重要意义，及时调整了城市性质，首次将丽江县城性质定位为旅游城镇（市），这与几年间丽江被定为"三位一体"的县城、古城保护与旅游业的重要性被提升是分不开的，同时标志着丽江至此开始步入旅游城市的行列。

但与1983版规划所存在的缺陷一样，在城区的布局方面，1991年城市建设仍基本延续了城区原有格局；在旅游发展的需要方面，仅只增设民族文化区和制定以古城为中心的郊区旅游线路。而随着人口及用地规模的日趋扩大，城市主要功能设施的需求量也相应扩大，仅在原有位置扩建恐怕不能满足使用要求，因此规划在用地布局方面给后来的城市发展留下了诸多制约因素。特别是对外交通用地距离古城太近，没有考虑到过境交通穿城带来的诸多城市问题，这使一个长期的发展规划过于迁就现状，在解决城市发展中的矛盾方面力度不足，导致规划不能与城市的快速发展相适应。当然，这样的局限性与丽江当时的社会经济条件也有一定的关联（图5-70）。

2）1995年丽江古城城市发展情况及规划应对

1993年4月丽江地区旅游事业管理委员会正式挂牌。1994年云南省人民政府在丽江召开了

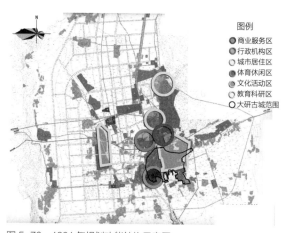

图例
● 商业服务区
● 行政机构区
○ 城市居住区
● 体育休闲区
文化活动区
○ 教育科研区
○ 大研古城范围

图5-70　1991年规划功能结构示意图

滇西北旅游规划会议，丽江地委、行署正式提出"旅游带动"的发展战略。1995 年 10 月，国务院领导到丽江视察，作出丽江应大力发展旅游业的指示。

1995 年规划所处的社会经济背景是党的十二大明确提出建设社会主义市场经济，就丽江本身而言则是：自 1991 年规划至 1995 年的短短 4 年间，丽江古城及玉龙雪山风景名胜区的旅游发展突飞猛进，导致丽江产业结构转变，由以农牧产品加工为主的产业结构转变为以旅游业带动其他产业的发展。丽江发展旅游的意识进一步增强，机场、公路、景区等建设逐项启动；与此同时，古城建设也出现了许多问题与矛盾：

①对古城及周围环境保护不够，古城水系污染严重，古城中违章建筑严重（存在屋顶、色彩、层高等方面问题），狮子山绿地大面积被侵占，新区建设忽视古城景观与自然景观；

②城市发展方向不够明确，远景期向东发展，诱导近期建设大量向古城南部和东部发展；

③古城对外交通系统有待进一步改善；

④县城区的用地功能划分仍存在问题，居住、办公、古城用地与工业仓储用地混杂，危险品和环境污染是城区的主要灾源。

这些现状问题的出现说明了县城长期以来存在的一些问题在 1983-1994 年的 10 余年间并未得到根治，同时发展旅游业和保护古城周边环境之间的矛盾也开始显现。为此，丽江建设局再次委托云南省城乡规划设计研究院修编丽江县城总体规划。

规划以进一步强化对古城的宏观保护、完善城市结构、功能及结合自然地貌深化用地布局调整为原则，确定的城市性质为：以雪山、古城、东巴文化为特征的国家级历史文化名城，国家级玉龙雪山风景名胜区主景区之一，地区政治经济文化中心，发展中的滇西北高原重点旅游城市。确定丽江城区向西或西北方向发展，南口工业仓储区集中在南部南口五台山脚下，甘海子旅游度假区集中在玉龙雪山东山脚下。城市规划布局结构为组团式三片（城区、南口工业仓储片区和甘海子旅游度假区）。片区之间为农业经济开发区（南部）、林地（北部）绿色空间相隔。大研古城属于城区。

1995 年不但在城市规模（人口及用地规模）方面较前几次规划有了较大的突破，而且在城市用地布局的调整上也较为大胆，规划将城市中心（核心区）向西迁移，既能带动城市向西发展，又有空间扩大公共服务设施的用地规模，也可逐步将原来紧靠古城的各大功能区置换出来，降低等级或赋予其新的职能，缓解了其对古城的压力以及对古城保护的不利影响。此外，古城北侧狮子山西至黑龙潭公园的整治，使狮子山作为景观点和观景点的地位更加突出；继续将污染工业从古城以及古城风貌协调区中迁出或进行土地置换，改善了古城环境，促进了古城的整体保护；将过境路南移也缓解了过境交通对古城环境的影响并提高了公路运力，重塑了城区南入口的形象。

但是，在城市规模及城市发展方向上，根据丽江近年来城市建设用地的实际增量并对照2006年建城区用地现状可知，1995年预测的城市发展规模远远超出了城市的实际发展水平，城区现状也充分证实了城市的发展情况并未达到预期的设想，城市功能核心向西迁移的构想没能实现。1995-2003年，城市以向北发展为主，且新增城市用地以居住用地为主，对各项公共服务设施的投入明显不足。这说明1995版规划过于超前的城市定位使之并未能够很好地指导城市发展。此外，1995年城市布局以及相应的路网布置又过于刻板和程式化，打破了原有的城市肌理，使新区缺乏特色，未能体现城市与自然的和谐统一（图5-71、图5-72）。

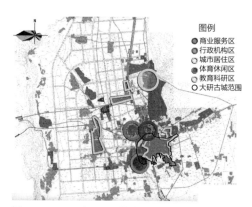

图 5-71　1994年丽江县城功能现状示意图

图 5-72　1995年丽江县城功能结构规划示意图

（2）1996-2022年丽江古城的城市空间发展

1）1996-2002年丽江古城城市发展情况及规划应对

1996年丽江遭受了7级大地震，通过国内外媒体对其地震情况的相关报道，丽江丰富的旅游资源得以宣传，丽江的国内、国际知名度也得到了进一步的提高；在大灾之年，丽江接待旅游人数突破了百万人次大关。1997年12月，丽江古城成功申报为联合国世界历史文化遗产，成为云南省内最有吸引力和最具发展前景的旅游目的地和精品旅游线路。1999年昆明世博会，丽江的旅游业再次突破年游客量172.8万人次，综合收入增加到9.47亿元。2001年10月，丽江被评为全国文明风景旅游区示范点；2002 年，丽江荣登"中国最令人向往的 10 个小城市"行列。自此丽江县政府明确提出了"旅游先导"的经济发展战略。2002 年丽江旅游总产值占 GOP 的 22%，占财政收入的 1/3，旅游业作为丽江支柱产业的地位已经突显。

2002 年丽江县政府委托法国 PBA 国际有限公司、上海同济城市规划设计研究院和同济大学历史文化名城研究中心进行了"丽江城市发展战略"的国际咨询。这些规划咨询成果均体现了类似的积极发展理念：古城与新城之间的生态绿地隔离，主城区外围留设田园风光带；有限度地紧凑发展主城区，城市发展主要朝西北向发展，周边因循就势灵活发展城市组团等；概念规划的国际咨询为丽江城市发展模式的选择奠定了基础，但令人遗憾的是，丽江政府最后确定的调整方案中并未充分体现原有方案的特色。

2）2003-2006 年丽江城市发展问题及总体规划争议

1996-2003 年，丽江城区中相继出现许多以"规划滞后"为由与规划相悖的建设行为，首先是选址在规划建设用地以外或与规划的用地性质不符，其次是一次性大规模批租土地使城市建设用地的规模激增。另一方面，人们越来越意识到旅游业在丽江的显著地位，纷纷打起"旅游牌"，使得旅游项目的开发呈盲目性。这样的盲目建设结果是城市框架不断拉大，土地集约化的水平开始偏低，形成了以外延扩大为主的用地方式，使土地价值不能充分体现，并且还为城市将来的用地调整、空间拓展设置了障碍。这也导致丽江的城市建设出现了诸多问题，并由此影响了古城的保护与发展：

①古城外长水路承受着城市对外交通联系、生活服务和旅游观光等多种功能的叠加，加之古城周边次级机动车疏散通道和静态交通用地的匮乏，导致这一带交通混乱；

②近年来围绕古城及主要景点的建设项目与疏导建设、保护古城的规划原则相悖；

③1995 版规划中提出的新城拓开发展、转移城市中心的策略并未成功实施。新城虽在古城一侧发展，但紧靠古城，城市中心仍以古城为核心。城市经济的快速增长和旅游人数日益增多使古城不堪重负；

④一些过度或畸形的旅游开发对古城及周边玉龙雪山等风景名胜区产生了不小的负面影响，表现在自然环境恶化、古城社会空间格局改变等方面。

2002 年 12 月经国务院批准，原云南省丽江地区撤地设市，丽江市行政辖区下辖一区四县：古城区、玉龙县、宁蒗县、永胜县、华坪县。行政区划的调整无疑极大地改变了丽江的投资环境，拓展了城市发展渠道；但另一方面随着丽江古城知名度的提高、对外交通条件的改善、旅游业的飞速发展，又使丽江古城本已接近饱和的生态容量面临更大的压力。

2003 年丽江城市规划与建设委员会委托中国城市规划设计研究院（简称"中规院"）对原《丽江县城市总体规划（1995–2010）》进行修编。而在 2003–2004 年，中规院与丽江当地政府的城市发展观念存在较大的分歧，其争论的焦点集中在三方面：城市的发展方向问题、城市人口规模与城市化问题、产业发展问题。

在国家建设部、云南省建设厅的干预调节下，省建设厅最终对丽江城市发展方向调整为：控制向北发展，以古城区主路为界，道路以西及西南作为城市主要发展方向，道路以东及东南（即古城的东、东南方向）控制发展，对古城的正南面控制发展，其人口规模及用地规模可略微放宽。而国土资源部则对丽江城市人口及建设用地规模建议 2020 年规划建成区用地规模控制在 25km^2 以内，古城区的正南面应划定为基本农田保护区，古城区的西南面要严格控制开发建设用地。

在争议发生的 2003–2004 年，丽江的城市资源背景发生了进一步的变化。首先是 2003 年 7 月，滇西北地区的"三江并流"被列入《世界自然遗产名录》；2003 年 9 月，联合国教科文组织世界记忆工程咨询委员会将东巴古籍文献列入《世界记忆遗产名录》，并确定 2005 年在丽江召开第七次大会。2004 年，丽江拉市海高原湿地被国际《湿地公约》秘书处批准为国际重要湿地并向世界公布。在"三遗产"的桂冠下，丽江旅游业快速发展，城市规模扩展的速度十分惊人：至 2004 年底，建城区面积已达 14.70km^2。此外，玉龙新县城的建设已经展开，这位于古城南面距丽江主城区仅 3km 的新县城规划面积达到了 10km^2，打破了坝区原有的城镇空间格局，在总规之前的如此"超前建设"令人遗憾。

2004–2005 年初，丽江市人民政府重新委托云南省城乡规划设计研究院进行丽江总体规划的修编工作，最终于 2006 年 8 月正式报批通过成为法定性文件。

此次规划将城市性质定义为：以世界遗产为依托的国际旅游城市；具有鲜明地方民族特色，融"山水田城"为一体的国家历史文化名城；丽江市政治中心，滇西北重要的经济、文化、交通、信息中心。主城区（大研中心城区）以古城为中心，向西、西北、西南三个方向发展；在 32m 过境路以东地段集中发展新团片区；玉龙县城向东西两向发展。规划期末城市总建设用地规模为 29.8km^2，城区建设用地为 25km^2。而城区总体规划的结构布局定为"双轴多中心"，其中双轴为纵轴（香格里拉大道）、横轴（福慧路）；多中心则意为城区共形成一个城市中心区（古城中心）和两个城市次中心（祥和次中心及荣华次中心）。

至 2006 年，2004 版省规院总规通过报批评审，对丽江市城市总体规划的纷争终于尘埃落定。争议的产生无疑有各种主客观诱发因素，但由于"总规不能定案，下级规划也不能定"，这旷日持久的"总体规划之争"最终影响、延误了大研古城的专题保护规划以及城市其他相关专业规划的制定、报批与实施。

3）2006-2022年丽江古城城市空间发展

2004版的城市总体规划实施以来，丽江城市发展方向按照规划控制，古城缓冲区以东保持了不少于2.5km宽的田园地带，与古城核心区保持了约3.5km以上的距离。至2011年，随着大丽高速、丽攀铁路等对外交通（包括公路、铁路和航空）重大基础设施的完善，城区经济迅速发展，城区用地规模也在不断向外扩大，飞快的城区发展速度使古城保护面临许多问题：部分建筑体量过大，建筑风格在文脉、尺度和肌理上与古城脱节等，对古城保护造成了威胁。

此外，随着经济社会的快速发展和私人小汽车的迅速普及，近年来丽江主城区交通量持续激增，由于长期以来主城区的道路骨架和道路比例及功能布局不尽合理，引发古城附近（尤其是主入口处）交通拥堵现象十分严重。

丽江城市的大部分城市职能如行政办公、文化娱乐、商业服务等主要集中在主城区，外围组团功能相对单一，缺少自身特色与产业发展动力，使得外围片区（玉龙、拉市、甘海子、七河）对主城区的功能依赖日益加强。具体体现为主城区发展较快，向外扩张的需求强烈，但发展空间受到田园风光带、城市快速路等阻隔而显得局促狭小，从而出现主城区局部高强度开发与整体低效土地利用并存，主城区与外围片区之间沿交通干道蔓延发展等问题。

根据2008年颁布实施的新《中华人民共和国城乡规划法》及住房和城乡建设部《城市规划编制办法》，为更好地处理古城遗产保护与发展的关系，调整、优化现有的城市用地和空间格局，2012年丽江市人民政府委托云南省城乡规划设计研究院制定了新版《丽江城市总体规划》。规划将丽江城市性质确定为：世界遗产地，国家历史文化名城，滇西北中心城市，具有鲜明地方民族特色，融"山、水、田、城、村"为一体的精品旅游城市。规划将丽江市划为"一核四环五区"的功能结构分区。其中，"一核"为世界文化遗产大研古城；"四环"即指以丽江古城为中心形成的四个环状功能区——第一环：世界文化遗产丽江古城保护缓冲区；第二环：城市基本功能区；第三环：城市田园风光带；第四环：城市环山民俗文化生态带。"五区"则指玉龙雪山省级旅游开发区、拉市海民俗文化旅游休闲度假区、古城国际空港经济区、玉龙南口工业园区、金山高新技术产业经济园区。规划将古城片区单独定义为丽江世界文化遗产保护的核心部分，以保护原有建筑群体形态、城市空间格局和生活模式为主，适当发展旅游业。

图 5-73　2022 年丽江城市空间及山水关系
图片来源：Bigmap GIS Office.[EB/OL].http://www.bigemap.com/.

2022 年丽江市自然资源与规划局制定了《丽江市国土空间总体规划（2021-2035 年）》，明确丽江的发展定位是世界文化旅游名城、乡村振兴示范区和长江上游重要生态安全屏障。规划确定丽江的城市性质是世界遗产地、国家历史文化名城，滇西北区域中心城市，具有鲜明地方民族特色的高原山水花园城市。针对中心城区，规划打造组团发展的中心城区空间结构；确立北部以雪山保护为主、中部以城镇聚集发展为主、南侧以空港门户展示为主的三段空间；严控中心城区尤其是历史文化街区周边用地开发强度，科学引导城市功能向中心城区外围的新团、空港片区疏散，提升西山片区品质，与玉龙中心城区一体化发展；严格保护田园风光带，结合水系、山体梳理绿地系统，打造城市生态走廊和绿肺，形成"城在田园中"的生态格局。然而自 2020 年丽江观光火车建设以来，主城区与外围片区（玉龙、拉市、甘海子、七河）之间的田园风光带开始被各类旅游房地产项目逐步侵占，原有的古城田园风光已然受到威胁（图 5-73）。

5.2.3.3　小结

城市发展是一个生长的过程。城市空间发展是城市发展的主要体现，是一定历史时期城市空间的变动过程，并在不同的历史阶段呈现出不同的状态和特征。作为城市整体中的核心，丽江大研古城也随着城市的发展变化而不断演进。1958-2022 年，丽江的城市空间发展及古城演进呈现出如下特征：

（1）20 世纪 90 年代初以前——"古城即中心"

丽江古城地处滇、川、藏交界处，自古以来就是交通要冲，茶马古道和丝绸之路上的重镇。丽江古城是为了方便古城居民及周边地区人们的生活而提供商品交易的场所。丽江市区是以古城为基础发展起来的，直至 20 世纪 90 年代初，古城仍是丽江人生活和居住的场所与核心。

20 世纪 50-80 年代，就社会经济情况而言，丽江以农林牧为主要产业，产业结构呈"一三二"的结构形态，产业占据了主导地位。就城市格局而言，大研古城无疑为丽江城市的主体，行政中心位于古城内，占据了城区的核心位置；城市建设主要围绕大研古城周边呈"漫溢式"发展，发展速度极其缓慢，基本呈自发状态。在这一时期，大研古城承担了城市的主要功能如行政、商业、居住、医疗乃至工业等。这一时期的新建建筑大多从建筑形式、体量、色彩等方面传承了传统民居的特点，从街巷特色、水系桥梁等方面延续了古城的空间特色；同时期还沿古城边缘建设了一些厂房建筑，这些厂房建筑就是这一时期主要的不和谐物，其巨大的体量破坏了古城风貌的完整与和谐。

80 年代后，对大研古城的保护开始引起地方政府的重视。1983 年城市建设开始明确将新城脱离古城发展，并以新大街、民主路作为城市的主要中心区，使城市呈扇形扩张。1985 年始，丽江县城建局每年在城市维护费内安排专款维修古城道路。1986 年，丽江成为国务院颁布的第二批国家级历史文化名城。自此，古城的地位及其旅游功能日益突出。

1991-1995 年延续了这样的城市空间扇形模式，但由于城市发展较慢，古城无疑仍为城市的中心。在这 5 年间，丽江的旅游业进入发展的起步阶段，人们开始重新审视古城的价值。1991 年丽江城市性质首次确定为旅游城市，于城市主干道与西安街交叉口开始形成商业、金融、行政、办公、文化娱乐为一体的城市中心，新大街与人民电影院的道路交叉口则为县城的商业服务区。至此，古城周边的旅游商业服务网点开始形成体系。1952 年至今，丽江市三次产业结构发展经历了六次演变，从1952 年的"一、三、二"到 1993 年的"一、二、三"，再到 1999 年的"一、三、二"，再到 2001 年的"三、一、二"，再到 2003 年的"三、二、一"，再到 2011 年的"二、三、一"，再到 2015 年的"三、二、一"，三次产业结构得到较大优化。以 2000 年为分界点，2000 年及之前是第一产业占比最大，一直处于主导地位，2000 年以后，第一产业的比重逐渐下降，第二、第三产业交替代替第一产业，成为丽江市 GDP 增长的主要来源（表 5-11）。1996 年大地震后，政府将震后恢复重修与全面整治、改造古城基础设施相结合，投入 4 亿多元进行古城修复，同时拆除了不协调的建筑，通过旅游业发展带动了古城的保护。在这一时期，丽江新区开始在古城外围发展，古城内的行政、工业、医院等功能区逐步迁出，城市中心开始偏移，但古城仍处于城市中心位置。同时，旅游业态开始进驻古城，发展旅游业与保护古城、保护环境的问题开始显现（图5-74 ~ 图 5-76）。

丽江三次产业结构演变及其类型（按1990年可比价） 表 5-11

年份	三次产业从业人员比重	GDP 产值比重	三次产业 GDP 结构类型
1952	96.9 ：1.0 ：2.1	73.5 ：11.2 ：15.3	一、三、二
1965	86.8 ：4.7 ：8.5	63.9 ：14.2 ：21.9	一、三、二
1978	82.2 ：6.5 ：11.3	56.0 ：16.0 ：28.0	一、三、二
1980	85.6 ：5.8 ：8.6	56.1 ：16.0 ：27.9	一、三、二
1985	81.4 ：5.4 ：13.2	53.5 ：17.3 ：29.2	一、三、二
1990	80.4 ：5.7 ：13.9	49.9 ：22.2 ：27.9	一、三、二
1991	80.3 ：7.3 ：12.4	49.9 ：22.7 ：27.4	一、三、二
1992	79.9 ：7.7 ：12.4	48.1 ：24.6 ：27.3	一、三、二
1993	80.0：7.7：12.3	47.6 ：29.1 ：23.3	一、二、三
1994	79.3 ：7.7 ：13.0	44.9 ：28.9 ：26.2	一、二、三
1995	78.5 ：7.3 ：14.2	44.9 ：29.9 ：25.2	一、二、三
1996	75.6 ：7.0 ：17.4	42.0 ：33.1 ：24.9	一、二、三
1997	73.6 ：7.9 ：18.5	39.7 ：34.3 ：26.0	一、二、三
1998	73.1 ：7.7 ：19.2	37.9 ：32.3 ：29.8	一、二、三
1999	72.6 ：7.4 ：20.0	36.9 ：29.9 ：33.2	一、三、二
2000	71.2 ：7.1 ：21.7	35.3 ：30.3 ：34.4	一、三、二
2001	71.0 ：7.5 ：21.5	34.6 ：28.8 ：36.6	三、一、二
2002	75.1 ：7.9 ：17.0	28.0 ：25.5 ：46.5	三、一、二
2003	75.5 ：7.4 ：17.1	26.2 ：29.9 ：43.9	三、二、一
2004	74.7 ：12.0 ：13.3	25.0 ：26.1 ：48.9	三、二、一
2005	68.6 ：9.4 ：22.0	23.8 ：27.9 ：48.3	三、二、一
2006	71.6 ：8.2 ：20.2	22.0 ：31.3 ：46.7	三、二、一
2007	71.4 ：7.6 ：21.0	21.8 ：33.0 ：45.2	三、二、一
2008	68.5 ：9.4 ：22.1	20.6 ：34.8 ：44.6	三、二、一
2009	65.9 ：10.7 ：23.4	19.1 ：36.6 ：44.3	三、二、一
2010	63.9 ：11.5 ：24.6	18.1 ：38.3 ：43.6	三、二、一
2011	63.2 ：11.5 ：25.3	17.1 ：41.7 ：41.2	二、三、一
2012	—	17.2 ：42.3 ：40.5	二、三、一

年份	三次产业从业人员比重	GDP 产值比重	三次产业 GDP 结构类型
2013	—	16.5：45.3：38.2	二、三、一
2014	—	16.9：43.1：40.0	二、三、一
2015	—	15.4：39.9：44.7	三、二、一
2016	—	15.3：39.1：45.6	三、二、一
2017	—	14.6：40.4：45.0	三、二、一
2018	—	15.0：39.3：45.7	三、二、一
2019	—	20.0：37.8：42.2	三、二、一
2020	51.1：10.2：38.7	15.1：32.3：52.6	三、二、一
2021	47.2：13.3：39.5	14.4：34.1：51.5	三、二、一
2022	—	13.9：36.2：49.9	三、二、一

图 5-74 1958 年古城用地功能——综合型城市功能（为城市主体）

图 5-75 1984 年古城用地功能——综合型城市功能（为城市中心）

图 5-76 1994 年古城用地功能——行政、医院迁出，以居住为主（仍位于城市中心）

（2）20 世纪 90 年代末至今——"古城不再为城市中心，功能变为'历史遗产＋旅游区'"

正如联合国教科文组织官员理查德所言，丽江的经济繁荣在很大程度上归功于当地自 1997 年被列为世界文化遗产以来旅游业的发展。随着丽江被列入《世界文化遗产名录》，成为全国首批世界文化遗产城市，当地旅游业呈井喷式发展。"城市发展是社会发展的客观规律。"随着旅游业的蓬勃发展和对丽江古城深层次的开发，古城的城市生活功能逐渐发生了转变。

　　至 2001 年，丽江三次产业 GDP 的比重为"三一二"型，第三产业上升到了第一位，旅游业成为城市的主导产业，其主导地位一直延续至今。2003-2009 年，丽江市的国内生产总值由 43 亿元增长到 117 亿元。据统计，"八五"末的 1995 年，当时丽江共接待海内外游客 70 万人次，旅游综合收入 1.6 亿元，旅游饭店 8 家、旅行社 9 家。"九五"末的 2000 年全市共接待海内外游客 258 万人次，旅游综合收入 13.4 亿元，旅游饭店 65 家、旅行社 31 家，分别是 1995 年的 3.69 倍、8.4 倍、8.13 倍和 3.4 倍。2007 年有旅行社 25 家，其中有 8 家国际旅行社；全市有 6 家旅游汽车公司、525 辆旅游车；有 29 家旅游购物会员商店；有 22 个旅游景区（点），其中国家 5A 级 1 个、4A 级 3 个、3A 级 4 个、2A 级 5 个。全市直接从事旅游业的人员约 4 万人，间接从事旅游业的超过 10 万人。取得上岗资格的旅行社从业人员 524 人。

　　"1992 年以前，丽江没有一家合格的旅游宾馆、一辆旅游汽车。"1997 年 12 月，丽江第一家五星级酒店官房大酒店建成。1998 年底，丽江共有各类宾馆 40 家、3900 个标间、8000 张床位；发展到 2007 年，全市已有星级酒店 194 家，其中一星级 52 家、二星级 77 家、三星级 48 家、四星级 13 家、五星级 4 家，星级酒店标准床位 12115 张。

丽江近年社会经济发展情况一览　　　　　　　　　　　　　　表 5-12

年份	国内生产总值（万元）	第一产业（万元）	第二产业（万元）	第三产业（万元）
2010	1 435 885	260 235	550 462	625 188
2011	1 785 015	304 899	743 924	736 192
2012	2 122 389	366 102	897 392	858 895
2013	2 488 114	399 616	1 126 893	961 605
2014	2 696 843	428 900	1 076 244	1 191 699
2015	2 896 117	445 742	1 152 019	1 298 356
2016	3 101 400	473 440	1 207 494	1 420 466
2017	3 247 179	490 423	1 230 851	1 525 905
2018	4 215 603	527 664	1 256 932	2 431 007
2019	4 725 113	642 342	1 499 992	2 582 779
2020	5 131 333	779 542	1 668 326	2 683 465
2021	5 704 884	822 460	1 945 171	2 937 253
2022	6 201 000	864 500	2 245 000	3 091 600

从以上数据可以看出，自 1995 年以来，丽江经济有了巨大发展，旅游业也有了巨大进步，但其经济过度依赖旅游，2009 年，旅游占国民生产总值高达 75.5%，超过 7 成经济依靠旅游（表 5–12）。

当然，旅游业给居住在文化遗产地及附近地区的人们带来了无可比拟的经济发展机遇。2002 年古城区的国内生产总值为 105460 万元，其中第一产业 11364 万元，占总产值的 10.8%，第二产业 30167 万元，占 28.6%，第三产业 63929 万元，占 60.6%。社会消费品零售总额 45867.1 万元，人均国内生产总值已达 892 美元，约为全市平均水平的 2.2 倍，已接近全国的平均水平。农民人均纯收入达 1625 元，城镇居民可支配收入达 7005 元，城镇居民人均住房面积达 29m²，城镇化率达 44.2%，人们生活总体上基本达到小康水平。2005 年古城区人均 GDP 比全国平均水平多 58 元；2006 年古城区人均 GDP 约为丽江市平均水平的 2.69 倍，人们生活总体上基本达到小康水平（表 5–13）。

丽江市历年接待游客量和旅游收入　　　　　　　表 5-13

项目\年份	旅游人数（万人次）			旅游收入		
	国内游客	国际游客	总人次	国内收入（亿元）	外汇收入（万美元）	总收入（亿元）
2005	385.95	18.28	404.23	34.47	4 931.88	38.58
2006	429.22	30.87	460.09	38.94	8 821.21	46.29
2007	490.86	40.07	530.93	49.20	11 900	58.24
2008	578.91	46.58	625.49	59.23	14 830.59	69.54
2009	705.56	52.58	758.14	76.99	17 084.13	88.66
2010	848.87	61.1	909.97	98.82	20 222.47	112.51
2011	1 107.93	76.12	1 184.05	135.83	25 367.9	152.22
2012	1 514.4	84.70	1 599.10	209.39	2 886.14	211.21
2013	1 979.91	99.67	2 079.58	256.52	35 768.62	278.66
2014	2 556.11	107.7	2 663.81	353.87	40 578.98	378.79
2015	2 941.48	114.5	3 055.98	453.66	47 853.36	483.47
2016	3 404.1	115.81	3 519.91	576.55	48 418.8	608.7
2017	3 950.88	118.58	4 069.46	788.26	49 831.46	821.9

项目　年份	旅游人数（万人次）			旅游收入		
	国内游客	国际游客	总人次	国内收入（亿元）	外汇收入（万美元）	总收入（亿元）
2018	4 523.88	119.42	4 643.30	953.08	68 534.06	998.45
2019	5 293.87	108.49	5 402.36	1 030.17	69 701.58	1 078.26
2020	2 620.09	5.01	2 625.1	508.15	3 282.13	510.41
2021			2 875.32			383.03
2022			5 484.18			681.56

旅游业作为丽江第三产业中的龙头，自 2000 年以来一直处于稳步增长的发展态势。

2003-2009 年，丽江旅游业的发展速度快于全省旅游业的平均发展速度，丽江旅游业的收入在全省旅游业收入中所占的比重也在不断攀升，从 2003 年的 7.8% 增长到了 2009 年的 10.9%。2006 年，旅游业及相关行业为丽江提供了 13 万个就业岗位，占全市从业人员的 41.6%。自此以后，旅游业在丽江位居各大行业之首，直接带动了宾馆、餐饮、交通、旅行社及导游、旅游购物、景点服务等配套产业的全面发展，同时间接促进了农业、邮电通信、建筑等行业的加速进步。2022 年，全市有文化旅游经营户 4600 余家，旅行社 268 家，A 级景区 35 家（5A 级 2 家、4A 级 7 家、3A 级 8 家、2A 级 12 家、1A 级 6 家，其中 5A 级景区数量占全省的 1/4），6 个演艺企业；全市（古城区）国际品牌酒店 16 家，星级饭店 157 家，特色民居客栈 81 家，民宿有 1797 家，客房 23190 间，床位总数 32818 张，已成功申报创建国家甲级旅游民宿 1 家、国家丙级旅游民宿 9 家；共有旅游风景点 104 处。此外，旅游产业与其他相关产业协同关联链的建立，使丽江城市功能结构转变为以古城等旅游区为城市功能核心，在其周围聚集了由"前瞻效应""回顾效应""旁侧效应"所吸引的旅游服务、商业、房地产等行业组成的产业综合体。

旅游业的强势发展带动了城市经济的快速攀升，也大大加快了丽江城市建设的速度。自 2000 年起丽江新区与古城发展分开之势已经显现，主要沿狮子山西麓及过境公路（长水路）两侧发展，2004-2006 年城市建设网格状发展模式拓展新区，并使主城区城市沿南北向带形扩展。2005 年总体规划中，已将"古城用地"单设用地类别（古城保护及发展用地），古城的定位已变为：世界文化遗产所在地，主要旅游目的地及集散地。就古城保护而言，这种发展利弊并存。新区建筑与古城民居色彩、体量相差悬殊，高矮参差，大量的游客促成大量商机，形成可观的商业聚集效益，

图 5-77　2005 年总体规划古城
用地功能——保护及发展用地（据
2005 年规划绘制）

图 5-78　2012 年总体规划古城
用地功能——保护及发展用地（据
2012 年规划绘制）

图 5-79　2022 年丽江城市空间
图片来源：Bigmap GIS Office.[EB/
OL].http://www.bigemap.com/.

房地产开发日益渗透到城市的各个角落。面对这样的现实，大研古城面临巨大压力，局部区域已出现严重影响古城风貌的建设。至 2012 版总体规划，仍单设"古城保护与发展用地"，定位为：世界遗产保护核心部分，规划以保护原有建筑群体形态、城市空间格局和生活模式为主，适当发展旅游业（图 5-77、图 5-78）。

2012-2022 年，丽江旅游地产继续迅猛发展，丽江已经出现产权式销售物业，2015 年个别项目均价高达 2 万元 /m²，其中大量房源被一线城市投资客购入。这使得古城外预留的与玉龙县城之间的田园风光带被逐渐侵蚀，非常不利于对古城大山水环境的保护（图 5-79）。

综上所述，可以看出在 1958-2006 年的发展过程中，自 20 世纪 90 年代大力发展旅游业后，丽江的城市空间扩展速度就开始快速提升；而丽江旅游业蓬勃发展后，成为城市发展的主要动力和主要影响因素之一，使得丽江城市扩张的规模和速度异常迅猛。这改变了大研古城在城市中的功能定位，使古城由城市的"核心"逐渐转变为如今的"历史遗产＋旅游功能服务区"。总之，大研古城近半个世纪以来的演进是一个传承和异化不断叠加和累积的过程：其发展基于原有的城市空间背景，传承了相应的发展规律，在 20 世纪 90 年代以前这样的变化是渐进而缓慢的；1997 年后这样的变化在外力的作用下（强势旅游业的连带效应）逐渐剧烈，并呈现出空间发展的异化（居民迁移、居住空间消失），显示了一个具有突变性效果的动态过程；且随着旅游业的进一步快速开发，其负面影响在丽江古城日渐显露。如今，丽江大研古城已不再是"纳西人的世外桃源"（图 5-80 ~ 图 5-82）。

图例
居住用地
商业、旅馆业用地
文化娱乐用地
文物古迹用地
工业用地
仓储用地
特殊用地
行政用地
绿化用地
道路用地
水系

图 5-80　2006 年大研古城用地现状图

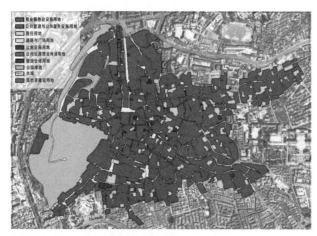

商业服务业设施用地
公共管理与公共服务用地
居住用地
道路与广场用地
公用绿地
公用设施营业网点用地
物流仓储用地
公园绿地
水系
其他非建设用地

图 5-81　2012 年大研古城用地现状图

图例
商业用地
文化商业用地
旅馆业用地
城镇住宅用地
文物古迹用地
公园绿地
交通场站用地
公用设施用地
医疗卫生用地
宗教用地
教育用地
机关团体用地
物流仓储用地
道路广场用地
河流水系

图 5-82　2022 年大研古城用地现状图

诚然，任何一个地区都有自组织的发展特性，但倘若外力强烈冲击而导致发展失衡，仍需要我们认清古城的城市定位，正确分析其演进的特色规律，并在此基础上加以适当的规划引导，才能使大研古城的演进步入健康的良性序列。

5.2.4　古城保护规划的制定及概况

5.2.4.1　第一轮保护规划：1988年名城保护

1987 年 6 月，丽江县城建局委托云南省城乡规划设计研究院制定了第一轮《丽江历史文化名城保护规划》，于 1995 年获云南省人民政府批复实施。

规划设立了一、二、三级保护区。在一级保护区内，任何整修、新建和功能配置调整必须按本保护规划要求进行详细保护规划和提出设计方案，并经县人民代表大会审议批准后，才能实施。二级保护区位于一级保护区外围地段，其建设须经县城市建设部门和文化部门共同批准，按详细保护规划实施。三级保护区位于古城的外围，包括古城范围外约 50m，可按相关规定进行有控制的新建设。规划还列出 32 处传统民居为建筑文物，要求其周边 20m 范围内按一级保护区要求保护。

规划提出疏散迁出污染玉河水系的工厂、仓库，迁出行政、公安单位，远期逐步搬迁医院；四方街规划为特色小手工艺品、小商品和水果市场，原蔬菜市场搬至关门口及玉河农贸市场；规划将双石路至卖鸡巷一段建成地方土特产贸易市场，其南端临近四方街为小型文化休息广场；原木府旧址规划成为丽江古城传统文化中心。规划还提出了水体保护的具体措施（图 5-83、表 5-14）

图 5-83 1988 年丽江名城保护区划图
图片来源：丽江县城建局，云南省城乡规划设计研究院.丽江大研古城保护详细规划 [G].1998.

1988 年古城中有污染项目规划措施一览表 表 5-14

序号	项目	位置	规划措施	备注
1	广播器材厂	狮子山	主要是废水污染，废气、废渣等也有一定影响。因为位置重要，因此规划拟搬迁	
2	机床厂	环城南路	有多种污染物，而且景观对古城有较大的影响。规划拟限制发展，在南口另建分厂，逐步搬迁	
3	县石油站	金虹山	是危险之源，规划建议予以搬迁，用地作为公共绿地	
4	电化厂	金虹山	产生水、气污染，规划限制生产规模，条件允许应予搬迁	
5	砖瓦厂	金虹山	烟尘污染。取土及破坏景观，规划拟搬迁	
6	县一化工厂	八一街下段	规划拟搬迁	
7	县五金厂	新大街	紧邻白龙潭，规划搬迁，用地为绿地	
8	县民族用品纺织厂	五一街	水污染较为严重，规划搬迁	
9	民族毛纺厂	环城南路	规划搬迁	
10	地区医院	五一街	有水和病源污染，交通较为不便，规划控制医院规模，有条件另建分院，逐步减少病床数	
11	县副食品厂	五一街	交通较为不便，规划迁出古城	

5.2.4.2　第二轮保护规划：1994 年名城保护

1994 年的《丽江历史文化名城保护规划》延续了 1987 版保护规划的特征，仍设立一、二、三级保护区。此次规划提出为保证古城的环境质量，需降低古城的建筑面积密度，严禁"见缝插针"增加建筑面积，并采取自然淘汰的方式，使建筑密度逐渐控制在 10400m²/ha。在水系保护方面，规划提出严格控制工业污水排放，对覆盖主河渠的建筑要逐步拆除（表 5-15）。

1994 年规划各保护区的控制保护要求　　　　　　　　表 5-15

项目	保护级别	一级保护区	二级保护区	三级保护区
基本要求		全面保持传统风貌，改善环境质量，完善设施水平，主要空间尺度不变	基本保持传统风貌，较大地改善环境质量，提高设施水平空间，尺度可稍有变化	大体保持传统风貌，充实较新的设施，按现代环境要求进行建设。空间、尺度力求亲切宜人
对每一新建单栋建筑的基本控制要求	体积（m³）	< 500	< 600	< 900
	层数（层）	1-2 层	2 层	2 层为主，局部三层
	檐口高度（m）	< 6.5	< 6.5	< 6.5m，三层部分 < 8.5m
	基本建筑体系	传统民居体系，深出檐，坡屋面，木或仿木结构。主要建筑沿街河的立面为木门窗装修，木材本色	除主立面墙体不强求仿木板外，其他要求与一级保护区相同	局部做深出檐，坡屋顶。色彩禁用对比色，需有传统民居韵味

5.2.4.3　第三轮保护规划：1998 年震后保护

1996 年的丽江大地震促成了 1998 年第二轮保护规划《丽江大研古城保护详细规划》的制定，规划提出"点""线""面"的保护格局。

"面"为保护分区，分为绝对保护区、严格控制区和环境协调区 3 部分。在绝对保护区内，要求全面保持传统风貌，主要空间尺度保持不变，在全面保持传统风貌的同时，逐步改善环境质量，完善基础设施。在严格控制区内，要基本保持传统风貌，空间、尺度可稍有变化。在保持传统风貌的同时，要较大地改善环境质量，提高设施水平。在该范围内与古城性质有冲突的单位搬迁出去。环境协调区要大体保持传统风貌，尚未建房地段要以绿化为主，可充实少量新设施，按现代环境要素进行建设。空间尺度力求亲切宜人，新增建筑的高度、体量、色彩及第五立面（屋顶）要和古城协调。

"线"是指街巷及水系的保护。在街巷保护方面，规划提出保持原有道路的空

间线型及尺度，保护原有的丰富
的景观轮廓线，保持主要道路节
点的空间尺度和外围环境。在水
系保护方面，规定不得改变现有
河、沟、渠、井系统，严禁覆盖、
改造、堵堆、缩小过水断面，占
用或围入私人院内；严禁向河道
排放污水和倾倒垃圾，尽快建设
排污管道，恢复挡水清洗路面的
传统习惯及"三眼井"的用水方式。

　　在"点"的保护上，规划首
次对古城民居进行调研普查，分
别对传统民居院落、文物古迹、
古桥予以保护，将古城建筑分类，
提出原样保留、局部改造、加固、
拆除、恢复重建等不同措施；重
点提出传统民居院落在修复时，
重点保护民居应原址原样修复。
县人民政府应与房主签订民居保
护责任书，明确政府与房主双方
的责、权、利和义务。房屋需修
复重建时，政府给予一定的经济
补助，并优先安排其用于旅游经
营、服务，并给予政策优惠，使
房主通过保护民居建筑获得收益。

　　规划经过几年的实施，对丽
江古城震后恢复重建及古城保护
及发展起到了很强的指导作用，
为丽江古城申报世界文化遗产成
功起了重要作用，已取得了良好
的经济、社会、环境效益（图
5-84 ~ 图 5-86）。

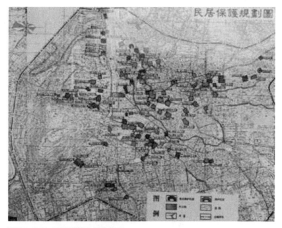

图 5-84　民居保护规划图
图片来源：丽江县城建局，云南省城乡规划设计研究院．丽江大
研古城保护详细规划 [G].1998.

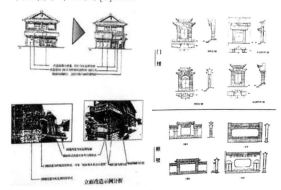

图 5-85　民居立面改造示例
图片来源：丽江县城建局，云南省城乡规划设计研究院．丽江
大研古城保护详细规划 [G].1998.

图 5-86　保护规划总平面图
图片来源：丽江县城建局，云南省城乡规划设计研究院．丽江大
研古城保护详细规划 [G].1998.

5.2.4.4 第四轮保护规划：2000-2010年保护规划

2002年初，丽江县城建局委托上海同济大学遗产保护与古建筑专家阮仪三教授领导的科研所，着手制定《世界文化遗产丽江古城保护规划》。但由于当时丽江城市总体规划的纷争，加之丽江撤地设市的诸多事宜，规划最终于2008年通过专家评审，然而由于种种原因，当地政府一直未能报批该规划。2012年，同济大学在2008版保护规划的基础上开始制定最新一轮《丽江古城保护规划》，至笔者2012年底调研时还未定稿。

在2008版的保护规划中，设定了大研古城"山、水、田、城"的整体保护格局，并对布局功能做出调整，完善古城居住功能，强化社区服务，提高生活环境品质。规划对丽江古城内所有建筑物提出分级分类保护和整治的措施，分为文物保护单位、重点保护民居，一般保护民居、历史建筑、与古城风貌无冲突的建（构）筑物、与古城风貌相冲突的建（构）筑物6类。规划提出了比较详尽的新建建筑物的建造控制以及环境要素保护与整治措施。在此次规划中，还首次纳入了束河、白沙古镇的保护内容。

应该说，同济版的丽江古城保护规划内容详尽，体现了很强的专业素养。但由于保护规划在长达10年的时间里未报审批，没有获得相应的法律效力，显然大大影响了保护规划的实施成果（图5-87、图5-88）。

图5-87 古城用地规划图
图片来源：丽江县人民政府，上海同济城市规划设计研究院.世界文化遗产丽江古城保护规划 [G].2008.

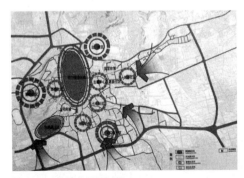

图5-88 功能分区规划图
图片来源：丽江县人民政府，上海同济城市规划设计研究院.世界文化遗产丽江古城保护规划 [G].2008.

5.2.4.5 相关专题保护规划:《丽江古城传统商业文化保护管理规划》

2007年，针对古城日益"商业化"现状，丽江古城保护管理局制定了《丽

商业分区图

图 例
商业核心区　商业协调区　　　广场
商业控制区　主要游览线　　　商业门面
商业缓冲区　次要游览线　　　河道水面

图 5-89　商业分区图
图片来源：丽江古城保护管理局.丽江古城传统商业文化保护管理规划 [G].2007.

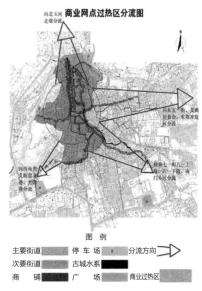

商业网点过热区分流图

图 例
主要街道　停 车 场　　　分流方向
次要街道　古城水系
商　铺　广　场　　　商业过热区

图 5-90　商业网点分流图
图片来源：丽江古城保护管理局.丽江古城传统商业文化保护管理规划 [G].2007.

江古城传统商业文化保护管理规划》，提出了"分区域保护管理""依据数据分级管理""依据标准执行管理"等全新的遗产保护管理理念，对丽江大研古城 3.8km^2 面积按照"三个控制"（即"严格控制""控制""适度控制"）的原则划分为"商业中心区""商业次热区""商业过渡区""商业补充区"4 个区域，明确各区域经营主题；提出了丽江古城的传统商业店铺样式、格局及经营行为和管理技术方案；确定商业店铺经营项目调整布局和传统店铺恢复比例为 30%；提出了科学合理的古城旅游线路。规划制定后，古城保护管理局对丽江古城内不符合规划的商铺和民居客栈的建筑风貌及内部装修提出整改要求，截止到 2010 年 4 月 30 日共发放整改通知书 2171 份。整改后对保护丽江古城传统民居建筑、恢复丽江古城传统民居的风貌起到了一定的良性作用（图 5-89、图 5-90）。

5.2.4.6　小结

在云南省，丽江是比较重视当地历史文化保护的地区之一。1981 年 7 月，丽江县第七届人大审议批准了《关于加强城镇管理工作的若干规定及城镇居民建房中私占道路、水流、地面的处理办法》，这是古城保护工作中制定的第一项地方性法规；1984

年 10 月，丽江县政府发布《关于对大研镇范围内违章建筑的处理意见》；1988 年 5 月，丽江县九届人大批准《丽江纳西族自治县古城保护建设管理暂行办法》，使得古城保护成为地方立法；1994 年 6 月，云南省人大常委颁布实施了《丽江历史文化名城保护管理条例》，古城保护的地方立法由县级上升为省级；2000 年，丽江县人民政府公布了《关于进一步加强古城内房屋及经营活动管理的通告》；2001 年制定了《丽江纳西族自治县东巴文化保护条例》。而且自 1987 年被评为历史文化名城以来，丽江还先后制定了 5 次保护规划及一次专题规划，并于 2006 年颁布了专门的《环境风貌保护手册》与《传统民居维修手册》，管理执行也相对严格。虽然同济版保护规划迟迟未能报批在一定程度上影响了古城的保护，但丽江古城在近半个世纪以来其物质空间格局仍然存续良好，这不能不说得益于当地政府及民众强烈的古城保护意识。

5.2.5　实地调研现状

5.2.5.1　处于良性"微循环"中的大研古城民居建筑群

（1）"另建新城"很好地保护了古城民居建筑群

回顾新中国成立以来丽江的城市建设，作为城市中心，古城相继设有中共丽江县委、县政府，中共丽江地委、专区行政公署。而早在 20 世纪 70 年代左右，丽江在古城狮子山西北、西南开辟了新城区，并先后在北门坡、东干河开辟新住宅区，安置部分古城居民入住新区，缓解了古城人口密集、拥挤的状况。直至八九十年代，古城内的部分机关、工厂、商店等陆续迁往新城。新城与古城以狮子山为界，由此开始形成了古城、新城"分区建设"的城市发展格局，一直延续至今，这无疑十分有利于古城建筑群的保护。

由上述可见，丽江古城保护最重要的成就是，随着城市的发展，丽江的干部、群众和城建规划部门自觉或不自觉地跳出了曾在全国各地弥漫数十年之久的"拆旧建新"思维模式，将城区的拓展和城市建设的重心放到了狮子山以西的新开发区，从而为丽江各族人民以至整个中华民族保存下了丽江古城这一珍贵的世界文化遗产。

（2）成功申遗后展开的"丽江模式"成为古城民居建筑群良性保护的基石

1997 年，丽江被成功列为联合国教科文组织《世界文化遗产名录》，至此丽江开始了"以世界遗产保护带动旅游业，以旅游发展反哺遗产保护"的"丽江模式"的发展。虽然"丽江模式"沿用至今使大研古城的保护出现了诸多问题，但不可否认的是，"丽江模式"在早期确实使得古城的保护与其旅游业的发展呈现出互融共进的联动效应；而且"丽江模式"使得上至丽江官员、下至普通民众皆形成了"古城建筑保护 ＝ 古城旅游发展 ＝ 经济发展 ＝ 生活提高"的良好古建保护思维定式。古城保护管理局的官员向笔者介绍，大研古城内部传统民居的修缮及维修（不包括文物保护建筑），都是民众自行完成，不需要政府的额外补贴。这无疑是大研古城建筑群得以完好延续的基石所在。据当地保护管理局提供的数据及笔者经年的调研情况，大研古城的建筑风貌始终未有大的变动，基本处于较好的状态，堪称古建筑群的保护典范（图5-91～图5-93、表5-16）。

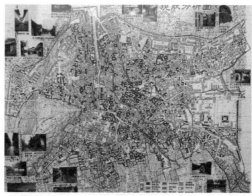

图5-91　1998年大研古城现状风貌分析

图片来源：丽江县城建局，云南省城乡规划设计研究院.丽江大研古城保护详细规划[G].1998.

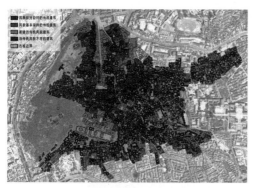

图5-92　2012年大研古城现状风貌分析

图5-93　2022年大研古城现状风貌分析

大研古城历年建筑保护方式一览表　　　　表5-16

	修缮		修缮，改善		维修改善		保留		整修、改造、拆除	
2002年	面积（m²）	比例（%）	面积（m²）	比例（%）	面积（m²）	比例（%）	面积（m²）	比例（%）	面积（m²）	比例（%）
	8 250	1.2	74 700	10.9	20 600	3	221 890	32.3	360 770	52.6
	修缮		修缮，改善		维修改善		保留		整修、改造、拆除	
2006年	面积（m²）	比例（%）	面积（m²）	比例（%）	面积（m²）	比例（%）	面积（m²）	比例（%）	面积（m²）	比例（%）
	7 577	1.6	67 000	14.2	134 302	28.5	12 639	2.7	249 777	53
	修缮		改善		保留		整修		拆除	
2012年	面积（m²）	比例（%）	面积（m²）	比例（%）	面积（m²）	比例（%）	面积（m²）	比例（%）	面积（m²）	比例（%）
	5 919	1.1	124 942	22.7	270 180	49	134 405	24.3	16 101	2.9

（3）对"民居营造"进行及时引导以及较为完善的管理条例使古城民居建筑群的维修、改善"微循环"以良性状态发展

为了保护好丽江古城的传统民居，早在 1987 年，当地政府就委托规划部门编制了第一轮《历史文化名城保护规划》，设立一、二、三级保护区，对保护建筑提出要求；至 1998 年，保护规划首次对古城民居进行普查，分别对传统民居院落、文物古迹、古桥予以保护，对 140 个丽江古城民居院落进行了挂牌重点保护；将古城建筑分类，提出原样保留、局部改造、加固、拆除、恢复重建等不同措施；重点提出县人民政府应与房主签订民居保护责任书，房屋需修复重建时，政府给予一定的经济补助和政策优惠，使房主通过保护民居建筑获得收益；规定核心区内的历史建筑禁止拆除，进行房屋、设施整修和功能配置调整时，外观必须保持原状；古城内不得建设风貌与古城功能、性质无直接关系的设施，确需改建、新建的建筑物，其性质、体量、高度、色彩及形式应当与古城民居的风貌相一致。2002 年当地政府委托云南省昆明本土建筑设计研究所编著《丽江古城传统民居保护维修手册》《丽江古城环境风貌保护整治手册》，尤其是《丽江古城传统民居保护维修手册》，对民居的平面形式、组合、尺度，结构、构架、墙体，造型立面，外部、内部装饰乃至功能改造等都做了极其详尽的阐述和要求，对丽江古城传统民居的维修、改缮、翻建等提供充足的技术支撑。同时，两本手册也供古城周边地区及市域范围内所有传统街区、村落中的传统民居根据其特点参照执行，为周边束河、白沙等古镇的古建维护提供了极好的技术样本。

2002 年 10 月 28 日，丽江当地政府与美国全球遗产基金会（Global Heritage Fund）共同签署《丽江古城传统民居修复协议》，并从 2003 年开始，双方共同出资，按照《丽江古城传统民居保护维修手册》要求，分期分批对丽江古城内的传统民居进行补助修缮（图 5-94 ~ 图 5-102）。到目前为止，共投资 231.14 万元完成了丽江古城 299 户传统民居、236 个院落的修缮工作。2007 年 8 月，在联合国教科文组织亚太地区曼谷会议上，该项目荣获"联合国教科文组织亚太地区 2007 年遗产保护优秀奖"。世界遗产专家一致认为，这种方法为原住居民和政府之间的合作再加上外来的专家、捐助者的支持，搭建了一个更宽阔的遗产保护方法的基础框架，是丽江古城遗产保护模式的延伸和扩充，是符合世界遗产保护综合规划的，值得向全世界遗产地推广。

在笔者调研丽江大研古城期间，所见古城民居的修复与在建，均基本按照《丽江古城传统民居保护维修手册》进行施工，并未偏离古城的整体风貌。实事求是地说，丽江大研古城的民居建筑群已进入了"良性微循环"，这极具原真性的传统民居的保护和修复，为丽江大研古城赢得了"丽江模式"的赞誉。

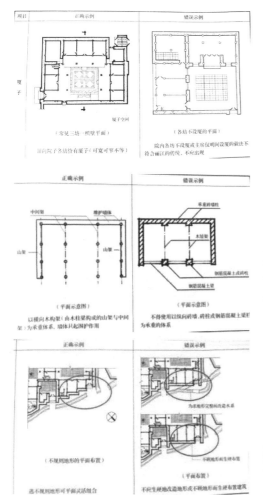

图 5-94　丽江古城传统民居保护维修手册

图片来源：朱良文，肖晶，世界文化遗产丽江古城保护管理局，昆明本土建筑设计研究所．丽江古城传统民居保护维修手册 [M]．昆明：云南科技出版社，2006:12.

图 5-95　大研古城崇文巷新建的传统风貌建筑

图 5-96　大研古城现文巷建筑更新

图 5-97　20 世纪 70 年代的丽江大研古城风貌

图片来源：丽江大研古城保护管理局

图 5-98　1993 年的丽江大研古城风貌

图片来源：丽江大研古城保护管理局

图 5-99　2002 年的丽江大研古城风貌

图 5-100 2006 年的丽江大研古城风貌　　　　图 5-101 2012 年的丽江大研古城风貌

图 5-102 大研古城在建建筑

由上述分析可见，丽江自古至今一直延续着注重保护古城的良好传统；自 1997 年大规模发展旅游业以来，丽江古城的保护与其旅游业的发展曾经呈现出互融共进的联动效应。如今，大研古城已成为享誉全球的旅游胜地。然而，现代化、旅游业的快速发展一方面改变了丽江的城市结构，另一方面也使得丽江历经千百年才形成的古城自然与人文环境面临着毁坏和退化的威胁。

5.2.5.2 "商城"——古城的旅游商业化

（1）古城的商业演变史

1）第一阶段：集市重镇（清—民国）

丽江大研古城地处滇中高原与青藏高原过渡地带，自古是云南进入西藏、印度的必经之路，为茶马古道重镇，是滇藏和中印贸易的货物转运站和集散地。

四方街在清初已成为滇西北最大的贸易集市之一，位于狮子山东麓，清代称四方街为府城市，纳西语称"芝虑古"，意为街市的中央、古城中心。

抗日战争爆发后，国内许多地区沦陷，沿海对外贸易中断，云南邻国越南、缅甸亦被日寇侵占，中、印贸易一时得到空前的发展。而丽江是内地通往西藏拉萨再到印度的必经道路，因此成为中、印国际贸易的重要枢纽之一，成为滇藏和中印贸易的货物转运站和集散地，商贾云集，盛况空前，由此形成了丽江纳西族中著名的商号如牛家的"裕春和"、赖家的"仁和昌"、

图 5-103　民国时期的四方街
图片来源：丛均．丽江老照片

李家的"永兴号"等。这些商号不仅从事对外贸易，更多的是与藏区的传统贸易，所谓"熟门熟路，找钱更易"，所经营的货物仍是传统的茶叶、山货、药材等。四方街和主干街巷两旁房屋建筑兼具商业贸易和居民住房功能，临街一面开铺子，或做商店，或为手工业作坊，内院为住宅。20 世纪三四十年代，小小的丽江古城曾经聚集过 110 多个商号、1200 多家商户（图 5-103、图 5-104）。

图 5-104　民国时期的大研古城
图片来源：丛均．丽江老照片 [EB/OL].http://blog.sina.com.cnsblog.3f7353dd0100x9e6.html.

2）第二阶段：行政 + 商贸中心（新中国成立初期—20 世纪 80 年代中期）

新中国成立初期，鉴于当时特殊的国内外形势，国内与印度之间的贸易一度中断；丽江在商业贸易中的地位也随之下降。另外，丽江与昆明和大理的交通不畅，处于相对封闭的环境中，辐射范围有限，这使大研古城的商贸繁荣程度有所减弱，

图 5-105 1958 年大研古城四方街街景
图片来源：丛均．丽江老照片 [EB/OL].http://blog.sina.com.cnsblog. 3f7353
dd0100x9e6.html.

图 5-106 1983 年大研古城街景
图片来源：丛均．丽江老照片 [EB/
OL].http://blog.sina.com.cnsblog.
3f7353dd0100x9e6.html.

只是作为丽江地区的工商业中心，手工业和商业并重。手工业大都是向本市场区域
内的乡村提供日用消费品，整个商业环境表现为小城镇的特性。随着赶街的固定模
式化，加之丽江县城百姓生活的需要，四方街成为古城的商贸中心，在四方街所出
售的商品位置也逐渐固定化，如四方街的北面是卖鸡巷；西面是打铜巷，一般为专
门制卖铜器的商铺；南面是杂货铺集中的地方，卖盐、炒面、马料、火腿、腊肉、
酥油、茶叶、棉布、药材、山货等。此外，古城一直占据着丽江县城的中心位置：
地委专署设在大研镇，古路湾专区大礼堂作为县城中心。新中国成立后直到 20 世纪
80 年代中期，古城一直是丽江的行政 + 商贸中心。古城内有着多个农贸市场、百货
商场以及各种售卖生活用品的商店，这些商业的服务对象当然是古城居民。此时，
古城内的居住用地仍占 70% 以上，居住着 4269 户当地居民（图 5-105、图 5-106）。

3）第三阶段：旅游商贸服务区（20 世纪 80 年代后期至今）

20 世纪 80 年代后期以后丽江古城经历了快速的转换。1988 版《丽江历史文化
名城保护规划》提到，"四方街现为农贸市场，1987 年 8 月 12 日统计总摊位达到
147 个，蔬菜摊位特别多"。"四方街四周除科贡楼外，均为下面铺面，上部为居住
用房的建筑"。80 年代末至 90 年代初古城开始有游客进入，以外国游客居多。密士
巷居民最早开始从事旅游服务业，密士巷被当地人称为"洋人街"。古城中也开始
出现木雕工艺品的商铺，雕刻内容以东巴文为主，铺主均为本地人。此时仍有 30%
的居民在古城内从事以铜银器制作、皮毛皮革、纺织、酿造业为主的民族传统手工

业和商业活动。这种状态一直持续到 1996 年前后，到 1997 年丽江申报世界遗产成功后完全改变。

整个 20 世纪 90 年代后期，到访丽江的游客数量（尤其是国内游客）以年均 30%左右的数量增加，随之而来的是众多的外地旅游业经营者。当时为发展地方经济，丽江地方政府也积极鼓励外来客商和当地人到古城内做生意。古城管委会的一位负责人回忆说："1999 年以前，我们的目标是争取每天开张一家新商铺。"为此，当时的大研镇领导经常到古城居民家中动员他们开铺面、做生意。其中最典型的是 1998 年，在德宏经营玉石珠宝的 108 户福建客商全部迁到丽江。这些早期外来客商大多租赁临街小门面经营纪念品、餐厅，或是租赁（或购买）位置稍偏的院落经营客栈，一般以小规模经营为主。随后数年间，外地商户大量涌入古城，越来越多的纳西人搬离了世代居住的古城而转租给外来经营者。

这样的旅游商业植入一直持续不断，至 2002 年时，旅游已经逐步演变成为古城最重要的活动，随之而来的是旅游类服务的商铺与餐饮店铺急速膨胀，当地居民纷纷迁离。至笔者调研时，丽江古城已完全演变为纯粹的旅游商贸服务区。

（2）旅游商业零售业、服务业空间对其他空间的挤压与蚕食

综上所述，从古至今，丽江古城由综合型功能的"集市重镇"逐渐演变为如今纯粹的"旅游商贸服务区"，古城已经被"旅游商业化"。具体体现在以下几方面：

1）旅游商业零售业空间的不断挤压

20 世纪八九十年代，大研古城的商业零售业空间主要分布在古城入口至四方街位置，局部发展至周边地段（五一街及七一街）：东大街—四方街、新华街—四方街、密士巷，以及五一街、七一街、黄山下段一小部分。街道商业类别以农贸、日用百货为主。

20 世纪 90 年代至 2000 年，丽江开始进行旅游业开发，古城内商铺逐渐增多，至 2002 年古城内的旅游商业零售设施已经很多，开始形成几条主要的旅游商业街道：东大街—四方街—七一街上段，新华街双石段—翠文段—万古楼，新义街积善巷—密士巷—百岁坊，五一街兴仁下段—兴仁中段，光义街官院巷—忠义巷，建洛巷—现文巷，并在原有规模上进一步向其他街巷蔓延。其中，自 20 世纪 90 年代以来外国游客纷纷前来旅游，也使得密士巷成为本地的"洋人街"，密士巷的居民成为最先从事旅游服务业的古城居民；且由于 1998 年官方大规模重修木府建筑群，拉动了木府至七一街关门口的旅游商业活力。从 90 年代中期开始，古城临街商铺的经营类别开始大规模趋向于旅游商品零售及餐馆、茶室，而传统的杂货、日用零售等生活居住类商店则退守至五一街、八一街。古城的商业设施用地占总用地的 8.38%，占城镇建设用地的 13.97%。

自 2000 年后，旅游商业空间在大研古城大规模地蔓延与急剧膨胀。至 2006 年，由于古城南门的开发，游客可以通过七一街到达四方街，七一街的商业空间瞬时大量增加，受其影响，原本偏僻的五一街也开始开发沿街商业。于是，古城内的旅游商业空间由"线"（沿街商业）向"面"（商业区）扩展。四方街以北的几条商业街道之间已扩展为商业区：东大街、新华街、新义巷、小四方街、密士巷一带；现文巷、七一街、四方街一带。其他街道的旅游商业空间则继续向街巷内部延伸：七一街、五一街、崇仁巷、黄山下段等。此外，旅游商业及零售业进一步对生活商店进行了挤压：2000 年，有学者调查的 286 家店铺中旅游性商店（主要为旅游者服务的商店）占 66.10%，一般性商店（为旅游者和居民服务的商店）占 33.90%；2002 年，这组数字变成了 69.66% 和 30.34%；而到了 2004 年，旅游性商店所占比例上升到 75.07%，比 2000 年增长了将近 10 个百分点，真正以当地人为主要顾客的商店仅占 9.00%。有学者曾指出："只要旅游者不断增长，如果没有行政干预，古城内主要街道建筑的一层门面将会转化为商铺，主要销售面向旅游者的商品，面向居民的门面将会逐步减少。"（图 5-107 ~ 图 5-109）

图 5-107　2002 年大研古城街景

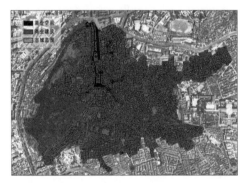

古城商业空间分布特点：主要分布在古城主入口—四方街部分，局部向四周蔓延；沿街店铺仍多为"下店上宅"式，商业空间沿街分布，80% 以上的店铺经营者为本地人。四方街在此期间主要为农贸市场，1987 年 8 月 12 日统计摊位 147 个

图 5-108　20 世纪八九十年代大研古城商业空间分布示意图

古城商业空间分布特点：古城主入口，东大街—四方街—七一街上段，新华街双石段—翠文段—万古楼，新义街积善巷—密士巷—百岁坊，五一街兴仁下段—兴仁中段，光义街官院巷—忠义巷，建洛巷—现文巷

图 5-109　1990-2000 年大研古城商业空间分布示意图

2006-2012 年，旅游商业空间进一步向古城纵深延伸。在笔者 2006 年调研时，旅游商店的比例上升到了 84.5%，不少当地人表示四方街"人太多了""买不到日常用的东西"，而仅以当地人为主要顾客的商店已缩减至 4.2%。大研古城内的商品需求者中，本地居民所占比例已经很小，他们对这一区域的空间利用势必也相应减

图 5-110　2006 年大研古城街景

少。古城居民开始逐渐迁离古城，与之相对应的是外来商户数量急剧增多。2006 年据笔者实地调研，大研古城 1600 多户商铺中，外来经营者已占商户总量的 70% 以上。2006 年，古城的旅游商业空间主要分布在四方街—东大街—新义巷—密士巷、新华街—四方街—现文巷、光义街官院巷—忠义巷、五一街大部、七一街—八一街上段（图 5-110）。

2008 年，古城的旅游商业空间主要分布在新义街的积善巷、密士巷全部、百岁坊、四方街，新华街的双石巷、萃文巷、黄山上段至万古楼岔口，五一街的兴仁巷小石桥以下，光义街的现文巷、官院巷、忠义巷，七一街的关门口、必文巷、八一街上段。在这 5970m 可设店铺的路段上，分布着 1350 家店铺，可以计算得出平均每 4.42m 即有一家店铺，而店铺的门面宽度刚好与这个长度相差不大，也就是在已经开发的旅游核心区内，几乎可以说所有的街道、街道两边都已经是店铺。至 2012 年笔者调研时，除原有规模外，古城旅游商业空间已延伸至五一街下段、七一街的崇仁巷与振兴巷、光义街兴文巷、八一街的上段和下段。此外，由于旅游服务业的扩展，古城内开始在原住民聚居腹地（现大多为客栈、旅馆）出现了点状的零售商店，不过里面的商品大多针对的是外地的旅游度假者（表 5-17）。

丽江古城商业（零售 + 餐饮）门面历年统计表　　　　表 5-17

年份（年）	1935	1998	2002	2004	2006	2008	2010	2011	2012	2019	2022
零售店数量（个）	110	238	568	1 067	1 106	1 211	1 551	1 974	1 992	2 114	989
餐饮店数量（个）	23	40	92	98	101	109	147	212	235	308	526

表格来源：根据古城保护管理局提供资料及历年实地调查情况自制

1990 年以前，古城内有多个农贸市场、百货商场以及各种售卖生活用品的商店，这些商业的服务对象当然是古城居民。发展旅游业以后，古城内面向当地居民的各种商店逐渐减少，直至在保护核心区内几乎完全消失。取代这些面向居民的商业的是各种旅游纪念品商店和餐馆。这不仅给古城居民生活带来很大不便，也使他们失去了一个交流信息、沟通思想的公共场所。以四方街为例，作为一个广场，它曾经是古城居民公共生活的空间，是他们交流信息和情感、沟通理念的地方，节假日时，人们在这里举行各种市街和歌舞表演。如今四方街的主角变成了外来游客，而古城居民除了定期在四方街表演民族歌舞之外，已几不可见（图 5-111）。

在此过程中，丽江政府也曾经采取过很多措施，试图淡化古城的商业气氛，增强地方民族特色。2005 年 3 月，古城管委会开始以核发《风景名胜区准营证》（后

七一街　　　　　　　　　　　　　　　　　　五一街

现文巷　　　　　　　　　振华巷　　　　　　　　　忠义巷

图 5-111　七一街等地街景

简称《准营证》）的形式来规范、控制和管理古城内的经营行为，例如对古城内的商业店铺实行总量控制和经营商品实行相对规行划市，并限制经营现代气息浓厚、没有地方民族特色的商品；珠宝玉器、歌舞厅、桑拿按摩及现代服装、网吧等要求逐步迁出古城；为了增强店铺的地方民族氛围，还规定从业人员中当地居民应占一定比例。《准营证》的颁发在一定程度上遏制了古城旅游商业的发展速度，但也未能阻止古城旅游商业进一步蔓延。此外，在古城从事商业经营的本地居民越来越少，外来经营者比例则逐年增加。2006 年笔者调研时，外来商户大约占经营者总量的70%；至 2012 年笔者调研时，这一数据已上升到 90% 左右；至 2022 年，这一比例已接近 93%。古城居民迁出，外地商人迁入，使古城原有的社会网络发生了深刻的变化。纳西文化因子少了，形态各异的外来文化因子多了，古城深厚的历史文化积淀、古城居民精神状态上的"同一感"和"归属感"逐渐淡薄。据调查，63.2% 的外来经营者在心理上还缺乏一种"地方认同感"或"地方精神"的东西，这对当地旅游的可持续发展非常不利（图 5-112）。2017 年，丽江古城开始制定《丽江古城内经营项目目录清单》，2021 年正式实施《丽江大研古城市场经营项目准入退出管理暂行办法》，意图促使大研古城商业经营行为健康、有序发展，保护和传承大研古城传统商业文化，并突出传统民族文化特色。经过数年的整治，据笔者 2022 年实地观察，大研古城的"商业化"问题有所缓解，然而不论从功能区占比还是从业态属性而言，这一矛盾与问题仍旧十分严重。

综上所述，从 20 世纪 80 年代至今，古城已经形成了过度的旅游商业化（图5-113 ~ 图 5-115）。联合国教科文组织世界遗产中心 2000 年的报告中指出，丽江古城"商业气氛和旅游氛围过于强烈，侵蚀了传统文化，随着旅游和现代文化的出现，传统建筑的形式、节庆、礼仪、语言、服饰、信仰、传统手工艺以及民间艺术正在消亡和改变，导致古城面临文化危机"。

图 5-112　四方街夜景

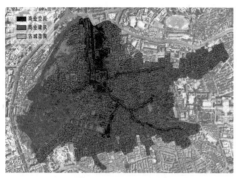

2006 年商业空间分布特点：古城内的旅游商业空间已经由"线"（沿街商业）向"面"（商业区）扩展

图 5-113　2006 年大研古城商业空间分布示意图

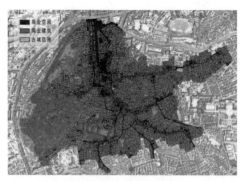

2012 年商业空间分布特点：除原有规模外，古城旅游商业空间已延伸至五一街下段、七一街的崇仁巷与振兴巷、光义街兴文巷、八一街的上段和下段。此外，提供日常生活所需的商店已基本消失

图 5-114　2012 年大研古城商业空间分布示意图

2022 年商业空间分布特点：商业主要集中于古城中部偏东，以四方街为核心，向外扩散。以小规模店铺居多，少数大型酒店

图 5-115　2000 年至今大研古城商业空间分布示意图

2）旅游服务业空间（主要是旅馆/客栈）对原住民居住空间的逐渐蚕食

丽江古城旅游房地产的雏形始于民居客栈。1995 年，古城内出现了第一家直接面向游客、服务于旅游的民居客栈，但此后古城民居客栈数量增长并不快，到 1998 年，古城内总共只有 11 家民居客栈。1999 年昆明世博会期间，丽江成为世博会的分会场。由于游客突然增多，当地政府动员有接待能力的古城居民在此期间开办家庭旅馆，并向他们提供一些优惠条件，这便是客栈的雏形。至 1999 年 8 月 3 日，在县工商局注册的已达 27 家，总客房数 364 间，总床位数 1048 张。世博会后，丽江旅游业虽在 2000 年春节期间有短暂的徘徊，但总体上仍在快速发展，因此，古城的民居客栈也在稳步增长。随着古城旅游业的飞速发展以及政府有关开办民居客栈优惠政策的出台，同年，一些新的大型旅游住宿接待设施开始在古城内出现。例如在丽江古城北入口附近，就有四星级玉龙花园大酒店及左邻四方街、右靠木府的古城中心四星级剑南春文苑酒店。到 2001 年，古城内的民居客栈已有 66 家，总床位数达 1565 张，2004 年客栈数 143 家。2004 年后，随着丽江旅游者数量不断

图 5-116　古城当地居民将自家民居院落出售 / 出租给外来商户经营客栈

增长，人潮引来了投资热潮，商铺租金逐年大幅提高，而当地政府开始实施限制商业的"商业准营"制，许多外来资本转而经营客栈旅社，而古城当地居民也纷纷将自家民居院落出售 / 出租给外来商户经营客栈（表 5-18、图 5-116）。

丽江古城客栈历年统计表　　　　表 5-18

年份	1998	1999	2001	2004	2006	2008	2010	2011	2012	2022
客栈数量（个）	11	27	66	143	217	432	497	849	1 003	1 797
床位数（床）	520	1 048	1 565	3 390	5 143	9 763	11 230	19 180	22 660	32 818

表格来源：根据古城保护管理局提供资料及历年实地调查情况自制

至 2006 年笔者调研期间，古城内的民居客栈主要集中在新华街、密士巷及四方街一带；2010 年时古城内的民居客栈开始向七一街、五一街等古城腹地蔓延；而当笔者 2012 年再次调研时，古城客栈已经侵占了绝大部分的原住民居住空间（图 5-117 ~ 图 5-121）。

1990-2000年客栈空间分布：主要分布在新华街背后、新义街密士巷一带，数量较少，以点状分布为主

图 5-117　1990-2000 年古城客栈空间分布示意图

2006年客栈空间分布：客栈数目开始增长，主要分布在古城主要商业街道东西两侧。东面在新义街密士巷、积善巷、黄家巷一带；西面在新华街后街及现文巷附近。古城七一街、八一街、五一街开始出现客栈

图 5-118　2006 年古城客栈空间分布示意图

2010年客栈空间分布：客栈空间以新华街、新义街、光义街、七一街、五一街五条主街道为脉络，向四周延伸，开始在古城内大面积迅速蔓延，在许多地段已经成片经营

图 5-119　2010 年古城客栈空间分布示意图

2012年客栈空间分布：客栈空间已遍及古城，占据了除商业空间外的大部分地段

图 5-120　2012 年古城客栈空间分布示意图

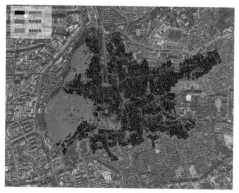

2022年客栈空间分布：客栈空间占据了除商业空间外的绝大部分地段，几乎将古城原有的"居住空间"全部置换

图 5-121　2022 年古城客栈空间分布示意图

从图中可以看到，大研古城的旅游服务空间（主要为客栈/旅馆）从"点"—"局部"—"片"呈全面蔓延的态势，在2006年后开始迅速发展，短短几年时间几乎将古城内的原住民居住空间完全置换。2006年笔者调研时，客栈还主要集中分布在古城主要商业街道东西两侧；在不同的地段，客栈分布的数量不同：在靠近狮子山、万古楼、木府、方国瑜故居、万子桥等景点，周围环境较好的地段，以及四方街附近，靠近古城大水车地段，客栈分布明显较多，其他地段则分布较少。然而至2010年笔者再次去丽江时，发现客栈已经在古城"遍地开花"，以前较为偏僻的五一街、八一街下段等地也开始遍布客栈；至2012年笔者到古城调研时，客栈已经"随处可见"。究其原因，一是近年来，古城游客越来越青睐富有特色的客栈住宿。作为一座具有较高综合价值和整体价值的历史文化名城，丽江古城内富有特色的客栈更是游客最佳的选择；二是古城自2003年保护管理局开始实施《准营证》以来，在古城经营商业的门槛变高，经营客栈对外地投资者来说相对容易；三是古城居民大多已不太愿意居住在古城内，纷纷将自家民居院落出租，自己到古城外居住，这造成了客栈空间与原有居住空间的进一步置换。2008年，有学者调查表明，在丽江古城民居客栈经营中，外地经营者的数量占59%，本地经营者占41%。而至笔者2012年调研时，大研古城客栈的经营方式为三种：一是由外地人经营，二是外地人与本地人共同经营，三是本地人自主经营。但笔者发现在古城经营者中，本地纳西人独自经营的占极少数，不到经营者总数的20%。这一比例在2022年时已不足16%。

来丽江古城租房经商的外地人都是以盈利为目的，他们一般很少去了解和关心丽江古城的文化和历史，其价值观和古城居民差异很大，其经营行为和生活方式很难融入当地社区。作为"客居者""暂住户"，他们普遍缺乏相关的责任意识，既无爱家的情感，也少有保护古城的意识。

就笔者于2012年调研的情况看，大研古城的客栈入住率（非假日期间）以五一街上段、七一街、振兴巷、文化巷等地段入住率较高，达69.5%；新义街、密士巷附近其次，达65.1%；四方街、新华街则相对较低，仅为57.6%。在较为偏僻的五一街下段和八一街下段，入住率仅53.2%。四方街、新华街附近入住率较低，与新华街上大量的酒吧和四方街较为喧闹的境况有一定的关联。2012年笔者曾与在较为偏僻地段五一街下段及八一街下段的客栈老板攀谈，他们坦言客栈只有在黄金周、小长假期间生意较好，其他情况入住率一般。然而由于古城每年与日俱增的游客数量，他们仍对客栈的前景表示乐观。2020年后由于疫情原因影响，2022年笔者到丽江调研时古城客栈数量有所下降，但其所承担的旅馆业服务仍然是古城各院落除商业外的主体功能。

古城客栈因其规模小、建筑风貌优美、环境舒适而成为游客到丽江古城居住的首选。然而由于客栈的大规模蔓延及本地居民的大量流失，使本来富有当地特色的纳西古城文化丧失了真实——固然许多客栈的经营者在建筑装饰、室内空间中使用了大量的纳西文化符号，有些经营者还雇佣本地人做服务员，然而这样呈现出来的"古城文化"仅仅浮于表面，并非本土化、地道的韵味；从长远来看，这些经营者向旅游者传递变质的、肤浅的纳西文化，会损害到以传统纳西文化为根基的丽江古城旅游业发展。

此外，客栈本身的旅馆业性质引来的蜂拥而至的旅游者使古城原来简单纯朴的生活变得复杂，安静的生活社区变成了嘈杂的商业区。在 2006 年笔者调研时，就曾有居民向笔者抱怨，游客来到丽江，会去感受古城的夜生活，他们回客栈的时间都较晚，晚上十一二点都还算早的，有的甚至玩到凌晨两三点。民居隔音效果差，游客夜间大声喧哗，严重影响了周围居民的正常休息。在 2012 年笔者再次来到这家民居时，主人早已在几年前将房屋出租改为客栈。2020 年后，随着客栈空间的进一步蔓延，许多原住民再也不愿踏足古城，因为古城早已"不是原来的味道了"（一位纳西族出租车司机这样告诉笔者）。由此可以看出，大量的民居客栈蔓延不仅加速了原住民的迁离，也无法代替古城原有的"鸡鸣犬吠"的本地生活的文化灵魂。

3) 旅游娱乐业（酒吧）空间的强行侵入

酒吧街的兴起是丽江古城旅游业发展的产物。在大众传媒的打造中，在丽江古城，酒吧的喧嚣与热闹，无数男女怀抱好奇或是情感的躁动去追寻所谓的"艳遇"，点一杯热气腾腾的咖啡或一杯清新的冷饮，叫一份美味的甜点，看看小说、发呆、神游、晒太阳……这样的"小资"情调无疑让许多游客趋之若鹜。

"小资群体是在经济上相对富裕，生活上讲求品位的社会阶层。该群体的成员一般为具有一定的经济基础、受过高等教育的年轻人，所从事的职业一般为公司白领或自由职业者。此外该群体区别于其他群体的最大特征是他们所推崇的一种小资情调，即一种独特的审美化的生活方式和精神格调，表现为刻意追求精致高雅的生活品位，讲求生活细节，善于营造浪漫气息，追求休闲享受，精神上标榜自我，张扬个性自由，带有自闭自恋式的孤芳自赏等特质。"由于小资本身刻意追求某种精神气质的特点，也使这一群体成为丽江古城"浪漫"文化符号的最大消费族群。随着丽江"浪漫""艳遇"宣传的兴起，各地的人聚到丽江古城，在古城的商业地段开设酒吧，以满足游客的需要。1996 年左右，古城开始出现第一家酒吧。至 2002 年，酒吧共计 19 家，主要分布在新华街翠文段以及四方街（图 5-122）。2006 年，酒吧数量开始增长，主要沿西河两岸分布，如"小巴黎酒吧""樱花屋""骆驼酒

一米阳光酒吧

火鸟酒吧

千里走单骑酒吧

图 5-122   新华街上的各种酒吧

吧""摩梭吧""三里屯"等；此时许多
酒吧还兼茶室、书吧的功能，较为安静。
至 2012 年，古城中酒吧数量达 67 家，主
要分布在新华街一带，"酒吧一条街"由
此形成。2012 年笔者调研时，酒吧分布已
集中至新华街一带，形成"酒吧街"（北
起古城北口大水车，南至四方街科贡坊），
沿新华街玉水河两岸分布；茶室、书吧已
然消失，取而代之的是喧哗的歌舞环境（图
5-123 ～图 5-125）。

2006 年酒吧空间分布：主要分布在古城商业区北段，
新华街西河一带较为集中。当时酒吧的经营内容并不
突出，许多酒吧也兼具茶室、餐吧、书吧功能，偶有
驻唱歌手，并不十分喧闹

图 5-123   2006 年古城酒吧空间分布示意图

2012 年酒吧空间分布：经政府调整管理，几乎全部集
中至新华街一带。相比以往，大型连锁酒吧增多，如
一米阳光、桃花岛、樱花屋等。酒吧主要转为夜间营业，
白天播放音乐，夜间歌舞不断，门口还有装扮各异的
营销人员，十分喧闹嘈杂

图 5-124   2012 年古城酒吧空间分布示意图

2022 年酒吧空间分布：从傍晚开始经营，大多有驻
唱歌手，歌舞不断，十分喧闹嘈杂。酒吧一条街上各
类酒吧与大小餐馆在晚上才开始正式营业，大多经营
至半夜两三点

图 5-125   2022 年古城酒吧空间分布示意图

2012年笔者调研时，酒吧街占据了古城的中心位置，一到晚上灯红酒绿，还开了很大的音响，十分嘈杂，与古城所应该体现的文化不一致。酒吧街的噪声状况至2020年后有所好转，但仍然十分嘈杂，并往往经营至半夜。一位本地纳西族出租车司机告诉笔者："每天晚上叮咣叮咣，实在太吵了，我都好几年没进去（古城）了。"由于酒吧经营者的趋利心理，酒吧街的经营还一度"很黄很暴力"。近年经媒体披露后，政府进行了整顿，在笔者调研期间，酒吧街中并未出现"少儿不宜"的经营局面，基本以歌舞表演为主，但震耳欲聋的音响、炫目的灯光，使酒吧街一带"只闻音响，不辨人声"。这显然破坏了大研古城原本的文化生态特征。

酒吧街的泛滥使得大研古城原本神秘而又自然纯朴的纳西族生活方式被消解了，替代的是相对复杂、喧哗并且略显矫情的娱乐化状态。用纳西作家白郎的话说，"它（古城）的灵魂正在一天天褪色，在削弱"（图5-126）。

文翠路段烟雨酒吧"很黄很暴力"的"艳遇佛"（后因舆论压力2013年拆除）

后街5号酒吧夜景（为博取客源，酒吧经营者大多采取光怪陆离的营销方式）

樱花酒吧内景

纳西神话酒吧

图5-126　古城新华街上的各种酒吧

4）雷同化的商业业态在街区中的低效铺陈

在旅游开发以前，四方街是古城中的商贸中心，售卖各种传统生活物资，古城内的商业业态也主要是以生活服务类商业为主。随着 20 世纪 90 年代旅游业的快速发展，丽江古城的店铺数量和旅游服务设施急剧膨胀，古城的商业业态也经历了巨大的转换。据调查，20 世纪 90 年代初仍有 30% 的居民在古城内从事民族传统手工业和商业活动，但在丽江申报世界遗产成功后，古城中的商品经营就开始大幅向旅游服务类别转变。有学者在 2002 年对丽江大研古城商业业态进行了调查分析，将丽江大研古城的商业门面分成 15 类，其中包含了药店诊所、日常用品零售店等为本地居民服务的商业业态；但在这其中，仅仅针对游客的民族服饰、酒吧网吧、客栈、纪念品销售、地方特产销售、酒店旅馆、旅游服务、古乐乐场、书店音响店等 9 类，就占整个街道门面的 69.66%，传统建筑超过 85% 已经被再利用于旅游商业和服务。

2006 年笔者调研期间，大研古城的商业街中，东大街、新义街、密士巷、现文巷、官院巷、五一街（部分）、七一街（部分）的商业较为繁华，沿街门面几乎都是面向游客的旅游用品商店和旅游服务设施，已占到商铺总量的 90%，并在商业经营空间上显现出一定的商业业态规律：工艺品店、银饰店、民族服饰店、茶叶店较多且出现了大部雷同的迹象，经营种类也都大同小异。

2002-2006 年短短四五年内，可以说，游客走到哪里，店铺就开到哪里，各种为游客服务的行当也跟进到哪里（图 5-127）。

至 2012 年笔者调研时，丽江大研古城商业街的业态主要以商品经营、餐酒吧为主。按数量统计，商业街区中商品经营占 88%，餐饮酒吧占 7%，客栈占 5%；按面积统计，商品经营约占 46%，餐饮酒吧约占 17%。在商品业态中，纪念品手工艺品 769 家，民族服饰 606 家，地方特产 234 家（包括茶叶、食品、保健品等），皮具 98 家，小超市 58 家，旅游服务（票务、旅行社等）86 家，书店音像 44 家，其他 97 家。而在这些业态中，与本地人相关的只有两家药店诊所、一家理发店，其中仅理发店是完全针对本地人

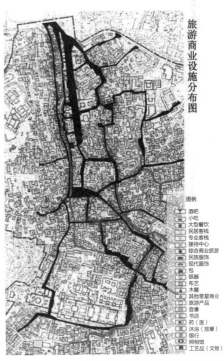

旅游商业设施分布图

图 5-127　2006 年大研古城主要商业街道旅游商业设施分布图

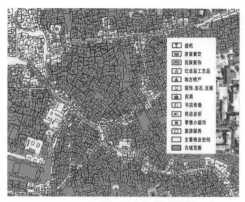

图 5-128　2012 年大研古城主要商业街道旅游商业设施分布图 1

图 5-129　2012 年大研古城主要商业街道旅游商业设施分布图 2

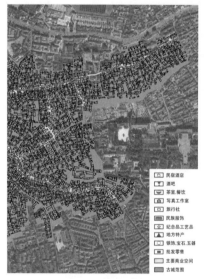

图 5-130　2022 年大研古城主要商业街道旅游商业设施分布图 1

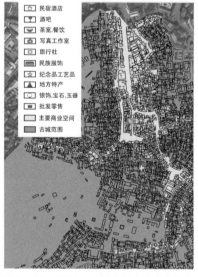

图 5-131　2022 年大研古城主要商业街道旅游商业设施分布图 2

开设的（且位置偏僻，位于八一街下段）。此外，笔者注意到，古城中所有的小超市售卖的物品无不是针对旅客需求设计，针对本地人"柴米油盐酱醋茶"的售卖品几乎为零。由此我们可以得出结论：古城内的商业业态的主要目标顾客均为中外旅客，属于典型的旅游类消费业态配置（图 5-128 ~ 图 5-131）。

古城的商业气息越来越浓，冲淡了本地原生态文化的内涵。古城内随处可以听见白族民乐葫芦丝吹出的乐曲，民族服装店经营的服装多数不是纳西族服饰，而是苗族的刺绣、摩梭人的围巾、白族的银饰等，生产厂地也多数是广州、温州等地。

技艺精湛的纳西族传统的手工艺品如铜器逐渐消失，被粗制滥造的廉价商品所替代。据一位纳西族的古城居民介绍说，外地人经营的铜器店多采用模具，成本低，制作速度快；而由当地人经营的铜器店多是手工制品，成本高，制作速度慢。于是，当地人就渐渐地退出铜器生产，把自己的店面出租转让，工艺品也自然丧失了其原有的价值。1999年，丽江古城由本地艺人开的木雕店87家，至2007年仅剩下7家。

2006年笔者在大研调研，发现丽江本地人开发的旅游商品（手工艺品、纪念品、土特产等）已然式微，至2012年这样的情况显然更趋严重：本土的铜器店消失不见（笔者调研时，走遍古城都未找到一家纳西人经营的铜器店），取而代之的是大部分来自大理的银饰店；丽江本土的木器店也已消失，在招牌上写"地方特产"的商店大都卖的是中甸的藏药、普洱的普洱茶、昆明的鲜花饼；含有深刻纳西文化的木雕工艺店2002年时在古城随处可见，2006年开始减少，至2012年则几乎全部消失，取而代之的是南美/非洲式的木鼓和音乐碟片。在丽江古城销售的小饰品有1000多种，可谓琳琅满目，令人眼花缭乱，但其产地多来自浙江、福建、广东、广西等工艺发达地区，单来自义乌的就占三分之一。可以看出，丽江古城的旅游纪念品市场中本土地方产品所占比重不仅很少，而且呈现出越来越少的趋势。据笔者调研，2022年古城内分布的商品业态有向乡土文化侧重的趋势，但总体业态比例和分布问题依然没有得到根本性的改善。

可以看出，随着古城知名度的提高和旅游业的发展，传统的手工业生产和民族土特产品贸易逐渐消失，与古城价值背离、毫无地方民族特色的"旅游商品"充斥了古城。在庞大旅游市场的激励下，商店的数量不断增加，丽江古城几乎成了一个巨大的旅游纪念品批发市场，来自各地的商品汇聚到这里转卖给游客。有学者甚至指出，今天的丽江古城已经更像一座游乐园，一个摄影棚。对此，游客不满，媒体批评，甚至世界遗产委员会也提出了警告。

丰富的历史文化资源是大研古城的灵魂，也是丽江旅游发展的原动力。"独特的民族文化特性"是大研古城存在和发展的基石。应该说，旅游业的迅速发展，确实挽救了一些濒临灭绝的纳西文化，最明显的就是纳西古乐。但是旅游的商业化也使得古城中纳西文化的发展产生了片面化、表面化、符号化的情况。例如笔者在古城中随处可以看到众多的民族服饰店、披肩、皮包、铃铛上有纳西族的象形文字，表面上看来"纳西味儿"挺足，然而据笔者咨询当地的纳西学者得知，其中真正懂得纳西文字的商家寥寥无几，古城绝大多数出售附有纳西文字的商品仅仅是抽取纳西文字中有商业开发价值的一部分元素来使用，有的甚至还进行了"变异"，文字错漏的情况比比皆是，这样的"强取嫁接"对纳西文化本身的深度传承并没有多大意义。

此外，笔者发现，古城中商店经营的商品雷同现象同样十分明显。不管是在四方街、东大街、现文巷还是五一街、七一街、官院巷，沿街店铺售卖的商品均有极高的重复性，无论服饰店、银器珠宝店，还是茶叶店、手工艺品店、书籍音像店，商品皆大同小异，若不是知道自己身处何地（哪条街），仅凭沿街商铺景观，很容易让人产生"原地打转"的困惑（图5-132）。

这样商业业态雷同化的低效铺陈，体现了旅游产品的复制性开发和平面化消费

崇仁巷银饰店	七一街银饰店	现文巷银饰店
东大街民族服饰店	现文巷民族服饰店	官院巷民族服饰店
官院巷茶叶店	七一街茶叶店	新义街茶叶店
七一街饰品店	五一街饰品店	新华街饰品店

图5-132 古城中的商店经营雷同

特色，不但使得古城本身文化的活力日渐衰退，也大大降低了古城旅游商品所附加的文化含量。可以预测，如果再任由大量重复的外来旅游纪念品蔓延而忽略本土的手工技艺复兴，大研古城独特的地域文化必将在外来商品经济的冲击下逐渐瓦解，最终古城内可能只剩下贩卖笼统中国概念的文化便利商店。

5.2.5.3 "空城"——古城的原住民"空心化"

诗人于坚在《幸存之城》里曾这样说："许多世界文化遗产，实际上只是一座座古代建筑的空壳，但大研镇却是一座活着的古城，它的建筑，它的相濡以沫的日常生活，它的美丽、勤劳、保守的母亲。"然而，如今的大研古城，原住民"空心化"现象已经十分严重，成为另一种意义的"空城"。

（1）触目惊心的"空心化"现实

改革开放初期，丽江有计划地建立历史文化保护性法规体系，并在此基础上实施了不同层次的"历史文化名城"观光发展策略，成为第一个以原住民生活空间作为主体内容的世界文化遗产地。1995 年，丽江开始通过大量的政策制定、环境治理、民居保护政策等发展策略来以旅游业振兴古城，一时成为国内历史文化名城保护与振兴的成功典范。自 1996 年以来，丽江的游客增加了 4 倍，大研古城的年游客量自 1997 年起就突破了 100 万人次，直至 2004 年达到 360 万人次。2000 年后，丽江古城每年总接待量超过了古城人口的 30 倍。2010 年以来，在旅游黄金周期间，每天中午大约有三四万人同时涌入大研古城狭窄的街巷之间。然而，现代化旅游业的快速发展一方面改变了丽江的城市结构，另一方面也使得丽江历经千百年才形成的古城"原生态"人居环境"濒临灭绝"（图 5-133、图 5-134）。

大研古城未大规模开展旅游业之前，1986 年底丽江古城有居民 4269 户 15279

图 5-133　古城关院巷拥挤的游客

图 5-134　古城关门口拥挤的游客

人；1996 年由于古城范围重新划分及人口增长，古城有 6269 户 25379 人。然而自 1997 年大规模开发旅游业伊始，古镇原住民就开始了不正常的迁离，当时尤以新义街积善巷、新华街双石巷较为严重。居民们由于利益驱动，把住房改为店铺出租或自己经营，然后迁到新城居住。到 1999 年底，共有 1527 户 5001 人迁出古城。1990 年，政府为了发展古城内的旅游商业，通过旧改项目迁出了一批古城居民 293 户 1165 人。后来丽江旅游业井喷发展，大研古城原住民又陆续迁出，以 1999 年为例，古城迁出 68 户 193 人。1987–1999 年，已有 35.8% 的居民户、32.7% 的人口迁离古城。同时迁入古城的非纳西族居民也很多，他们来自各个省份，累计有 1350 户 4053 人迁入。2000 年第五次人口普查时，古城原住民人口仅有 13779 人，减少了近一半。这样的人口"置换"，使古城的居民呈现出本地纳西族文化与非本地文化同时共存的情况。

虽然自 2002 年起丽江古城管理委员会加强了管理，向古城重点民居房主发补助金以期适当控制外来经商人数，但至 2004 年，大研古城区内原住民人口仅为 12960 人；1996–2004 年 8 年间，丽江古城原住民净减了 12419 人，而同期则平均每年有 103.8 户外来人口迁入古城。古城内流动人口主要聚居在新华街、光义街、新义街等商业繁华地带，约 2500 人，老年人口（60 岁以上人口）3870 人，占总人口的 26%。

至 2006 年作者调研时，即使古城已呈现出原住民的非正常迁离，但迁离的数量及比例还未明显增多，居住建筑在古城尚占据着大部分空间。

2006 年，据笔者调研及古城管委会所提供资料，丽江古城共属 9 个居委会管辖，分别是新华街居委会、新义街居委会、光义街居委会、五一街居委会、七一街居委会、义尚居委会、义和居委会、八河居委会、义正办事处。这 9 个居委会的人口资料见表 5-19：

2006 年古城居委会及人口资料　　　　　　　　　　　　　　表 5-19

居委会名称	分巷名称	人口	其中：古城内人口	面积（ha）	其中：古城内面积（ha）	人口密度（人/ha）
新华街居委会	双石段	351	351	3.5	3.5	100
	翠文段	472	472	4.3	4.3	110
	黄山上段	521	521	4.2	4.2	124
	黄山下段	343	343	1.0	1.0	343

居委会名称	分巷名称	人口	其中：古城内人口	面积（ha）	其中：古城内面积（ha）	人口密度（人/ha）
新义街居委会	积善	579	364	11.0	6.9	53
	密士	366	366	2.0	2.0	183
	四方	254	254	1.0	1.0	254
	百岁	406	406	1.6	1.6	254
光义街居委会	现文	275	275	1.5	1.5	183
	新院	352	352	0.7	0.7	503
	官院	278	278	1.8	1.8	154
	忠义	683	683	5.3	5.3	129
	光碧	589	589	12.0	12.0	49
	金星	257	257	2.6	2.6	99
	金甲	119	0	0.9	0	132
五一街居委会	兴仁上段	529	529	1.8	1.8	294
	兴仁中段	412	412	2.0	2.0	206
	兴仁下段	298	298	1.3	1.3	229
	文治巷	882	882	7.2	7.2	123
	文华巷	586	586	12.3	12.3	48
	文明巷	590	590	1.5	1.5	393
	振兴巷	281	281	1.3	1.3	216
七一街居委会	关门口	197	197	0.5	0.5	394
	八一上段	423	423	1.5	1.5	282
	八一下段	814	814	11.4	11.4	71
	兴文巷	609	609	2.6	2.6	234
	崇仁巷	498	498	3.6	3.6	138
义尚居委会	文华新村	50	0	1.2	0	42
	文明村	566	566	12.4	12.4	46
	文林村	582	582	12.0	12.0	49
义和居委会	卿云村	433	0	2.4	0	180
	忠义西村	291	291	2.3	2.3	127
	忠义东村	316	316	7.0	7.0	45
	昭庆村	392	392	10.8	10.8	36

续表

居委会名称	分巷名称	人口	其中：古城内人口	面积（ha）	其中：古城内面积（ha）	人口密度（人/ha）
八河居委会	西部	45	45	0.4	0.4	113
	东部	36	36	0.3	0.3	120
义正办事处	金甲村	102	102	3.0	3.0	34
合计		14 777	13 960	152.2	143.6	

2006 年初，丽江古城纳西族人口占绝大多数，有 13083 人，占 88%；其次是汉族 1170 人，占 8%；接下来为白族，其他少数民族有彝族、壮族、傣族、苗族、傈僳族、回族、藏族、普米族、哈尼族、布朗族、蒙古族、布依族等。据 2006 年底古城派出所提供的数据显示，户口仍在古城的居民有 18545 人，而从实有居民人数（9900 人）来看，实际上古城原住居民只有一半了。从 2009 年"社会科学专家话丽江"的调查活动中可知，古城居民有 9 万多人，而外来登记的暂住人口（实际很多是长期居住）已经达到了 8 万多人（图 5-135、图 5-136）。

1990-2000 年居住空间分布：除主要商业街道外，居住空间基本仍占据了古城的大部分

图 5-135　1990-2000 年古城居住空间分布示意图

2006 年居住空间分布：随着商业空间向古城纵深延伸，客栈空间逐渐增多，古城的居住空间开始减少。减少地段主要集中在密士巷、新华街一带

图 5-136　2006 年古城居住空间分布示意图

这一古城原住民的流动趋势在 2006 年后还以不可阻挡的态势蔓延，2010-2012 年这一趋势到达高峰。2006 年后，笔者曾于 2010 年、2012 年两次调研古城，发现当地原住民的居住空间正赫然以雪崩般的速度消解。2022 年笔者调研时，原住民的居住空间已经所剩无几（图 5-137 ~ 图 5-139）。

当地古城保护管理局显然也意识到了大研古城"空城化"的严重性，早于 2002 年就开始给在环古城道路内侧范围内长期居住且有常住户口的各社区居委会居民（含 1997 年 12 月 4 日后自然增长的人口）每人每月 10 元补助金（后上升到 15 元）；本地年收入少于两万元的原住居民如果想修缮房屋，只要不用于商业经营，政府都一次性给予 5000-20000 元的补助金；从 2008 年起规定古城民居的购买者必须是丽江当地户口，并出台了设置便民服务中心对原住民进行无偿服务等一系列惠民政策。但是，这些措施显然收效并不如预期。

如今绝大多数纳西原住民都采取了"在户不入住"的方式，使当地管理部门难以查证是否长期在古城居住。以新义街为例，新义街居委会 1986 年底户籍登记中有 578 户居民，2006 年底户籍登记中仍有 506 户 1591 人，但事实上居住在古城内的原有居民已经不足 100 户。2012 年笔者调研发现，仍居住在新义街的原住民不超过 10 户。还有新华街，户籍登记中有 464 户 1688 人，但是实际上已几乎没有原住民居住（原住民仅 3 户）。就笔者 2022 年实地调研的情况来看，除了极少数"优秀党员家庭"和"五星级文明户"外，绝大部分本土居民已搬出纳西古城。

一位不愿透露姓名的当地街道工作人员对笔者透露："只有那些实在困

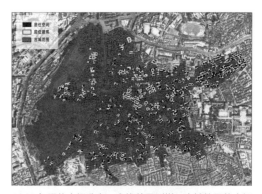

2010 年居住空间分布：客栈数量剧增，古城的居住空间呈现大规模减少的趋势，已经开始呈斑块状存在

图 5-137　2010 年古城居住空间分布示意图

2012 年居住空间分布：原住民的居住空间迅速消解，在古城内仅以点状零星分布

图 5-138　2012 年古城居住空间分布示意图

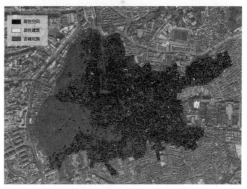

2022 年居住空间分布：原住民的居住空间呈现进一步萎缩的状态，已经所剩无几

图 5-139　2022 年古城居住空间分布示意图

图5-140　四方街上捡拾垃圾的纳西老人

难，在城（古城）外买不起房的没办法了才住在古城。"显然，大研古城的"空城"现象已然铸成。此外，由于稍有经济实力的家庭都选择到新城居住，古城内的贫困现象也较为突出。大研镇于1997年10月开始实施"城市居民最低生活保障制度"，当年全镇45户78人的"低保"对象中，如今仍有38户69人生活在古城内。这一切对古城纳西文化的活态保护与沿袭显然十分不利（图5-140）。

（2）古城的"空心化"根源

其实古城外的第一个新居民点——北门坡居民点，早在旅游业发展前就有古城居民去建房，这些建房户都是极端的住房困难户，是在政府鼓励（免缴宅基地费用）之下开始建房的；当时政府的想法是降低古城的房屋密度和人口密度。然后是"卖鸡地"（后来演化为"卖鸡巷"）的居民被有关部门无数次的说服和让步后，终于决定同意搬迁——这是古城的第一个搬迁点。然而，如果说早期古城居民的搬迁带有政府强制性迁移因素的话，那么近年来的古城"空心化"则大量表现为"自发性"的搬离。相较而言，早期的搬迁对古城的影响只局限于"一时一隅"；而古城原住民经年的自发性迁离则规模大、范围广，直接导致了古城"空心化"。近年来，尽管政府多方举措防止"空心化"，然而当地居民仍然陆续坚持"用脚投票"，这显然有深层次的内生性动因。经实地调研，对当地多户人家走访后，笔者认为主要有以下三类原因：

1）便利性

20世纪90年代以来，丽江古城内纳西族的家庭结构开始发生变化。由于社会的进步，以往由家族观念约束的多代同堂的多进制大宅共同生活方式已不复存在，大家庭分裂为少人口的多户结构，厨房分立，原有的房间格局难免不敷使用，古城内的传统民居布局在某些方面不再能满足一些年轻人现代生活的需求；加之丽江古城被列入世界文化遗产之后，丽江古城规划又有了新的限制，例如在2003年以前，居民新建、翻修房屋要申请，批复后在有关部门的指导和监督下进行，对建筑的结构、样式、材料、色彩等都有规定限制，居民不能按自己意愿进行修改调整；而到2003年后，这一类要求则更为严格，要按照《丽江古城传统民居保护维修手册》进行维修与修缮，并且房主无权决定其房屋的拆除与重建等。提高房屋修缮的门槛后，房屋的养护成本无疑增加了，这对于一些经济上不甚宽裕的古城居民来说，是个不小的负担。此外，为了保护古城及开发旅游，古城内不能通车（禁止非特许车辆出入），很多居民回家需要步行很久，购买大型物品后的搬运问题也颇为头疼（图5-141），古城内禁止使用太阳能也在一定程度上增加了城内居民的生活成本。

诚然，这些规定都是为了更好地保护古城建筑环境，但在客观上也造成了古城居民在古城内生活的诸多不便。一位曾经的古城居民告诉笔者，前两年他80岁老母亲突然发病，正值白天游客拥挤，救护车开不进古城，古城内的石板路也没法用轮椅，只好把老人一路背出（古城）去，这件事过后他当年即在新城里买房，"不为别的，就图个方便"。

不管在何处置业居住，对于普通居民而言，"便利性"一般都是重点考虑的因素。1990年以前，古城内有着多个农贸市场、百货商场以及各种售卖生活用品的商

图5-141　白天在古城中行进的垃圾收集车

店，这些商业的服务对象当然是古城居民。然而如今在古城内，为普通居民生活所提供的"便利"几乎没有。在一个普通的"方便"居住的社区，通常应该具备各种各样的生活便利设施，比如菜市场、小超市（主要卖油盐酱醋、家居用品）、水果摊、快递点、五金店、文具店、杂货店、干洗店、药店、社区诊所、小型银行便民网店、邮局、理发店甚至美容院等，然而如今这些"生活必需品"的售卖点在大研古城内几乎消失殆尽：古城内只在入口处有一两家银行和一家邮局；偌大古城仅有一家理发店，还是在八一街下段靠近古城边缘；两家药店其中一家也已关门；古城外围尚存忠义市场（菜市场），但听居民说也要搬迁；小超市售卖的都是为游客服务的商品；除了还有一些小吃店（主要也是为游客服务）外，其他尽皆不存。此外，一般在国内城市中，小学、幼儿园附近总会有些为孩子们提供方便的文具店、书店、玩具店甚至儿童服装店等，但这些服务性的商店在古城内的小学、幼儿园附近也难觅踪迹，取而代之的是售卖旅游商品的店铺（图5-142）。

古城内各种生活设施的消失与当地原住民纷纷迁离是互为因果的双向过程，这一过程使得古城内的"空心化"循环持续加剧。古城已"太像一个舞台，而不是一个宜人的居住处"。利益驱动及多年来的旅游发展使得丽江大研古城内商铺、客栈的商业价值呈现飞跃式的上涨。2006年笔者调研发现，大研古城的商铺租金最高为250元/m^2，至2012年已涨到1500-2000元/m^2，涨幅高达700%，2019年这一数字仍呈持续上涨的趋势；2020年因疫情影响，到2022年商铺租金的低价有所回落，但大部分地段的高位租金依然坚挺（表5-20）。

图 5-142　古城兴文小学附近街景

大研古城商铺近年月租金列表　　　　　　表 5-20

年份	古城商铺月租金（按地段划分）（元 /m²）					
	四方街	东大街	五一街	光义街	七一街	新华街
2006 年	125-250	100-250	25-35	50-100	50-80	50-120
2010 年	800-1 000	600-1 000	200	200-300	200-400	150-300
2012 年	1 500-2 000	1 000-2 000	500-1 000	400-600	500-800	350-400
2019 年	1 400-2 500	780-2 200	480-1 250	480-700	500-1 000	360-450
2022 年	70-3 000	66-735	37-406	69-290	66-1 800	70-790

　　此外，古城客栈的租金也同样十分可观。客栈房租（承包金）近年来只涨不降，据笔者 2012 年调查，大研古城内一个普通四合院，地点再偏僻，一年房租至少超 10 万元，如果地段便捷的则可高达五六十万。2011 年丽江市城镇居民的可支配收入为 18620 元。显然，这样的收益远高于丽江市城镇居民的人均年收入。古城客栈的转让利润也极其可观。据笔者调查，2006 年时客栈的转让费为 15 万-20 万，到 2012 年这一费用已攀升至 80 万到一两百万元不等，有些较好的地段甚至 500 万元起价。2006 年笔者调研时，七一街上一座 15 间房的客栈，转让费是 15 万元，2012 年笔者再到这家客栈询问，得知该客栈已经于 2009 年再次转让，转让费已高达 40 万元。老板告知笔者，现在这客栈如要转让，少于 80 万元他不会考虑。

　　在这样高额利润的诱惑下，多数古城原住民当然乐意把房屋出租给有更丰厚资金和从商经验的外来者经营，自己去新城居住，既规避了商业风险和旅游压力，又能获得较为稳定的房租收入。2006 年笔者调研时，古城内（主要在四方街一带）的房东有超过 70% 选择在新城居住，仍在原址居住的人不足 15%；与此相对的是，根据调查，有 50% 以上的外来商户选择了古城核心地段作为居住地，86.1% 住在古城内。由此可见，在内出外进的合力作用下，2006 年时的古城四方街一带，外来商户就已经和原住民基本完成了"居住置换"。这样的"置换"随着古城旅游业的进一步发展而持续蔓延，至 2012 年笔者调研时，不止四方街一带，就连原本较为偏僻的五一街、七一街一带也几乎布满了客栈（图 5-143）。

图 5-143　古城内遍布的招租广告

2）生活方式改变

在未进行旅游开发以前，纳西人在古城的生活是崇尚自然，悠闲而惬意的。顾彼得在《被遗忘的王国》中曾抒情地描写过大研古城内纳西人的生活："街上的生意人会停下买卖欣赏一丛玫瑰花，或凝视一会儿清澈的溪流水底。田里的农夫会暂停手头活计，远望雪山千变万化的容颜。集市上的人群屏住气观看一行高飞的大雁。匆忙的木匠停下手中的锯和斧，直起身来谈论鸟儿的啼叫声。鹤发童颜的老人健步顺山而下，像孩儿般有说有笑，手持钓竿钓鱼去了。当工人们突然想到湖边或到雪山上野餐时，工厂就干脆关门一两天，然而工作未受影响，而且干得更好。"与内地发达地区相比，丽江的本土居民的生活节奏也较为缓慢，古城四方街"将近中午商店才开门，而四方街到了下午才活跃起来。早晨，市场和街道都是空荡荡的。……当太阳高高挂在天空时，那是到四方街赶集的时候了。……稍过中午，集市到了热火朝天的程度，人和牲口乱作一团，开了锅似的。……六点钟后，市场逐渐空荡了。到 7 点钟，商店都上了窗板。市场上的货摊都又收拾起来堆放着。街道上空荡荡，已是吃晚饭的时间了。直到傍晚 8 点钟后大街上又开始挤满了人"。

在大研古城开始大力发展旅游时，古城居民起初也投入到开发旅游的热情中。自 1998 年始，古城主要街道上的 1600 多家户主纷纷开起了店铺和客栈。然而这样的规模从 2002 年开始迅速下滑，在 2006 年的调查中，据古城管委会统计，古城内有经营户 1600 多户，其中餐饮店 144 户，各种酒店、客栈 146 户，这其中 70% 以上都是外来人口在经营。至 2012 年笔者调研时，古城商铺的本土经营者所占比例

图 5-144　大研古城内拥挤的人流

图 5-145　黄山上段的纳西人经营店

已下降到不足 10%，显然纳西本地人并不善于在竞争性市场体系下经营。笔者曾就此询问过一些纳西本地人，得到的答复大多为：①作息问题。"纳西人懒嘛，我们早上九十点钟起来就算早的了，他们（外地商户）早上五六点就起来做生意，晚上十一二点才关门，我们怎么争得过他们？"②竞争意识问题。"我们纳西人不会做生意，不如他们（外地商户）精明，要是开店折了老本，不如每年坐收租金来得稳当。" 就笔者看来，纳西人不愿意经营的深层原因则是本土纳西人骨子里对悠闲生活的向往及选择。古城产业形式的改变引入了激烈的市场竞争，而本土居民为了保持原有的生活节奏及其过去的生活场域中内化的行为习惯，就很难利用自身的地域优势和民族文化特色来换取自己的理想生活状态："一份稳定的收入，一个小生意""种种花，养养鸟"，悠闲自在。纳西族这种自身具备的文化属性与市场的竞争机制是格格不入的，使得他们在与外地商户的竞争中一度处于劣势。另一方面，这种文化属性又让他们不愿意放弃从传统社区习得的休闲特质，他们只能通过出租社区居住的权利来谋取生存的权利（图 5-144、图 5-145）。

　　3）生活空间受挤压

　　古城的旅游开发使得古城居民的生活空间受到了严重的挤压。成为世界文化遗产后，古城居民不仅维修房屋必须经过有关单位允许，庭院外原本摆放杂物、晒制泡菜腊肉等物品的空地也陆续被征为公共用地，用于绿化、休闲等设施建设。习惯了与街坊邻居朝夕相处的古城居民将不得不时刻面对无处不在的陌生游客，这不仅给古城居民生活带来很大不便，也使他们失去了一个交流信息、沟通思想的公共场所。以四方街为例，作为一个广场，它曾经是古城居民公共生活的空间，是他们交流信息和情感、沟通理念的地方。节假日时，人们还在这里举行各种市街和歌舞表演；但从 2000 年左右起，四方街的主角就已变为了外来的游客。随着大量旅客的涌入，路边、桥头、树下等原本居民聊天、晒太阳的地方，到处都是熙熙攘攘的游客，本地居民只有退避三舍、退守家宅，就这样还时有好奇的游客登门拜访。即使是一般人，也不愿意自己的生活像珍稀动物那样受关注，更何况纳西族是一个崇尚生活、淡泊人生的民族。

笔者1998年初到丽江，古城内居民的大门是敞开的，人们好客而热情，随便去和一户纳西人家攀谈，都可以宾主尽欢，还无一例外地被主人留客吃饭；笔者2002年到大研古城时，古城居民对游客还算友好，你冲他们照相时还会微笑，但长期以来形成的白天不关大门的习惯已经改变；笔者2006年到古城调研时，若无熟人引见，想要敲门进入一户纳西人家已成为不可能的事；2012年时，笔者在古城已再难见到古城纳西居民的身影，偶有一两位，也是匆匆来去，面无表情。一位在八一街下段售卖茶叶蛋的纳西老太太还在自己摊位前竖起一块牌子："请勿照相，面斥不雅。"（图5-146～图5-148）

旅游学上有"Doxey烦扰指数"，将当地居民对游客的态度分为四个阶段，先是兴奋期，认为游客促进了当地的经济就业；之后是冷漠期；然后开始对游客感到厌烦，不满游客打扰日常生活；最后出现对立期，即展现出排斥情绪。可以看出，起初丽江人对游客是很热情友好的，但随着游客数量的猛增，当地居民出入困难，生活不便；在这样的背景下，大研居民对旅游业的兴奋度降低，源源不断的游人成了压在居民心理上的包袱，他们也因此在心里竖起了一道墙，把自己和游客隔开。此外，大研古城白天充斥着摩肩接踵的游客，晚上更是灯火辉煌、热闹非常，直至深夜；这些都

图5-146　八一街上的纳西老人

图5-147　黄山上段附近纳西人经营的客栈

图5-148　崇仁巷摆小摊的原住民

图 5-149 忠义小巷在家中聊天的纳西人

图 5-150 古城外南面的忠义市场（菜市场），本地人明显增多，但均不住在古城

严重影响到了古城居民的休息、休闲、工作、学习和生活。这使得本地居民纷纷"逃离"古城。一位纳西本地人对笔者称，除非自己得了精神病，否则决不去古城找罪受："我的天啊，太吵了！"这正如著名作家蔡晓龄所说的："纳西民族从来就不是一个看重功利的民族，他们喜欢亲近自然，追求优雅的生活情趣，虽然发展旅游带来的效益很可观，但当旅游发展到了要他们付出他们喜爱的生活方式为代价的地步时，他们并不情愿。因此，隔膜的出现是必然的，甚至可以说，隔膜是居民保护自己的一种方式，是对他们的自我的一种强调，是他们对旅游大潮的微妙抗争。"（图 5-149、图 5-150）。

居住在古城里的居民承担着保护世界文化遗产的责任，不能享受现代生活的便利，却还要承受旅游发展带来的各种负面影响。原住民的福利没有得到足够的重视，而旅游带来的成本则不可避免地由他们承担。在这样的背景下，居民的"逃离"势所必然。"人口的置换和空间污染如果再不进行有效控制，将导致古城文化主体的转移和失落，而这正是古城作为文化遗产最有价值的部分。"我们从前文可以看到，大研古城严重的"空心化"必然会给古城保护及本土主体文化保护带来十分不利的影响。因此，如何使古城环境更多地为原住民服务，"召唤"回已大部逃离的古城居民，是我们亟需思考的重要议题。

5.2.5.4 本土文化的多重割裂

文化是一个整体，包括承载文化的人。一个社会传统文化的形成不是该社会人们共同体中的某些个体或精英主动作为的结果，而是一种客观历史过程的产物，是该社会人们共同体在长期的生产、生活过程中，在适应人与自然、人与社会的关系中逐渐形成的。大研古城的传统文化既决定于社会，又决定于个人，它显现着集体公共性与个体独立性的二重性特征，它是一个完整的文化运作体系。然而，如今的大研古城正在面临前所未有的文化危机，本土的整体文化体系已被多重割裂：古城文化的主体被置换；古城空间的文化属性发生了质变；在强势的外来文化之下，丽江古城本土文化正在面临严重威胁。

（1）第一重割裂：文化主体（人）与客体（古城）的分离

人是一切文化的主体，是文化的创造者和传承者。在大研古城，原住民无疑是古城文化的创造者、实践者和传承者。从普遍意义上说，每一个古城的原住民都在文化传承过程起着主体的作用。

而从前文我们得知，大研古城已然"空心化"，旅游商业的植入，破坏了原先基于"强关系"下的传统社区模式，绝大部分本土居民被外来经营者所"置换"。丽江古城文化主体的集体外迁带来的是民族社区结构的分崩离析，古城纳西文化衰落式微。本地人的迁出使得丽江本身的文化遭到了第一重割裂：人（文化传承者）与客体（地点）的分离。

古镇最基本和最重要的就是原住居民的生活场景和生活习俗，没有真实的老百姓生活在古镇里，古镇就丧失了其传统人文气息的意蕴。古城原住居民是地地道道的纳西人，在近千年的历史进程中，他们继承了传统文化的精神和民族的意识与心理沉淀，他们是决定古城特色和古城命运的当事人。而外来的商人带来各自不同的文化背景，他们不了解古城的文化和历史，在文化传统上很难融入当地社区。作为"客居者""暂住户"，他们普遍缺乏责任主体意识，他们更多地考虑的是如何盈利以及如何舒适地生活，既无爱家园的情怀，也少有保护古城的自觉。显然，将希望完全寄托于外地商客自觉自发的维护和发展大研镇古城社区文化是不可行的，对于从未扎根于这个社区的人而言，现在的生存完全基于利益导向，一旦利益链断裂，他们的迁移则会导致古城社区的完全解体。因此，作为文化主体的人群开始大批外迁之际，也就是古城文化转移、衰弱之时。

以古城水系为例，原古城居民依水而居，水构成了古城的灵魂，因此，古城纳西人十分珍爱古城中的水资源，把水看作生命之源。在东巴经《祭天·远祖回归记》中就曾记载："挥洒圣洁的净水。洒净水，把净水洒向山头，那山头曾去设陷狩猎，但现在呈献的祭牲却不是狩猎得来的；洒净水，把净水洒向山谷，那山谷里曾去撒过网捕过鱼，但今日祭献牲品却不是捕鱼捕来的……"然而，由于古城内原住民与外来商人间的置换，商人的目的是追求利益最大化，并且他们没有古城原居民传统的保护和利用古城水资源的意识和行为，往往容易忽视环境保护。在过去，大研古

图 5-151　新华巷桃花岛酒吧人员向河中泼污水

城中的水在上午之前只可饮用，不得污染；现在即使是早晨，也可以看到古城中常有人直接将洗衣水泼入河中，甚至在河水里投涮拖把，不仅污染环境，也影响他人（图 5-151）。随着大量的原住民这一文化主体被"置换"，直接后果便是古城文化的"断裂"，从事文化产业的外来人员受商业利益的驱使，随意篡改本地文化，使得古城文化失真而庸俗化。同时，没有新的文化来整合，外来人缺乏认同感和归属感，古城内涵的沦丧已是难以否认的事实。

（2）第二重割裂：文化载体（地点）与本体（文化）的分离

"旅游是一把双刃剑"，旅游既可以搞活经济，激活文化，为游客提供一种到文化原生地参观的机会，又会对文化造成一定冲击，造成地点与文化的分离。

今天古城文化发展脉络已经不是源于自身社会的发展，而是受市场逻辑的驱使。旅游业的开发使大量的外地投资商涌入古城。投资商在追求最大利润的目标下，其锁定的对象并不是古城居民，而是具有高消费能力的外地游客。这种只针对外来游客群体、依靠片段意向打造出来的所谓"古城商业文化"，使得地方文化的特殊性与自然演进进程被中断。

在"发展旅游"的大旗下，大研古城的传统风俗都被改造成商业性的表演，一切祭典中原有的神圣和敬畏都已经被置换为娱乐式的喧闹和随意。旅游市场与剧场将大众化时代的民间艺术推向了更前沿的地带，赤裸裸地暴露在大众的目光直射之下，面对着经济、政治与文化的多种利益诉求。在大众传媒的作用下，各类民间艺术在旅游的符号化消费刺激下变得越来越表象化，游客甚至误认为到旅游景区跳一跳东巴舞蹈就可感受到纳西族的东巴文化，看一看"丽水金沙"就了解了丽江丰富的多民族文化，看看"印象·丽江"更可以重返茶马古道感受纳西族传统的历史文化。观看和参与民间艺术的表演就对地方民族文化有一定的认识，其实这种感受只是对旅游的表面体验。旅游环境中的民间艺术被"舞台化"，已脱离了它活生生的文化土壤，缺乏实质性内容，只能是停留在表层的文化展演上（图 5-152）。

古城原本是纳西人的聚居区，是纳西文化的储存所，然而迅速发展的现代商业文化压力，使纳西族的传统文化正在慢慢弱化。通过前文分析可以看出，丽江的旅

图 5-152　古城四方街上的歌舞表演

大理石制品店（新义街）　　　　　非洲手鼓店（新义街）　　　　　综合玩具馆（五一街）

图 5-153　古城内的外来商品

游纪念品市场中地方产品所占比重不仅很小，而且呈现出越来越少的趋势。古城内原本封闭的本土文化元素因为人才和资金的关系相对处于劣势，并没有足够的能力来对抗外面已经成熟开发的文化产品，如今在古城中满眼看到的是从外面（昆明、大理、西藏等）涌进来的旅游产品、西方文化的复制品、纳西文化低级的复制等，贩卖的纪念品都是那么简单的几样，没有太多的创新，而这些纪念品似乎在全国其他的旅游景点也经常见到。整座古城被一些质量、做工并非上乘，并且没有丽江古城的文化特色的小商品所包围。在海量的小商品的冲击下，一些真正具有丽江特色的手工艺品早已在古城中失去了自己的地位（图 5-153）。

　　为了招徕顾客，古城内各家店铺以各种手段极力突出自我，他们或者扩大门面，或者挂出独特怪诞的招牌，如此等等，不胜枚举。各种夸张的商业化展示使得本土古城文化被弱化，整个街道成为一个公共的交通过道和购物街，充满着现代商业社会的躁动和冷漠，缺乏本地文化内涵。

（3）第三重割裂：文化本身的"涵化"

"涵化是一种特殊的传播。它指两个先前对立的文化传统经过持续的、密切的接触后，二者或其中之一发生了全面的变迁。"一般来说，旅游业的发展是文化涵化的主要导因。当旅游者将外来文化携带并散播到目的地时，必将对当地的传统生活方式和观念造成一定的冲击，从而影响到它的生活形态、社会结构等方面，由此又带来了环境的变化和人的变化，从而引起文化的变迁。随着旅游人数的增加，受旅游者带来文化的叠加影响，丽江古城的文化已然发生了涵化，具体表现在以下方面：

1）文化符号化

在大研古城旅游商业"急功近利"式的发展下，大量的古城商业表现出的是文化的"符号化"，只满足于文化的浅层表象，忽视甚至毁坏其深层内涵，其中对丽江纳西族东巴文的滥用是较为典型的现象。为了满足符号的需要，许多工艺品上刻有表示吉祥祝福的东巴文字，制作成各类挂饰出售。然而，这些文字的真正价值在规划设计中并没有看到，看到的只是简单化了的纳西文字符号。这样的规划设计理念，导致销售给游客的只是一种符号化的产品，满足旅游者对东巴文字的好奇心理，忽略了对传统文化价值的显现，使之沦为庸俗化、浅薄化的旅游商品。

诚然，旅游是一种消费活动，消费社会中物或商品是符号的命题必然导致旅游的符号性，即无论旅游经历还是旅游商品（纪念品）都是符号，其背后隐藏着含而不露的文化社会象征意义。现代旅游，其实并不是一般人们所认识的纯粹的"休闲"活动，因为现代社会的符号价值系统会对旅游这个全球最大的产业进行全方位的"浸透"，很自然地，旅游和旅游景物所包含的社会化符号叙事也会在各个方面体现出来。

当然，在某种程度上，旅游商品符号化促进了民族文化的发展；旅游商品上文化信息的符号化也是对于文化理解的一种表达方式，但是就传统文化的长远发展而言，这种寓意浅薄的文化符号大量、大规模地出现，往往会把古城传统文化中的一小部分文化元素无限放大，原来的辅助元素成了主要文化成分，长此以往过度地符号化商业开发，必然会导致文化的退化乃至涵化。此外还有许多古城商家为了迎合游客消费群体的文化习惯，把古城传统文化作为赚钱的工具；甚至在没有真正体会丽江民族传统文化特色的情况下，仅凭个人喜好任意拼凑、编造虚构的"特色"文化，通过对古城文化符号的修改和制造，来达到向流行的大众文化靠拢，用这些文化消费符号来营造一种传统与现代共存的假象。为获取利益而展现给游客一种包装出来的"文化真实"，这大大破坏了传统文化的背景，造成了极其恶劣的文化影响。

这些文化消费符号虽然原本与丽江的传统文化有些许的联系，但是所表现出的现象已经与历史文化发生了偏离。这些行为归根结底是为了追求商业利益，为了迎合大众文化消费需求而对于古城自身文化传统和文化特色进行的篡改和抛弃。长此以往，必然会使丽江古城的传统文化及文化特质在理解上有所偏差，保护与传承都会因此受到不同程度的影响，从而在全球化浪潮中，失去其文化之所以存在和发展的独特性和生命力。

2）文化的异化

旅游业使诸多民族文化得以复兴，并使它们为世界其他地区的人所知。不过，大众旅游（mass tourism）又限定了这种"复兴"发展的方向，使得文化背离了原来的生存背景而发生一定的变异。由旅游带来的外来文化会同化和变异古城的丽江民族传统文化：当外来文化随着游客进入丽江时，旅游者所表现出的可能是不受约束和放纵精神等的"客源地文化"，当纳西古城社区居民意识到自己的文化与主流文化之间有巨大差别的时候，逐渐不再重视传统的文化活动，对传统文化失去了昔日的尊重，从而盲目对自身"文化资本"进行"不等价交换"，弱化了文化在民族社区所具有的社会功能。而这种文化的负面影响可能会使保存了千百年的丽江民族传统文化在旅游业发展的短短几年内发生不好的变迁，并影响着整个民族社区文化系统，最后丧失自身独特的民族文化资源。

丽江作为世界文化遗产，因其突出的传统文化而对旅游者产生了巨大的吸引力。自 20 世纪 80 年代丽江古城开始发展旅游业，尤其是 1995 年进入高速发展期以来，其传统文化在异文化的冲击下正在发生变迁，传统的服饰、建筑、语言，甚至价值观、宗教信仰都因旅游者的介入而发生着变化，出现了以外来文化场域的价值系统为标杆而发生自觉认同的倾向。

①纳西语的式微

随着旅游商品经济的冲击，纳西语的使用在古城已然式微。现在，丽江古城纳西族的很多年轻人已逐渐不说和不会说纳西语了。虽然几年前政府就在古城大研镇兴仁小学开展双语（纳西语、汉语）培训班，但据文化馆负责人介绍，2010 年他做过调查，根据对进行双语教学的兴仁小学 6 年级 12 个班 76 名大研镇纳西族学生的调查结果，会听纳西语的占 44%，会说的占 23.7%，但通过对学生的会话抽查，所谓"会听"是连猜带蒙，"会说"也是把汉语直译成纳西语，完全是机械性的，而用纳西语进行优美的语言表达已经很困难。

②纳西人服饰的异化

除了六七十岁以上的老奶奶，丽江城里的纳西人在日常生活中基本上不穿纳西服装，他们的日常着装已经与内地汉族一样，年轻人的服饰一般都很新潮。当地有一种说法，"昆明人的时装比广州人晚一个星期，丽江人的时装比昆明人晚一个星期"

（云南与广州的交通较为方便，云南的时装一般都来自广州）。此外，现在各旅游景点为游客服务的那些工作人员所穿的民族服装已经发生了极大的变化，纳西族服饰的变化突显了两个主要倾向：舞台化、仪式化。

③纳西人音乐文化态度的转变

即兴编唱能力往往是纳西族评判民歌手们技艺高下的主要标准，民歌在旋律和歌词两方面的即兴变化中所体现出的灵活多样性，也正是其艺术魅力和生命力之所在。旅游开发后大量商业性程式化的表演使民间歌舞脱离了人们以往的生活实质，逐渐趋于舞台形式化，千篇一律的演出方式使民歌"十唱九不同"的特征由现实存在转化为封存在历史中的追忆。就纳西古乐而言，为了迎合观众们日新月异的审美需求并获得他们的认可，以最终达到盈利目的，其演奏方式基本定型并趋于稳定阶段，无法再进行更多的创新。2004 年 4 月 18 日，东巴宫艺术团在北京中国音乐学院演出。整个演出定名为"东巴乐舞"，说明丽江纳西古乐在演出中已明显不占据主导地位，而歌舞与音乐并重的形式则更加体现出商业性文艺演出的特征。

④东巴文化的异化

在 20 世纪 80 年代以后，存在于纳西族民族文化系统中的东巴音乐、东巴文、舞蹈、美术、工艺等艺术形式的独特价值日益突出，尤其在进入旅游市场后，这部分内容也显得更为活跃而被众人不约而同地强调，随着旅游业的飞速发展，丽江在很短的时间内成为家喻户晓的旅游目的地。纳西族传统文化中的东巴、东巴象形文、东巴绘画、东巴音乐、东巴舞……在旅游业开发中被广泛地应用，东巴艺术不再存在于民间乡野，而是大踏步进入了现代化旅游的大潮中，成为"旅游艺术"。

东巴艺术不再是乡村里由东巴们口传心授承袭的传统文化，传承文化所依存的乡土社会转换到了喧嚣的旅游空间与大众场合之下，由民间艺术品加工而成的旅游工艺品、各类相关的 CD、VCD、DVD 等音像制品在旅游市场中广泛流通；旅游市场与剧场将东巴文化推向了更前沿的地带，暴露在大众的目光直射之下，面对着经济、政治与文化的多种利益诉求，传统的传承人变成了具有"职业化"特点的社会角色。纳西族最重大的节日"祭天"经过有关部门的策划与包装走向了旅游市场，民族民间的文艺汇演在四方街上为旅游者表演服务，东巴文化艺术节成了现代民族旅游活动中的重要组成部分，甚至连东巴也"不再是沟通人与神的中介，东巴舞也不是娱神而是娱人了"。

云南知名学者杨福泉就纳西族东巴文化传承指出："从 20 世纪 80 年代初开始，东巴文化研究所先后聘请了 11 位在全县学识最高的东巴，迄今已经全部去世。直至 2000 年之前，这些东巴没有培养出一个真正意义上的东巴传人，他们不是不想传承，然而在商品经济的潮流中，更多的人只是把东巴文化作为一种商品来高效地使用、兜售。"难怪许多当地人会说："现在的东巴都不是真正的东巴。"

哈佛大学教授塞缪尔·亨廷顿的《文明的冲突》让人明白：文化和民族一样，是可以被消灭的，这是曾经发生过的历史事实。联合国教科文组织世界遗产中心2000 年认为，丽江古城"商业氛围和旅行氛围过于强烈，侵蚀了传统文化，随着旅游和现代文化的出现，传统建筑的形式、节庆、礼仪、语言、服饰、信仰、传统手工艺以及民间艺术正在消亡和改变，导致古城面临文化危机"。

当然，从本质上说，文化既扎根于先民的历史中，也生存于当代人的现实生活中，单纯的保护并不能留住所谓的"真正的本土文化"（或者称为"本真文化"），而只能导致死气沉沉，甚至歪曲片面。我们并不能也无法拒绝全球化的趋势，不管是在经济方面还是在文化方面。任何文化都是处于不断的变化、重构过程中，然而关键问题是变化、重构的方向与性质。旅游业在本质上也是一种文化产业，不能过度开发与使用，否则就会让本土文化失去内在生命力，最后变成将死的符号，麻木地向游客展示其文化的躯壳，鲜活的内容在过分追求经济利益的进程中衰减。在新的时代背景下，如何处理好外来文化与古城民族传统文化之间的关系，在外来文化的冲击下保留自己地方传统文化的本质属性，在促进传统文化融入新文化的同时积极吸纳外来文化因子，促进古城本土文化的健康发展与合理重构，无疑是一个复杂而又重要的课题。

5.2.5.5　古城的生态环境危机

旅游发展给丽江古城的生态环境带来许多不利的影响，旅游产生的污染已经不容忽视。旅游者的吃、住、行、游、购、娱和旅游从业人员的生产生活，不可避免地对环境造成了许多污染。有关研究表明，在对环境的总污染中，工业污染只占41%，家庭污染却占到了59%，这实际上反映了"生活的人"对环境污染比"生产的人"更大。丽江旅游资源的开发与旅游业的发展给古城资源和生态环境带来了较大压力，大量旅游者的进入，为发展旅游而建设的宾馆、客栈等旅游设施导致了自然生态环境质量的下降和对资源的破坏。

（1）水环境危机

古城河流均源于城北象山之麓的黑龙潭水系。沿象山脚下百余米地段有泉眼几十处，清流从岩石间流溢，出水量为 2–4.4m³/s，汇成约 5 万 m² 清澈见底的黑龙潭，由锁翠桥下泻，南流至玉龙桥，分成东、中、西 3 条河流贯穿古城，河流总称玉河水，纳西语为"咕噜吉"，意为龙王庙九眼洞流下来的"九龙水"。中河系原始形成的天然河流，流向东坝子；西河约于元代开挖，从玉龙桥南流至四方街南转向东南面；东河开挖于清代，流向东面。三条河在城内又分成纵横交错的无数条支渠入墙绕户，穿街过巷，形成主街傍河，小巷临水，路跨筑楼，依山而居的高原水城景象。河流最宽处5~6m，最窄处不足1m，在古城下游6km的南口一带汇入漾弓江。

丽江古城的水，遍及大街小巷，有蜿蜒盘绕的河水流经千家万户，加上星罗棋布的水井，这些水井分别为新义街的阿溢灿井、光义街的三眼井、八河的三眼井等。其中以八河的三眼井最为珍贵，纳西语称之为"诺娥富"之水，汉语意思是"由乳汁润泽而聚的少量珍贵之水"，由此可想而知此水的品位，以及此水在当地百姓心目中的分量及其神圣地位。古镇的居民也一直饮用他们房前屋后溪流里的水。然而，自从古城进入大规模旅游开发模式后，古城的水环境状况开始逐年恶化。

1）水量危机

国家3A级景区黑龙潭，是丽江古城玉河水系最重要的活水源头。20世纪80年代以来，黑龙潭泉群流量丰枯变幅加大，干旱年或特大干旱年易出现季节性或跨年度干涸。1982年6月至1984年9月跨年干涸755天，最为突出的是1983年，因降雨量少，发生特大干旱，黑龙潭干涸持续559天。进入21世纪以来，原来30~50年干涸一次的黑龙潭变成3~5年就干涸一次，2003年降水量仅为887.2mm，低于正常年20%左右。2004年2月以来，黑龙潭泉群出流量出现逐月下降趋势，6月又出现短时间干涸；自2004年起更是年年干涸，2007年又干涸过一次。为了满足旅游业发展对水资源日益增长的需求，如今丽江政府只能靠从古城周边泉群和拉市海调水，来满足黑龙潭及古城玉河的景观用水需求。

黑龙潭水位动态不稳定除了丽江盆地气候变化的原因外，和古城区过度抽取地下水直接相关。丽江地下水层较高，当地人自古就有打井取水的习惯。旅游业的发展促进了宾馆住宿业的迅速发展，在丽江达到星级的宾馆接近200家，而当地人通过改建住宅所建的小型旅馆更是不计其数。通过笔者的走访，10余家旅馆都是电费游客付，水费全免，其用水来源就是打井取用地下水，过度的取用地下水必然导致水位下降。

丽江古城区自20世纪90年代以来，新增机井100余口，至2005年在丽江市水务局登记的203口民井和机井中，有174口机民井分布在丽江古城及周边，占总数的85.7%。2005年丽江市地下水总取水量约为584万 m^3，日平均地下水取水量为1.6万 m^3 左右。不加限制地随意抽取地下水，造成了地下水资源的浪费，导致黑龙潭区域性地下水降落漏斗的形成。

2021年，丽江市古城区地下水资源量为1.446亿 m^3，在丽江市所有行政分区中最少，与常年相比减少了 7.5%，与上年相比减少了 13.5%；古城区人均水资源量为 1272m³，在所有行政分区中也最少；古城区供水量为 1.057 亿 m³，其中有 1.04 亿 m³ 来自地表水。现状每年丽江古城区需水量约 10462 万 m³，供水量 8797 万 m³，缺水量 1665 万 m³，缺水率 15.9%，属于中度缺水。

2）水质危机

2000 年后，丽江古城仅每年接待的游客数量就超过 300 万人次，是丽江全城人口的 3 倍；加上来古城的非旅游外来人口，形成了一个巨大的外来人口群体。丽江由于近年接纳游客量均处于超载状态，旅游业的发展，使旅游区饭店、宾馆林立，景区内生活设施剧增，生活废水、垃圾粪便等污染物大量增加，造成景区水体水质恶化和景观退化，甚至丧失旅游地的水体功能。据丽江市环境监测站披露，虽然当地政府于 2003 年进行过一次大规模的地下管网改造，将地表水与生活污水分流，但古城内用于污水收集和处理的基础设施建设仍然滞后。目前，古城每天的用水量为 6 万 m³，污水的日排放总量超过 3 万 m³，而污水处理系统的处理量仅有 2.8 万 m³，排水管网和公共卫生系统如公厕的建设等也远远不能满足蜂拥而至的旅客的实际需要。近年来，丽江古城中沿河的街道大多变为酒吧街和商业街，外地人没有保护古城水系的意识，部分商户会随心所欲地使用水资源；游客和店铺的经营者常常将生活垃圾直接丢入河中（图 5-154、图 5-155）。此外，随着古城大量客栈的增加，古城的污水量也在大幅增长（游客每日冲澡的生活习惯使水的消耗量加大，同时也加大了污水排放量）。

由此，自 2002 年起，古城内玉河水质逐年下降，从原来可以饮用的一、二类水降低为三类和四类水，其中主要是生活污染造成的氨氮和大肠杆菌指标超标而使水体质量大幅下降。

图 5-154　兴文巷某餐馆旁水系，可明显看到水面漂浮着餐馆内排出来的油污

图 5-155　五一街南部小巷水系，水面上漂浮着不少的烟头、废纸等杂物

2004 年，据丽江市环境监测站对丽江盆地内 7 个监测断面水质状况的监测（表 5-21），玉河水系源头黑龙潭水质为一类标准，玉河从黑龙潭流出经 0.7h 到达玉龙桥，玉龙桥水质为二类标准，穿越古城 1.1km 后，下游水质快速变为五类标准，流出古城至新城南郊约 0.6b，水质积累污染变为劣五类标准，综合评价为严重污染。玉河在短短的 2.4‰ 的流程就迅速地从一类水变化到劣五类水，主要污染因子依次为粪大肠菌、氨氮、总 P 和 BOD。检测表明，古城区生活污水是主要的地表水污染源。2007 年这一情况并未改善，反而有加剧的趋势（表 5-21~ 表 5-24）

丽江市环境监测站 2004 年 11 月份水环境状况表　　　表 5-21

断面名称	水质指数	水质类别	主要污染因子	评价
黑龙潭	94	一		优
玉龙桥	81	二		良
古城下游	71	三	粪大肠菌	轻污染
北郊	80	二		良
新城区南郊	8	劣五	粪大肠菌、氨氮、T-P	严重污染
南口桥	75	三	T-P、粪大肠菌、氨氮	轻污染
木家桥	80	二		良
程海	83	二		良
泸沽湖	90	一		优

丽江市环境监测站 2004 年 12 月份水环境状况表　　　表 5-22

断面名称	水质指数	水质类别	主要污染因子	评价
黑龙潭	96	一		优
玉龙桥	86	二		良
古城下游	60	三	粪大肠菌	轻污染
北郊	81	二		良
新城区南郊	17	劣五	粪大肠菌、氨氮、T-P	严重污染
南口桥	78	三	粪大肠菌	轻污染
木家桥	81	二		良
程海	80	二		良
泸沽湖	90	一		优

丽江市环境监测站 2007 年 3 月份水环境状况表　　　表5-23

断面名称	水质指数	水质类别	主要污染因子	评价
黑龙潭	95	二		良
玉龙桥	84	二		良
古城下游	45	四	粪大肠菌、总磷	中度污染
南口桥	10	劣五	氨氮、粪大肠菌、总磷	严重污染
木家桥	17	劣五	总磷	严重污染
程海	83	二		良
泸沽湖	90	一		优

丽江市环境监测站 2010 年 3 月份水环境状况简报　　　表5-24

环境要素	监测对象	主要环境因子监测结果	环境质量标准	环境质量	评价
水环境	程海	总磷：0.03 mg/L	≤ 0.05 mg/L	三类	轻度污染
	泸沽湖	—	—	一类	优
	黑龙潭	—	—	一类	优
	玉河玉龙桥	粪大肠菌：8 000 个/L	≤ 10 000 个/L	三类	轻度污染
	古城下游	粪大肠菌：57 000 个/L	≤ 10 000 个/L	劣五类	严重污染
	三束河北郊	粪大肠菌：540 个/L	≤ 10 000 个/L	二类	良
	三束河南郊	粪大肠菌：458 000 个/L	≤ 10 000 个/L	劣五类	严重污染
	南口桥	粪大肠菌：10 700 个/L	≤ 10 000 个/L	四类	中度污染
	木家桥	总磷：0.29 mg/L	≤ 0.2 mg/L	四类	中度污染

注：一类水源适于源头水、自然保护区；二类水适于饮用水源地一级保护区；三类水适于水产养殖区和游泳区；四类水适于农业用水区。

　　至2010年6月，经丽江市环境监测站对依法确定的9个水环境月监测点监测显示，2010年上半年，除泸沽湖、黑龙潭两个监测点持续为优以外，其中7个监测点中，程海、北郊（丽江城区）两个点水环境略有波动，其余位于丽江城区和城郊附近的5个监测点水环境存在不同程度污染。2000-2010年短短10年，除黑龙潭水质出现波动后仍为一类外，旅游区的水体都已受到不同程度的污染，而且古城区污染程度尤其严重。丽江古城水系每天接纳 3000m³ 的旅游业污水以及生活污水，受其影响，古城下游的水质急剧下降至劣五类，已被列入"严重污染"。

　　日本学者宫泽哲男教授曾对丽江古城东、中、西3条河流的水质进行研究，课题组分别在早中晚3个时间段、在几个固定的地点对3条河流的水质抽样分析，针对 3 条河流在一天内水质变化的情况，得出了明确的结论：在游客大量流动于古城的白天时段，3 条河流的污染是最严重的，特别是中河。而据笔者 2012 年对古城水环境的现场调研情况看，古城各部分水体的质量存在着较大差异：相较而言，新华街、四方街百岁坊等较为繁华热闹的街道水环境较差，水体不够清澈，甚至新华街与四方街附近的水体已有些浑浊；而七一街下段、南门桥等的水环境则较好，尤其是人烟稀少的南门桥，水质清澈，水下水草卵石历历可见。进入古城，水流从北到南穿城而过，水质也由北到南依次降低。由此可知，在古城内，水体的质量优劣与街道的繁华拥挤程度恰成反比。

为了保护和改善丽江市城市水环境质量，2017 年丽江开展城区地下水开采整治，2019 年丽江市生态环境局出台《丽江市城市水环境保护办法》。政府的重视使得丽江的水环境质量近年来有所改善。然而，由于游客数量每年不减反增，巨大的环境压力使得古城内的河流水质仍未达到理想效果，黄金旅游周期时的水质下降情况则尤其明显（图 5-156）。

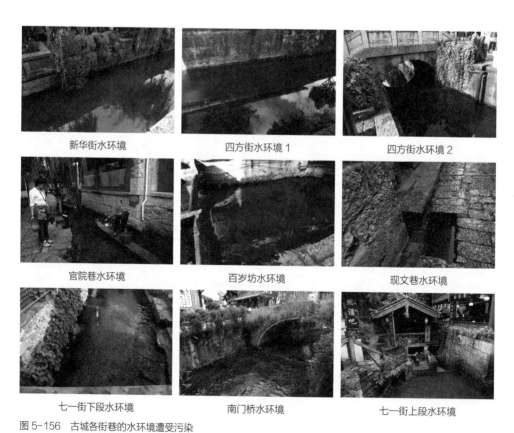

<table>
<tr><td>新华街水环境</td><td>四方街水环境 1</td><td>四方街水环境 2</td></tr>
<tr><td>官院巷水环境</td><td>百岁坊水环境</td><td>现文巷水环境</td></tr>
<tr><td>七一街下段水环境</td><td>南门桥水环境</td><td>七一街上段水环境</td></tr>
</table>

图 5-156　古城各街巷的水环境遭受污染

（2）噪声环境危机

按丽江古城 2002 年的噪声质量环境公报显示，古城、新市区交通噪声平均值为 70.7 分贝，超过国家标准 0.7 分贝，其中古城东路、民主路、香格里拉大道、新大街等主要旅游路线上的交通噪声都超过 70 分贝，影响旅游体验；居住区、工商业区等的等效声级昼间平均 54.5 分贝、55.4 分贝，夜间平均 46.0 分贝、44.6 分贝，昼间指标分别达到一类和二类；夜间分别超标 31.2% 和 18.8%。

2002 年丽江城区噪声环境质量状况　　表 5-25

大研镇	时间段	一类区		二类区		三类区		四类区	
		平均 L_{eq}	超标率（%）	平均 L_{eq}	超标率（%）	平均 L_{eq}	超标率（%）	平均 L_{eq}	超标率（%）
	夜间	46	31.2	44.6	18.8	54.8	56.2	47.2	6.3
	昼间	54.6		51.8		54.4		56.2	

2002 年丽江古城暴露在不同等效声级下的路段分布　　表 5-26

大研镇	等效声级	< 55	55-60	61-65	66-70	71-75	> 81	超 70 分贝的干线长度
	路段长度（km）	0.4			8.4	13.8		13.8
	占交通干线总长度（%）	1.8			37.1	61.1		61.1

2020 年丽江市城市环境功能区噪声监测　　表 5-27

监测点　时间段	一类区裕康苑		一类区古城十字路		二类区红太阳广场		四类区玉龙县医院	
	平均等效声级	小时等效声级	平均等效声级	小时等效声级	平均等效声级	小时等效声级	平均等效声级	小时等效声级
昼间	达标	达标	达标	超标 15.6%	达标	超标 4.7%	达标	达标
夜间	达标	超标 9.4%	达标	超标 3.1%	达标	超标 25%	达标	达标

注：根据《声环境质量标准》GB 3096-2008 的规定，1 类区等效声级限值在昼间为 55dB，夜间为 45dB；2 类区等效声级限值在昼间为 60dB，夜间为 50dB；4 类区等效声级限值在昼间为 70dB，夜间为 60dB。

然而这一状况在 2006 年起就日趋严重，至 2007 年到达高峰乃至被世界遗产组织警告，而 2012 年笔者调研时，在四方街、东大街、新华街等繁华街道上的噪声情况依然十分严重，尤其是新华街，街道两边原先安静整洁的民宅已经不复存在，取而代之的是鳞次栉比、游人如织的商铺和酒吧，四处都是喧闹的叫卖声和高音喇叭的轰鸣，音乐的声响和人们的喧闹一直到几千米外都可以听到。

根据我国颁布的《噪声污染防治法》规定，民居、商业、工业企业混住地区，白天噪声不得超过 60 分贝，夜间不得超过 50 分贝。但根据测量，丽江古城中心区的噪声甚至超过了商业区的标准。古城管理部门经常接到对噪声干扰的投诉，而有些原本住在附近的居民因为不能忍受高强度噪声对日常生活的干扰，几年前就搬出古城了。

2015 年后，丽江当地政府逐渐意识到上述环境问题，开展了对噪声的环境整治。从 2020 年公布的数据显示，古城内的噪声问题有所缓解，但仍未达到理想的声环境氛围。据笔者 2022 年实地调研，夜晚酒吧街一带的噪声问题仍然十分突出（表 5-25 ～表 5-27）。

综上所述，丽江旅游活动对旅游区（点）环境的影响是不容忽视的。若只重视开发，不重视保护，甚至采取掠夺性的开发，会迅速破坏旅游业赖以生存的环境条件，大大影响旅游业在城市的可持续发展。据报道，照相机的闪光灯、数以百万计游客的汗水、呼吸和指印已使得绘于卢克索庙宇墙上的古象形文字渐趋消失；成千上万旅游者的脚步几乎将意大利佛罗伦萨和威尼斯等历史名城的博物馆内珍贵的嵌画地面磨平；每年 7-8 月的旅游旺季，蜂拥而至的游客聚集在地中海的海滩上，其生活污染对地中海的自然和生态构成了极大的威胁。这被西方学者称为"旅游摧毁旅游"。而大研古城目前的城市生态环境危机已十分明显，亟待解决。旅游环境是旅游目的地吸引力的重要组成部分，旅游环境质量的优劣不仅会影响游客对目的地的选择和评价，而且还是当地旅游业实现可持续发展的决定性因素。因此，增强环保意识、合理控制古城旅游生态环境承载力，是实现大研古城可持续发展的重要保证。

5.2.5.6 强势管理部门的"强化"问题

（1）"单中心"的保护管理部门及保护管理成效

相较其他历史文化名城而言，丽江当地政府比较重视古城的保护管理，早在 1998 年即设立古城管理所，作为政府保护古城的管理直属机构。2000 年 6 月，丽江县政府成立了丽江古城保护管理委员会，作为丽江古城保护管理的最高决策机关，其主任由丽江市市长担任，下设的办公室是隶属于丽江市人民政府的常设机构，由管委会专职副主任担任办公室主任，主要职责包括编制规划工作、制定实施细则、组织对外交流、收取和管理古城维护费、协调和督促当地政府和相关部门的保护管理工作等。2002 年 2 月，在此基础上成立了由地、县主要领导，地、县有关单位和部门、专家学者及古城居民代表组成的市级（原地级）古城管理委员会。2005 年 10 月，随着形势的发展，依照《云南省丽江古城保护条例》的规定，成立了世界文化遗产丽江古城保护管理局，把原来的议事协调机构职能调整充实为市政府的工作部门。

世界文化遗产丽江古城保护管理局设办公室、保护建设科、文化保护管理科、财务科、综合管理科、监察执法科（加挂综合监察执法支队牌子）等6个职能科室，下设遗产监测中心和丽江古城维护费征稽支队。为了更好地发展丽江旅游产业，正确处理保护与开发的关系，走"以城养城，自我发展"的道路，实现国有资产的保值、增值，2002年成立了丽江古城管理有限责任公司，为国有独资公司，隶属于世界文化遗产丽江古城保护管理局。注册资金1.2亿元，下设有办公室、财务部、工程项目部、人力资源部和狮子山公园管理分公司、房地产经营分公司、古城便民服务中心和古城民族文化旅游发展分公司。公司实行自主经营、自负盈亏、自我发展、照章纳税的经济运行机制，负责丽江古城的保护修缮、管理运营所需投入项目的开发和古城维护费的管理使用。公司董事长、总经理等职务由保护管理局局长、副局长兼任（图5-157）。

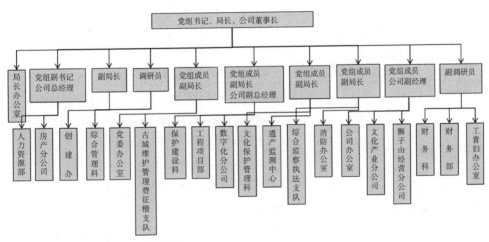

图5-157　丽江古城保护管理局职能构成

世界文化遗产丽江古城保护管理局主要职责是：贯彻执行有关世界文化遗产保护管理的法律、法规和政策，在一定范围内按权限行使综合行政处罚权，负责《世界文化遗产丽江古城保护规划》的组织实施和必要修编，负责丽江古城内基础设施的管理和完善，负责古城保护管理基金的征稽、管理和使用，组织丽江古城保护管理的宣传、教育、培训、学术研究及交流，负责对丽江古城传统民族文化的普查、搜集、整理研究及交流，负责丽江古城内房屋修建项目审查及《准营证》审批，负责指导丽江古城管理有限责任公司工作。

丽江古城的保护管理主体为地方政府，从保护管理机构产生与设立开始，便采用"单中心"式的保护管理方式，由一级地方政府中的单一部门具体负责实施，由独立机构进行专业性保护管理。政府在管理活动中扮演重要角色，发挥主导功能，成为保护管理的核心，拥有行政决策、行政执行、行政立法等基本权力；公民社会参与性有限。

较其他保护管理部门而言，丽江古城保护管理局成立时间较早，行政级别较高（市级），且"政企一体"，兼营古城的旅游开发（包括世界文化遗产丽江古城保护管理局、丽江古城管理有限责任公司、丽江古城保护管理综合行政执法局），这使得丽江古城保护管理局行政执法的执行力以及管理协调能力都相对高效。实事求是地说，从20世纪80年代以来，丽江当地政府及保护管理部门为古城的保护与开发做了大量的工作，也取得了一定的成效，使丽江在1997年12月4日成为全国首批世界文化遗产城市，2001年10月被评为全国文明风景旅游区示范点，2002年荣登"中国最令人向往的10个城市"行列；2005年又被评为"最受欧洲人欢迎的中国旅游城市"（表5-28、表5-29）。

丽江市政府古城保护管理局历年参与制定和具体实施的规划和条例　　表5-28

出台时间	规划及条例、制度
1983 年	《丽江纳西族自治县城市总体规划》
1988 年	《丽江历史文化名城保护规划》
1988 年	《丽江古城建设管理暂行办法》
1991 年	《丽江历史文化名城保护规划》
1994 年	《云南省丽江历史文化名城保护管理条例》
1995 年	《丽江纳西族自治县古城消防安全管理暂行办法》
1998 年	《丽江大研古城保护详细规划》
1999 年	《丽江县东巴文化保护管理（试行）办法》
2001 年	《云南省丽江纳西族自治县东巴文化保护条例》
2003 年	《丽江民居修复指导手册》
2003 年	《丽江古城环境风貌保护整治手册》
2003 年	《世界文化遗产丽江古城传统商业文化保护管理专项规划》
2005 年	《丽江城市总体规划修编（2004-2020）》

出台时间	规划及条例、制度
2006 年	《云南省丽江古城保护条例》
2006 年	《云南省纳西族东巴文化保护条例》
2010 年	《丽江古城传统商业文化保护管理规划》
2017 年	《丽江古城内经营项目目录清单》（征求意见稿）
2021 年	《丽江大研古城市场经营项目准入退出管理暂行办法》

丽江古城保护管理大事记 表 5-29

时间	主要保护管理工作
1994 年	"丽江古城保护五四三二一"工程（供排水、消防、电力电信、道路系统），共耗资 7000 万元
1997 年	公布 140 家重点保护民居和保护民居
	古城内原有两大集贸市场逐步疏散、搬迁到新城
	3 万多 m² 的不协调砖混结构建筑被拆迁
2000 年	50 多家卡拉 OK 场所被迁出古城
2001 年	在兴仁小学开办纳西语、汉语双语教学班
2002 年	开始征收古城维护费
	向 97 家保护民居屋主发放 500-5000 元补助金，共计 20 万元
	2002 年 10 月，丽江古城管理有限责任公司开始实施古城绿化工程。在古城街道、河边空地、木府前后、街道小广场等凡是有空地之处，见缝插树，扩大古城绿化面积 1 万多 m²
2003 年	出台了《关于在丽江古城实行〈云南省风景名胜区准营证〉制度的通知》，规定任何在古城范围内从事经营活动的商户，必须先取得由古城管理局颁发的《准营证》
	与全球遗产基金协会达成协议，筹措资金 50 万元，资助 60 栋传统民居的修复
	投入 9000 多万元资金，实施古城排污管网工程。共铺设 63km 的排污管网，使古城内 2600 多户民居院落和 330 多个经营店铺建立了较为完善的污水收集系统
	给予古城原住民每人每月 10 元补助金
	开始实施古城"亮化工程"（古城夜景照明系统工程）
2004 年	与全球遗产基金协会筹措资金 80 万元，资助 100 栋左右传统民居的修复
	投资近千万元拆除银行及农贸市场等钢砖不协调建筑
	投资 250 万元实施古城北门坡河道治理的环境整治续建工程
	投资 200 万元实施古城外围东北部现代建筑物与古城整体风貌相协调的穿衣戴帽工程
	每年拨出 20 万元作为重点保护民居维修专项费用

续表

时间	主要保护管理工作
2005 年	居住在古城 60 岁以上无固定收入者享受每月 400 元养老补助 《云南省丽江古城保护条例》在云南省第十届人大常委会第十九次会议上审议通过，并于 2006 年 3 月 1 日起正式施行
2007 年	古城"亮化工程"一共三期基本完工，总耗资上亿元
2008 年	禁止古城居民出售房屋给非丽江本地户口的购买者，设置便民服务中心两处 管委会开始制定《云南省丽江古城保护条例实施细则》，对古城民居修缮审批程序以及古城民居修缮补助程序作出了详细的规定
2009 年	投入 100 多万元，完成七一街和八一街下段星级厕所的改造
	实施了军分区整体搬迁。古城电力开关站扩容建设、玉河广场排污及亮化工程等
2010 年	开展《丽江古城突出普遍价值保护管理研究》工作
2011 年	投资 1000 多万元建成了包括监控系统、办公自动化系统、语音导游、古城触摸屏为一体的古城数字化管理系统
2012 年	收回的古城内公房共 86 套（间）住房面向纳西族无房户或住房困难户进行出租，租金按古城区公共租赁住房租金 8 元 /m² · 月的标准执行
2015 年	全面开展丽江古城新文化项目建设，开展文庙武庙修缮、流官府衙等项目建设
2017 年	开展丽江古城智慧小镇建设，积极打造丽江古城数字小镇智慧管理、服务、旅游、创新体系
2019 年	丽江古城获"2019 中国文旅融合示范景区"
2021 年	丽江古城开始打造"文化院落"，旨在推广非物质文化遗产，加强对古城民族文化的挖掘、整理、弘扬，迄今为止已打造 28 个文化院落
	公布《丽江大研古城市场经营项目准入退出管理暂行办法》
2022 年	丽江古城保护管理局主持开展世界遗产保护专题培训

然而，在这样"强有力"的政府管控格局下，丽江大研古城保护管理仍旧出现了种种问题。自 1997 年成功申报世界文化遗产以来，丽江古城历经了由联合国教科文组织因其古城保护与开发的有效结合被誉为"丽江模式"向全球推广到 2007 年被点名警示的逆转。古城保护危机的生成固然有古城发展不可预见的一些因素以及全球范围内对文化遗产的保护存在的一些共性问题，但与丽江政府及保护管理局历年来的政府管控与引导仍有一定程度的直接关联。

（2）旅游导向的发展模式依赖，对本地原住民缺乏关怀

1993 年丽江市政府开始制定"旅游战略"，这是由改革开放的大背景带来的

GDP至上的城市经济发展思路所致。古城的维修与保护需要资金，古城百姓生活需要改善，面对旅游业给本地带来的巨大经济收入和成绩，政府选择了对古城旅游业进行商业开发的保护与发展模式。丽江古城的管理者是政府，政府也是古城旅游的开发者。"旅游导向"的发展模式使丽江在开发旅游早期"名利双收"，而这样的"外援式"发展模式也使得当地政府对古城保护与发展模式形成"路径依赖"，即"旅游开发＝保护古城""旅游商业化＝古城发展"。而这样的发展模式正在将古城带入愈演愈烈的"保护危机"中。

在这样的发展思维下，政府考虑更多的是如何吸引投资以及从游客的消费中获利，而对古城内的原住民需求及其生存状况缺乏关怀。古城从20世纪末开始出现人口置换现象，但政府仅在2003年出台了每人每月补助10元的政策（至2010年升至15元），这对于当前的物质消费水平来说，补助金额显得过于"微薄"，并且仅仅通过机械、简单的物质补助形式显然不足以拦住原住民"离城"的脚步。而与之相对应的是，2003-2007年耗资上亿元实施为游客服务的古城"亮化工程"（图5-158、图5-159）。此外，在古城的规划格局中也明显体现出了这一点。在丽江保护管理局近年所做工作中（表5-29）可见，政府以"风貌问题"将古城内原有的市场搬迁，使古城居民生活大为不便；限行机动车，却未考虑到常住居民的紧急出行问题；古城内的噪声问题严重，政府至今未能出台有力的解决方案；古城游客人满为患，当地政府部门不但不为之忧虑，反而引以为豪。据当地保护管理局的人员称，自2002年以来收取的"古城维护费"都用来"保护古城"，有时还有资金缺口；然而在笔者看来，政府所做的种种"保护古城"项目行为更多的是为了古城的旅游商品经济：丽江古城内的传统建筑为来自大都市的游客提供了极好的机会体验历史文化的丰富内涵，而这些建筑内销售的琳琅满目的商品则恰当地将游客的怀旧思绪转化为具有符号意义的消费，使得游客在离开丽江后仍然能延续这种思绪。因而，政府不仅容忍大量的民居转化为销售旅游商品的店铺，甚至将手中掌握的大量公房投入到租赁市场，获取直接的利益。古城具有传统风貌的物质环境被认为是吸引外地游客的关键所在，然而古城原住民的所思所想，显然并不是政府所关心的内容。因此，在古城进行旅游发展之初，丽江当地政府积极鼓励外来客商和当地人到古城内做生意，为其提供种种便利；时至今日，在丽江本地人纷纷退出古城商业经营舞台，古城已严重商业化时，当地政府也只是制定了《准营证》，并未针对本地手工业者、商户做出更有利的保护和鼓励措施。古城居民的种种民生问题在古城旅游发展的脚步中渐趋严重，古城原住民自身除了出租（出售）房屋外，并没有太多的办法从古城旅游开发的收益中多分一杯羹。在这样的条件下，居民们"用脚投票"自然毋庸置疑。

图 5-158　五一街北部新建的小块绿地　　　　图 5-159　古城入口夜景

（3）政府失灵：密集的行政命令与规章由于不符合市场规律而"失灵"

经济学家萨缪尔森曾指出：既存在着市场失灵，也存在着政府失灵，当政府政策或集体行动所采取的手段不能改善经济效益或在道德上可接受的收入分配时，政府失灵便产生了。由于中国曾长期实行"计划经济"，政府是社会资源的配置者，是积极的主体，社会是被动的客体，"没有政府办不到的事情"的观念在政府管理层一度占据主导地位。这种观念和体制的巨大惯性使丽江当地政府和官员在发展社会主义市场经济的过程中依然习惯性的运用"全能思维"看待和解决问题。然而传统行政模式所采用的组织性工具、规制性工具和经济性工具等行政工具是基于效率至上的行政价值导向的技术手段运用，由于过于偏重技术理性与工具理性，缺乏对市场经济、社会现象的深度思考而使这些目的、手段单一的行政命令在市场经济价值理性与技术理性选择上背离预期目的而陷入"失灵"。

以《准营证》为例，2003 年，联合国教科文组织对丽江古城的评价是"商业味浓厚"。当地政府开始意识到问题的严重性，于是在同年，由丽江古城管理委员会等 10 个部门共同签发了《关于在丽江古城实行〈云南省风景名胜区准营证〉制度的通知》。文件规定，任何在古城范围内从事经营活动的商户，必须先取得由古城管理局颁发的《云南省风景名胜区准营证》，之后商户才有资格进行工商税务登记，成为合法商户，否则便是无证经营，也就是职能部门通常所定义的"黑店"。2005年底，丽江古城保护管理局以及其他相关部门就下发了停办《准营证》的通知，该通知明确规定：古城管理局停止办理一切新增经营场所的《风景名胜区准营证》，任何单位和个人不得以任何理由拆墙开店，无证经营（据古城保护管理局介绍，最后的停办时间是在 2006 年 3 月 15 日）。

从理论上看，《准营证》制度似乎是短期内限制古城过度商业化的一种有效方式，通过这样一种市场准入制度，限制商户过多地进入古城。《准营证》制度在 2003 年确实做出了一些比较积极的举动，比如将一些现代气息太浓、与古城不匹配的商店、酒吧、电子游戏室等迁出古城——有人称此举在短期内营救了丽江古城。但是，对于日益增多的商店，管理部门采取的《准营证》制度起到的效果则微乎其微。有一组数据可以看到，截至 2007 年 4 月 17 日，古城管理局发出去的《准营证》有 1657 份。然而，据相关人士透露，在丽江古城范围内从事经营的单位和个人总数，要远远超过这个数字。在 2006 年以后新开的经营户，以及之前已经从事经营但没有《准营证》的，至少有数百家之多。这些商户由于没有正规证照，自然谈不上规范经营，形成了一个数量庞大的"黑店群"。作为管理机构的古城管理局，虽然停办《准营证》，但是对于这么多无证经营的商户，并没有更强有力的措施来进行处理。这样一来，越来越多的商户跟着涌进古城，实在办不到《准营证》，商户就开始无证经营，反正就罚点款。于是，在相关部门上报的材料中古城商户的数字或许得到了控制，但是非法经营商户的数量却在急剧膨胀。一些商户对笔者表示：现在的情况是，古城保护管理局想给哪个地方办证就给哪个地方办，没有一个规范的管理和规划。此外，古城保护管理局由于具有对这些商业经营主体的市场准入与退出、特许经营和地段产业规划管制等权力，因而古城商业服务的资源配置并非主要通过市场进行，而是通过行政权力进行干预与调配，这使得公共权力在调控市场资源的过程中以非市场配置的方式造成了《准营证》有目的性的稀缺状态，使《准营证》的高价转让现象在古城十分普遍，这不但严重干扰了正常的市场运行，也引发了大量的权力寻租（图 5-160）。

在笔者 2012 年底调研时，大研古城商业化显然日趋严重，而原本为了限制丽江古城过度商业化、对古城商户进行规范管理的《准营证》制度，由于在实施过程中出现的种种问题，并未能破解古城过度商业化的困局。

我们以古城商业管控为例。古城旅游商业的布局很大程度上受到规划管理控制。《云南省丽江古城保护条例》第二十六条规定，"丽江市人民政府应当对丽江古城的经营活动进行指导和监督……合理安排丽江古城内商品经营市场布局。丽江古城保护管理机构根据项目目录和古城市场规模、市场布局，确定古城内的经营位置及与之相应的经营项目，并在当地予以公告"。但这样的引导只是从政府层面

图 5-160　新义街上被封的店铺

机械地对商家经营内容进行"规定和批准"（笔者在实地调研时得知，政府对商家的许多规定巨细靡遗，甚至规定皮具店的经营一定要有现场工艺展示等），但这些规定大都并未从市场规律出发来进行适度引导，结果往往使古城内商业经营雷同化现象严重；对商业的管控仅仅局限在经营类别上，对其过度商业化、商业经营的传统文化内涵、地域文化特色等则一概忽略，而这些才是古城商业面临的最大问题。

再以禁止非丽江户口在古城购买房产为例。政府颁布这一行政命令的初衷是为了防止越来越多的原住民迁离，但这样简单粗暴的禁令显然无法挡住大研古城原住民"出走古城"的决心。据笔者了解，大多原住民与外地商家签订租赁合同，一般都在10年以上，有的甚至达到三四十年，这与售卖房屋产权已没有多大区别；但对于古城而言，需要的是原住民的长期居住，而非"户口在古城"。

由此可以看出，古城政府治理的价值导向缺乏具体明确的目标，保护和利用矛盾造成了管理主体的现实困惑和迷失。具体而言，在政府治理的核心价值导向上，当地政府作为古城文化遗产保护和管理的最大公共组织实体，凭借公共权力对古城不同的组织、群体和个人频频实施强制约束，而这样的约束具有实际效力的前提在于公民认为政府能够为其提供良好优质以及高效的公共产品和公共服务，而非简单的"一禁了之"。正如奥地利经济学家米塞斯所说的："市场只有合作，没有强迫和强制。"在如今社会主义市场经济运行的大环境下，漠视经济规律而强行推行政令的结果只能是"上有政策，下有对策"，使颁布的政令随时间流逝而变成一纸空文。

（4）政府管控过严，权力寻租现象时有发生

就古城保护而言，一方面政府管制机构众多，不仅具有专门负责实施保护管理的古城管理委员会，还有城建、卫生、环保、电信、质检、安检、燃气、城市排污、物价等管制主体；另一方面，管制主体主要对古城内商业市场准入、服务质量与标准设定、消防与燃气安全、卫生环保标准、通讯质量、物价水平等实施管制。古城居民日常居住和商户经营活动无不受到严格的政府管制，如居民需要修缮房屋，首先要经过街道办事处的初审，再到大研办事处审批，审批内容主要限于对申请情况真伪的复核与要求的合理合法性，然后再到古城管理委员会进行关键性审核，审核内容为依据历史旧貌和"五不准"标准认定修缮资格，最后到城建局审核修缮操作的可行性，并办理相关手续，其间包括在古城管理委员会和城建局被要求复写保证书并缴纳押金，办理相关施工单位的手续和施工车辆的通行证。古城建筑修缮的审批主体众多，行政流程公文运行周期漫长，加之行政工作人员有限，审批时限延长成为难以避免的行政运行结果（图5-161）。而在这样的"严格管控"下，政府权力以行政法律手段对古城商业市场等进行人为阻碍，势必在各个管控环节中出现权力寻租行为。以前文提到的《准营证》为例，据七一街一名不愿透露姓名的商家称，"只要有门路，怎么都能搞得到"。

（5）"一体化"体制下管理与经营的冲突

丽江古城目前的管理模式是旅游开发公司与保护管理局"一体化"，这样的经营机制很容易导致管理公司在管委会的庇护下，形成垄断经营。

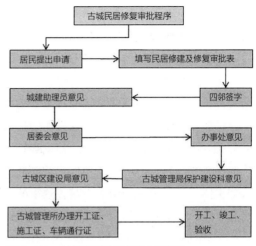

图 5-161 古城民居修复审批程序示意图

这种状况既不利于对古城保护管理工作进行有效监督，也妨碍了旅游经营的自主性、灵活性以及经营效率的提高。此外，政府由于既承担管理职能，又从事企业经营活动，这种目标的双重性使得管理和经营不分，也使保护管理局的行政手段更注重遗产资源的经营收益而不同程度地忽略其保护管理职能。这样的矛盾与冲突造成了不平等竞争，并使管理部门很难客观公正地进行古城遗产管控，也使得古城内违规建筑、环境污染等现象无法得到彻底解决。

（6）"行政至上"的管理思维使古城保护规划命运多舛

丽江古城第三轮保护规划在 2002 年初即开始制定，但由于当地政府与中规院在城市总体规划上的分歧，"总规不报批，保护规划也没法报批"，直至 2008 年才评审通过。然而评审通过后又时值"撤地设市"后的行政人事及其他问题，这一轮规划还是未能报批通过实施。直至 2012 年古城保护管理局再次启动保护规划制订工作。

2002-2012 年 10 年间，命运多舛的古城保护规划使得丽江大研古城竟然没有正式法定通过的保护措施和依据。当然，古城保护管理局的领导称，虽然未能报批，他们一直是按照《保护规划》实施保护管理工作的。然而，据国家相关法令，保护规划必须在报批通过后才能正式成为法定文件为社会各界所公示遵循，因此笔者认为未经法定程序的保护规划在执行力度上显然会大打折扣。从笔者掌握到的部分 2002 版保护规划的资料来看，规划制定人员显然早在 2002 年就发现了大研古城保护的商业化及空心化问题雏形，并在规划决策上给予了规范和建议；而就当地政府部门近年来的行政管控轨迹可看出，当地管理部门并未正视当年保护规划所提出的问题和解决建议。这与丽江古城保护管理局实施具体管理的自身意识有关，但也折射出"未经合法途径"批准的古城保护规划的实施窘境。而这一窘境的动因，则是由当地政府"行政至上"的管理意识造成。

在笔者看来，丽江古城的保护管理与旅游发展都主要是基于一种政府行为。相比而言，丽江当地的社会结构层面过于单薄，虽然有不少民间团体和科学组织，但都停留在获得政府允许开展研究工作的层面上，不能与管理部门和决策层有效对话与沟通。这种听不到底层的合理建议和民主要求的管理结构是不合理的，很容易失之偏执。并且丽江古城的发展模式依靠的是纳西族的民族文化优势，缺少了纳西族这个主体，没有多样的意见参与，政策的制定就难免僵硬，损害或遗漏某些群体的利益，造成社会力量的分离。目前人们对于古城旅游过度商品化的诟病，及对民族文化保护的呼声可以从反面为我们提供一个佐证。

5.2.5.7　问卷调查

早在 1987 年云南省城乡规划设计研究院制定保护规划时，曾经对丽江大研古城内的居民做过一次问卷调查，共发放有效问卷 682 份。在问卷中，当问及大研古城历史价值时，60.1% 的居民持肯定态度；认为要对古城加以保护的占 77.4%；认为古城中老建筑有较高价值的占 76.3%；对自家住房满意的仅占 17.3%；表示支持开展旅游的占 87.4%，愿意迁出古城的仅占 33.2%。此外，居民还提出了许多意见和建议，例如改善卫生和排水条件、修整街道、美化环境、增加文化设施（如图书馆）等。由此可以看出，当地居民虽然对自家的老宅居住状况不甚满意，但均对自己居住古城的历史价值感到自豪。此外，大部分居民仍愿意居住在古城，并希望自己的居住环境得到改善。当时的古城居民对古城的旅游开发绝大部分持支持和憧憬的态度，源于希望借旅游开发来增加收益，借以提高生活质量。

2006 年笔者对丽江大研古城进行调研，对古城居民发放问卷 50 卷。根据现场调研结果可以看出，古城居民仍然普遍拥有很强的遗产保护意识，对丽江世界文化及自然遗产的保护都有着一定程度的了解。但 92% 的居民都对古城的噪声现象十分不满，72% 的居民对古城的生活便利程度也开始质疑；当时访问发现，古城居民有迁离念头的居然占到了 78%。有些居民甚至认为古城将要变成游客和外地人的活动场所，而不再是纳西人居住的古城。调查中有矛盾的是虽然 80% 的居民认为古城游客太多，但 64% 的居民仍然欢迎游客量的增加，这反映了古城居民既想要借游客量增长来增加自身收益，又不想自己私密生活被打扰的矛盾心理。此外，居民仍然对古城保护提出建议：希望政府不要仅从旅游角度来考虑引进建设项目，从而造成对古城居民利益的侵害；希望加强古城水源保护；应该鼓励纳西人居住在古城，最好能出台相关的福利优惠政策；应该取缔古城的卡拉 OK 厅和酒吧等。

2012 年笔者再次对大研古城进行调研，惊讶地发现在古城中原住民已经稀少难觅。笔者在古城停留期间，遇到且访谈成功的现住古城居民只有寥寥几人。直至笔者后来到古城附近的忠义市场（菜市场）及其他本地人活动较多的广场多次访谈才完成调研，共发放问卷、口头调研当地居民 116 位，成功调研 82 人次，反馈率为 70.7%。受调研人员中，仍然居住古城的 7 人，占问卷总数的 8.5%；原来居住古城，现已迁出的 39 人，占总数 47.6%；不愿透露自己是否原住民，但是是丽江本地人的 36 人，占总数的 43.9%。在随机寻访的居民中，男性 50 人，占 61%，女性 32 人，占 39%。年龄分布为 15–34 岁 6 人，占 7.3%；35–64 岁 50 人，占 61%；65 岁以上 26 人，占 31.7%。从调查问卷的结果来看，主要有以下几方面特征：

①居民已大多不住在古城（占 91.5%），有的居民甚至好几年都未曾踏足古城内部（占 43.9%）；

②居住在古城内的居民绝大部分表示"有条件一定要搬离"（占 85.7%）；

③现居住在古城的居民收入在整体调研群体中明显偏低；

④居民不居住古城的原因排序：首先是"太吵了、人太多"；其次为"不方便"；然后才是"可以获取租金"；接着是"维修起来太麻烦"；最后才是"老宅已不适宜居住"；

⑤虽然未曾居住在古城，但居民对自家在古城的老宅的历史价值大多持肯定态度，认为"要保护"的占 97.5%；

⑥对古城将来保护和旅游开发的意见和建议，被调研者显得漠不关心，认为"无所谓"的占到了 62.2%；

⑦搬离的居民均不愿意再搬回古城居住（占 98.8%）；有的居民甚至表示"怎么有条件也不再搬回去"（占 42.7%）。

从几次调研的结果可以看出，丽江古城居民的态度正在发生重大的变化：1987 年调研时当地居民对古城发展旅游有着憧憬和渴望，提出了许多意见和建议，对自己在古城未来的生活充满了信心；至 2006 年时，当地居民已经开始对古城旅游商业表露出不满，并对古城环境、水系状况表示出担忧，但仍将自己作为古城的"一分子"在思考问题；而至 2012 年时，当地居民大部分已搬离古城，对古城的保护与发展状况漠不关心，在笔者请他们提出意见和建议时纷纷表示"没什么好提的"。但值得欣慰的是，从 1987 年至今，丽江当地民众"要保护古城"的观念意识仍然一直深入人心。

5.2.6　小结

1997 年，联合国教科文组织认为丽江古城是"保存浓郁的地方民族特色与自然美妙结合的典型"，于是授予丽江"世界文化遗产"的称号。2007 年，在第 31 届世界遗产大会上，这个名闻遐迩的古城被联合国检查组批评为"过度商业化与原住民流失"。直至 2012 年，这两大问题在大研古城非但没有得到根治，反而愈演愈烈。

印第安古谚语曾说过："别走太快，等一等灵魂。"丽江古城近年来由于发展的"路径依赖"正在使古城的保护问题愈演愈烈，开始进入"恶性循环"。这座有着数千年历史的古城正在失去它的灵魂，正如媒体批评的，今天丽江古城更像一座游乐园，一个摄影棚。如今，大研古城保护与发展的困境证明了对短期利益的追求，带来的是对其长远利益的无形的深度损害。我们亟需转变固有发展思维，更新古城的发展机制和权益分配机制，以实现各主体之间利益的均衡、人与自然的和谐相处以及经济的可持续发展。

5.3　丽江束河古镇

5.3.1　自然环境与历史人文特征

5.3.1.1　自然环境特征

束河古镇位于丽江大研古城西北 4km 处茶马古道上，距玉龙雪山山麓 15km。束河，纳西语称"绍坞"，因村后聚宝山形如堆垒之高峰，以山名村，流传变异而成，意为"高峰之下的村寨"。束河被称为"清泉之乡"，《徐霞客游记》中写道："过一枯涧石桥，西瞻中海，柳暗波萦，有大聚落临其上，是为十和院。""十和"即今束河之古称（图 5-162）。

古镇核心是中和村与街尾村交接处的"四方街"，四方街场地东西向 40m、南北 35m。东片区地势平坦，村落

图 5-162　2014 年束河古镇影像
图片来源：https://livingatlas.arcgis.com/wayback/#active=10&mapCenter=100.21134%2C26.92460%2C16&selected=10

形态以四方街为核心，沿北、西、南三条道路拓展，以主街为脉，次巷道呈"丰"字形于两侧交错分布，通达各家各户。村落北部的青龙河上游筑滚水坝，抬高水位，把疏河分流入东片区域，河水沿道路旁的沟渠从北至南贯穿全村。四方街东北部100m处有明代后期建造的大觉宫，为省级文物保护单位。古镇家家门前流水，户户屋后种田，田陌与民居交错，具有"田园牧歌"般的世外桃源景象。

5.3.1.2　文化特色

束河古镇主要有农耕文化、茶马文化、纳西文化三大文化特色。

元代以来，丽江纳西族地区已由畜牧经济转向农耕经济。1383年，丽江的政治军事及商业文化中心由白沙迁移到大研；随着大研镇逐渐崛起，束河古镇从商业文化退回农耕文化，成为历史的活标本。束河古镇曾以发达的皮革加工、竹编等手工业闻名于世。20世纪四五十年代，束河村从事皮革业的有300多户，日产皮鞋500双，各种皮货远销西藏、西昌、青海等地，有的商人甚至到达印度、尼泊尔等国，故有"束河皮匠，一根锥子走天下"之说。1942年，束河皮匠村与国际工合组织合作，通过贷款、集股合资开办过"皮革合作社"。直至20世纪末，束河古镇的纳西族农耕文明特征仍然浓郁（图5-163、图5-164）。

图5-163　束河古镇田园风光

图5-164　束河古镇鸟瞰

历史上连接西南"丝绸之路"滇藏贸易、开通于唐代的茶马古道，是千余年民族往来文明史的沉淀，不仅是一条商品交换"茶马互市"的贸易古道，也是各民族间进行文化交流的走廊，对纳西族经济文化的发展产生了巨大影响。束河古镇处于滇、藏茶马古道的重要历史地理位置，从滇南经丽江直达西藏拉萨，经唐、宋、元、明、清千余年的运营发展，促进了沿线各族人民的经济文化交流。茶马文化是束河古镇文化的重要组成部分。

束河古镇内，纳西族人口至少占 90% 以上，纳西文化显然是古镇的主体文化。古镇内当地纳西居民传统的民族文化是古镇遗产的重要组成部分，它包括纳西族语言、文字、歌舞、饮食、服饰、宗教、节庆等。

5.3.1.3 社会经济特征

2003 年 11 月底，古城区撤销原大研镇人民政府，设立束河街道办事处，下辖龙泉、开文、中济、黄山、尚义（新设）等 5 个社区居民委员会，共有 52 个居民小组（含居民小区），居住有纳西、汉、藏等民族，2007 年末总人口 14242 人。本文中的"束河古镇"是指丽江大研镇龙泉行政村，俗称"束河古镇"。龙泉行政村东至大研农场四中队，南连中济居委会和开文居委会的荣华、东康居民小组，西接玉龙县白沙乡的文海和拉市乡的南尧，北与玉龙县白沙的新文和木都相接。辖仁里、街尾、中和、松云、文明、庆云、红山等 7 个居民小组。居委会设在文明村。现有农户 670 户，有乡村人口 2754 人。村子内有保存完好的古道、集市，有传统民居近千幢，还有青龙河附近两大片菜地（图 5-165、图 5-166）。

图 5-165　2004 年束河古镇

图 5-166　2006 年束河古镇上的纳西老人

5.3.2　束河古镇保护与发展的演进历程

5.3.2.1　古镇的历史沿革

束河古镇是纳西族先民在丽江坝子中最早的聚居地之一，是茶马古道上保存完好的重要集镇，也是木氏上司的发祥地。据《木氏宦谱》记载，木氏祖先"秋阳，于公元 674 年至 676 年为三甸（即今丽江）总管"。至唐德宗贞元元年（785 年），木氏祖剌具普蒙任丽水（即丽江）节度使。唐朝末年木氏先祖叶古年定居丽江坝的白沙，一直到明洪武封木氏为世袭土知府，木氏在丽江坝统治了六七百年。

到明代时，束河就已成为茶马古道上的重要驿站和纳西文化的交流中心。由于其独特的区位优势，当地人多从事商贸活动，经过长期的发展，手工业和商业不断繁荣，进而吸引了很多外地人前来经商并定居。它是纳西族从农耕文明向商业文明过渡的见证者，是对外开放和马帮活动形成的集镇建设典范，与白沙壁画同时期的明代壁画、明代建筑大觉宫、清代建筑三圣宫等珍贵文物和建筑至今保存完好。新中国成立后，经过区划调整，束河镇地域分属龙泉、开文、中济三个行政村，龙泉、开文属白沙乡，中济属黄山乡，束河的地名未出现在行政区划图中。束河的中心区是龙泉村四方街一带，随着时代的变更，开文村、中济村变化较大，龙泉村仍保持着传统风貌，故现在人们所称的束河，主要指龙泉行政村。1997 年 12 月 4 日，束河民居建筑群作为丽江古城的重要组成部分，被联合国教科文组织列入《世界文化遗产名录》。2003 年 6 月丽江正式撤地设市，龙泉村和开文村被从白沙乡划出，归古城区大研镇管辖，2003 年 10 月大研镇设立了束河街道办事处，按社区化管理。龙泉村委会成为办事处下属的龙泉社区居民委员会。2005 年被评为中国魅力名镇、最佳人居环境名镇、国家 4A 级旅游景区。

5.3.2.2　古镇保护规划的制定及概况

2000 年前龙泉村村民建房缺乏管理，2000 年起为了旅游需要，白沙乡（龙泉村原属白沙乡）规定，不准建盖平顶房，住宅大门外面不准贴瓷砖。2002 年 4 月，世界文化遗产丽江古城保护管理委员会成立后，开始重视村民建房。

（1）《世界文化遗产丽江古城保护规划》

2002 年，丽江古城保护管理委员会开始委托上海同济城市规划设计研究院、中国国家历史文化名城研究中心编制《世界文化遗产丽江古城保护规划》。在保护规划中，对束河做了明确的功能定位，即应维持现有的原住民生活状态，着重展示纳西族村镇居住形态的历史价值及典型地方特征，建设纳西族居住生活文化区域及自然风景区。保护规划规定严格保护及妥善维修束河大觉宫及壁画、龙泉三圣宫等宗教建筑群，开展文化展示、观光休憩等活动；旅游商业应集中在青龙桥以东四方街广场周边，其产品应有鲜明的地方性与文化特征；青龙河以西区域应保持原有的居住性特征，维护原住民的生活性场景，增设必要的生活服务设施，并进行基础设施的改造；严格保护青龙河沿线水系、湖泊、井泉、驳岸、桥梁、植被、山体、岩石等，保护龙泉山周边古柏群及幽静和充满野趣的自然景观。

此外，保护规划为束河古镇划定了保护区、建设控制地带、环境协调区的范围。保护区范围西起聚宝山东麓海拔 2455m 的等高线及龙泉山西麓山谷，北抵龙泉寺青龙河转弯处，南至聚宝山南麓，东至束河中心小学西侧，面积 0.27km²。保护区内分一、二、三级：一级保护区为古镇核心区，面积约 5.42ha。在此区域内，所有房屋及街道布局都要严格按照修旧如旧的原则进行整治；二级保护区为核心区外围保护区，面积约 15.6ha。在此区域内，所有建筑不得超过规定样式和高度，混合结构建筑必须穿衣戴帽用瓦屋面覆盖；三级保护区为新城区与古镇的结合带，面积 28.5ha。在此区域内，所有建筑控制标高，使整个古镇与外界自然过渡。

束河古镇的建设控制地带包括束河民居建筑群外围村镇建成区以及邻近公路两侧，恒水沿山农田地带，西至龙泉山麓海拔 2525m 的等高线，东至东康村庄，北至文明村东，南至龙泉村南，面积 1.38km²。以保护自然地形地貌及协调环境景观为基准划定了环境协调区。束河古镇还设置了环境保护区，分山林保护区、水系保护区、田园保护区三种类型（图 5-167）。

保护规划还对古镇的历史建筑、街巷、广场、水系等空间格局肌理和传统风貌、周边环境、人文环境做了明确而严格的保护要求。在最新版的《丽江城市总体规划》中，对束河古镇的交通、给排水、电力、通信等市政设施一并纳入规划统一考虑。

2003-2004 年初，由于受到丽江撤地设市的影响，龙泉村建房管理力度不够，致使村内的一些传统民居被改建成现代风格的建筑，有些村民还在空地上新建房屋，破坏了传统村落形态。2003 年 3 月，管委会出台了《关于在丽江古城实行〈云南省风景名胜区准营证〉制度的通知》；2004 年 3 月，束河街道办事处颁发了《束河古镇居民公约》，规定了一、二、三级保护区建房要求，以及建房的审批程序。该公约还规定了具体的建房要求、建房的审批程序，以后所有建房都必须按此公约规定严格审批。2004 年 5 月，丽江古城区建设局统一对龙泉村、东康村 130 余户补办了审批手续。此后建房需按前文所述程序审批。

图 5-167　束河民居建筑群保护范围规划图
图片来源：丽江县人民政府，上海同济城市规划设计研究院.世界文化遗产丽江古城保护规划图集 [G].2008.

（2）《丽江束河茶马古镇保护与开发修建性详细规划》

2003 年，丽江市政府引入昆明鼎业集团开发束河茶马古镇，双方达成了发展与保护项目协议。鼎业集团于同年编制了《丽江束河茶马古镇保护与开发修建性详细规划》，规划将束河的发展方向定位为建设民族文化特色的旅游小镇。规划对保护区内的上千栋历史建筑进行详细的调查，实行三级保护及建筑文物和传统建筑保护，并分类明确了保护措施。对古镇内的水系、绿地、田园观光等生态景观划定了保护范围，并明确了保护措施，做出了保护区内的供水、排污、消防、电力、通信等市政设施规划。在保护区外，规划了旅游休闲度假区、茶马文化商业区、观光农业绿化区、滨河景观区等开发建设项目。新开发区的街巷、广场的格局和尺度空间延续了古镇的风貌。建筑形式采用了传统的丽江民居体系，深出檐、坡屋面、灰瓦白墙、雕花木门窗。规划力求古镇的整体格局保留完好、新开发区与古镇协调一致，同时还编制了《束河旅游发展规划》，对古镇旅游线路的组织、旅游设施的建设做了统一规划（图 5-168 ～图 5-170）。

2006 年，束河街道办事处根据《云南省丽江古城保护管理条例》，将束河分为三级保护区：一级保护区为核心区，此区所有房屋及街道布局要严格按修旧如旧的原则整治；二级保护区为外围保护区，此区所有建筑不得违背规定样式和高度，混合结构建筑必须穿衣戴帽；三级保护区为城区与古镇结合地带，此区所有建筑要控制高度，使古镇与外界自然衔接。其中，一级、二级保护区即为《世界文化遗产丽江古城保护规划》中的保护区、协调区范围（为方便分析，后文中称为保护区、协调区）。

《丽江束河茶马古镇保护与开发修建性详细规划》

保护级别项目		一级保护区	二级保护区	三级保护区
基本要求		全面保护传统风貌，改善环境质量，完善设施水平，主要空间，尺度不变	基本保护传统风貌，较大地改善环境质量，提高设施水平空间、尺度可稍有变化	大体保护传统风貌，充实较新的设施，按现代环境要求进行建设。空间、尺度力求亲切宜人
对每一新建单幢建筑的基本控制要求	体积（m³）	小于 500m³	小于 600m³	小于 900m³
	层数（层）	1-2 层	2 层	2 层为主，局部 3 层
	檐口高度（m）	小于 6.5m	小于 6.5m	小于 6.5m，三层部分小于 8.5m
	基本建筑体系	传统民居体系、深出檐、坡屋面、木或仿木结构架，主要建筑沿街向的立面为仿木板面，木门窗装修、木材本色	除主立面墙体不强求仿木板面外，其他要求与一级保护区相同	局部作深出檐、坡屋顶。色彩禁用对比色，需有传统民居韵味
重点保护建筑物、构筑物		必须修旧如"旧"。严禁任意重彩、油漆	同一级要求	同一级要求
路桥	路面	五花石板铺砌	预制混凝土块铺砌	不限
	桥	石砌或小桥，禁用钢材和混凝土等现代饰面材料，入户小桥可用仿木做法	同前	桥身及桥栏板为假石
构筑物（如配电房、电杆）		力求避让主要景点		

图 5-168 束河古镇保护分级及基本要求

图片来源：鼎业集团，昆明理工大学城乡规划设计事务所. 丽江束河茶马古镇保护与发展修建性详细规划 [G].2003.

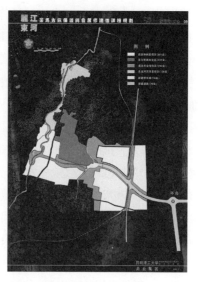

图 5-169　束河古镇保护区域分级图
图片来源：鼎业集团，昆明理工大学城乡
规划设计事务所．丽江束河茶马古镇保护
与发展修建性详细规划 [G].2003.

图 5-170　束河古镇用地规划图
图片来源：鼎业集团，昆明理工大学城乡
规划设计事务所．丽江束河茶马古镇保护
与发展修建性详细规划 [G].2003.

5.3.2.3　古镇近年来的发展历程

2003 年前，束河古镇的游客仅有少量喜爱建筑与传统文化的散客。丽江旅游景点（区）很多，在束河正式开发旅游之前，丽江大研古镇、玉龙雪山等都成了知名的热门景点，而作为丽江世界文化遗产重要组成部分的束河古镇，其居民还过着传统的农业生活，生活贫困。2003 年以前，龙泉社区主要以农业为主，林果业、畜牧业为辅，产业结构较为单一，经济发展缓慢，群众生活主要靠几亩薄田，生产落后，年人均纯收入不到 800 元，是丽江坝子典型的贫困村。由于受资金困扰，政府财政拨款困难，银行贷款风险太大，束河古镇的旅游开发受到阻滞。

2003 年初，昆明鼎业集团完成了"丽江束河—茶马古镇保护与发展"的概念性规划，确定了大致的征地范围（1700 亩）。同年 2 月 27 日，昆明鼎业集团与县政府正式签订《投资协议书》。3 月 26 日，《丽江束河茶马古镇保护与开发修建性详细规划》方案通过评审。4 月 16 日，丽江鼎业旅游开发公司成立。5 月 12 日，丽江鼎业旅游开发公司投资开发的"丽江束河—茶马古镇"保护与发展项目举行开工典礼。12 月 10 日，丽江鼎业房地产开发公司成立。通过政府的帮助，鼎业集团在龙泉周边征地 1700 亩，欲用 5-8 年时间投资 5 亿元，分三期开发束河古镇的旅游。

第一期：茶马驿栈，以主题公园形式开发的旅游商业房地产。该项目占地 223 亩，总建筑面积 7.5 万 m²，建筑密度 26.4%，容积率 0.51，绿化率 46.3%（水体 6.9%），道路广场率 27.3%，停车位 93 个。茶马驿栈规划建设为纳西民居建筑风格，房地产物业类型包括商铺、客栈、星级酒店、休闲酒吧等。商铺均价为 5500 元 /m²，客栈均价为 3500 元 /m²。至 2007 年，规划物业全部竣工并投入使用，并且在茶马驿栈区的西南部规划国际酒吧区，现已开始建设。

第二期：规划建设青龙河滨河景观区，该项目占地 123 亩，建筑面积 1.47 万 m²。

第三期：拟建设茶马古道及三江并流全球旅游探险基地。

2003 年下半年，束河古镇的游客逐渐增多。2004 年 5 月，束河茶马古镇景区正式对外开放，平均每天有 5450 名游客涌进古镇，旺季时高达 12000 多人。2005 年，束河参加"中国魅力名镇"展示活动，获得"最佳人居环境名镇"奖；2005 年，束河成功申报为国家 4A 级景区；2006 年的"七夕"之夜，束河举办了首届中国情人节，成为媒体和大众眼中的"爱情之城"。

5.3.3 调研现状

5.3.3.1 "束河模式"的成就

与大研古城相较而言，束河古镇引入外来资金，"以发展促保护"，即采取了政府引导、企业主导、市场调控的模式。这一开发模式在随后得到了广泛肯定。联合国教科文组织亚太区文化顾问理查德先生评价说，"丽江是个活见证，它证明旅游业可以给居住在文化遗产区内及附近社区的人民带来不可限量的经济发展机遇"，"最令人赞赏的是，这种新的发展没有抹去世界文化遗产束河的历史个性"。中央电视台在"中国经验"栏目里介绍了"束河经验"。建设部和国家旅游局在云南召开的全国旅游小镇建设工作会议上，充分肯定了束河古镇保护、开发的做法。同年，云南省将束河列入云南省十大旅游名镇之一（表 5-30）。

2003 年以来束河古镇所受表彰　　　　　　　　　　　　表 5-30

时间	表彰
2003 年 4 月	中国旅游房地产与分时度假发展大会组委会、中国旅游分会主流媒体联盟授予丽江束河古镇"中国旅游房地产影响力项目"
2004 年 2 月	束河古镇被命名为"丽江市古城区文明小城镇"

时间	表彰
2004 年 12 月	束河古镇茶马驿栈参加中国房交会知名楼盘评选活动,荣获"中国旅游名盘"称号
2004 年 12 月	国家建设部中国建筑文化中心组织中国知名地产评选,束河古镇茶马驿栈荣获"中国知名旅游文化地产"称号
2004 年 12 月	束河古镇景区成为丽江市旅游协会景区(点)分会会员单位
2005 年 1 月	束河古镇旅游发展项目被列为"2004 中国经验(云南篇)",在中央电视台"经济半小时"黄金节目中播放
2005 年 2 月	春节大年初一中央电视台"中国新闻在丽江"节目向全球华人直播束河古镇过节盛况
2005 年 2 月	束河街道党工委、办事处被命名为"丽江市古城区文明单位"
2005 年 5 月	束河古镇荣获"云南省省级绿色社区"称号
2005 年 10 月	束河古镇参加中央电视台"中国魅力名镇"展示活动,荣获"中国魅力名镇""2005 年度中国魅力名镇人居环境名镇"称号
2005 年 11 月	丽江束河更新规划设计方案荣获"云南省村镇规划设计一等奖"
2005 年 12 月	束河景区申报国家 4A 级旅游景区成功
2006 年 2 月	束河街道被丽江市委、市政府授予"平安街道办事处"称号
2006 年 3 月	束河街道被古城区委、区政府授予"文明小城镇"荣誉称号
2007 年 9 月	束河古镇被云南省建设厅授予"引进了新的建设方式和融资模式"建设示范单位荣誉称号
2010 年 3 月	束河街道入选第一批全国特色景观旅游名镇(村)
2017 年 2 月	束河古镇荣登"2017 最受欢迎十大古镇"排名
2018 年 9 月	束河古镇工匠街正式开街,成为丽江民俗文化旅游新地标
2020 年 5 月	云南省文化和旅游厅发布《关于省级旅游度假区等 5 项认定名单的公示》,束河古镇旅游度假区被拟定为省级旅游度假区,束河镇被拟定为云南省旅游名镇
2020 年 8 月	束河古镇"工匠街"升级为"工匠园区",束河成了集中展示丽江民族工艺品和技艺的平台
2021 年 6 月	云南省文化和旅游厅发布通知,束河街道仁里村被正式授予"云南省旅游名村"称号
2022 年 11 月	江苏卫视《百姓的味道》在束河古镇录制

就笔者看来，束河古镇的保护与发展成就主要体现在两方面：

（1）另辟新区发展，保护了古镇原有的整体风貌

应该说，鼎业集团与其他许多类似的旅游地产开发企业相比，在对待古镇保护的态度上更具有"业界良心"：不但保留了古镇现存的传统民居建筑，甚至为了保护束河古镇的"田园风光"，还保留了一部分纳西村民原有的菜地、果园、农田。就笔者2006年、2012年两次现场调研的情况看，束河古镇自旅游开发以来，整体传统建筑群中，不但较好的传统建筑群风貌基本保存完好，并且在2012年笔者再至束河古镇时，惊讶地发现2006年调研时改动较大的传统建筑中许多建筑的风貌都有不同程度的恢复，主要的沿街建筑甚至几乎完全恢复了原有的纳西民居风貌（图5-171～图5-173）。虽然较大研古城而言，束河古镇中仍然存在一定数量的砖混现代建筑，但客观来讲，古镇还是基本实现了传统民居建筑群更新与修复的良性微循环（图5-174～图5-177）。

图5-171　2012年束河古镇新城区景观

图5-172　束河古镇老街街景

图5-173　茶马文化驿栈新建商业区街景

图 5-174　2022 年束河古镇卫星影像图

图片来源：Bigmap GIS Office.[EB/OL].http://www.
bigemap.com/.

文物建筑及重要历史建筑保存完好，传统建筑群局部地
段的建筑风貌有些受损；传统风貌的新建建筑开始出现

图 5-175　2006 年束河古镇现状风貌分析

与传统风貌不符的建筑部分拆除重建；大部分沿街地
段改动过风貌的传统建筑基本修复原样；新建传统风
貌建筑继续增多

图 5-176　2012 年束河古镇现状风貌分析

仍有一部分与传统风貌不符的建筑，但比例已然减少；
沿街地段改动过风貌的传统建筑基本修复原样；新建传
统风貌建筑占比较多

图 5-177　2022 年束河古镇现状风貌分析

（2）古镇居民的生活得到了实质性改善

2003 年以前，龙泉村经济发展落后，脱贫致富成为当时社区居民的迫切愿望。
通过社区居民访谈得知，旅游开发以前，束河古镇基础设施落后，进村道路泥泞不堪，
出行十分不便；未铺设路灯，晚上出行不安全；没有专门的垃圾处理措施，垃圾四
处都是。至 2004 年，龙泉村旅游开发仍处于起步阶段，除少部分拥有临街民居的村民、
拥有微型运营车的村民容易从旅游开发中获得经济效益外，大部分村民经济收入主

要依靠农业和外出打工。

2004 年 5 月束河茶马古镇景区正式对外开放后，大量游客涌入古镇，旺季时每天高达 12000 多人，极大地带动了餐饮业、营运业等的发展，拓展了居民增收致富的渠道。至 2005 年，束河已从一个鲜为人知的边陲小镇发展为全国最佳人居环境魅力名镇。平均每天游客超过 5000 人，节假日或黄金周高峰时，每天游客超过 1.2 万人；年接待游客 120 万人，年旅游总收入 2500 万元；农民人均纯收入从以前的 800 元提高到 2006 年的 3500 元。

2006 年，束河古镇每天接待游客 6000 人；年接待量达 190 万人次，其中外地游客 102 万人次；大量的游客盘活了古镇的旅游经济，古镇居民也通过从事旅游服务行业而提高了收入。截至 2006 年底，束河古镇广大居民通过出租房屋、经营客栈、酒吧、农家乐，使自己的日子越过越红火：20 户本地居民从事旅游餐饮业，其中收入较多的有 10 户，年纯收入达 50 多万元；有 217 户本地居民出租自家房屋参与商铺经营，年纯收入达 400 多万元；还有 45 辆微型车从事交通营运，年纯收入达 100.5 万元。至 2008 年，已有 60 多户本地居民从事旅游餐饮业，其中有明显收益的 40 多户年纯收入 100 多万元；共有 350 多户本地居民出租自家房屋参与商铺经营，仅此项每年的纯收入就达 1300 多万元；共有 300 匹马匹和 80 辆马车参与旅游营运，年纯收入达 600 万元；还有 63 辆微型车从事交通营运，年纯收入 237.5 万元；仅在束河古镇内从事旅游服务的老百姓增至 700 多人，成为古镇旅游市场活跃人群。另外，丽江鼎业集团考虑到失地农民的就业问题，直接或间接提供岗位 380 个，其中保安 153 人、环卫工人 95 人、厨师及酒店服务 65 人、导游及其他岗位 67 人。社区旅游从业人员达 1023 人。2003 年，束河古镇（主要为龙泉村）经济总收入 993.48 万元，居民人均收入 1400 元。2006 年束河古镇总人口为 2754 人，参与旅游业的人口数为 1655 人，占总人口数的 60%；人均收入达 3500 元；到 2008 年，束河古镇游客量增至 243.52 万人次，古镇（主要为龙泉村）经济总收入上升至 2548.52 万元；2009 年古镇旅游接待人数达 299.22 万人次，农民人均纯收入也达到了 6300 元；至 2010 年，农民人均纯收入已达 8000 元，从事旅游相关服务业居民的年收入达到了 12410 元；2015 年束河古镇的游客人数达到 463.9 万多人次，除了有多家国际品牌酒店以外，束河已建有四星级以上酒店 7 家、纳西特色民俗客栈 500 多家、标间 4000 余间，每日可接待 13 万多人。2019 年，束河街道生产总值达 20 亿元，其中农村经济收入达 20690 万元，同比增长 1.4%；农民人均纯收入达 21000 元。2022 年，束河古镇常住人口 33825 人，户籍人口 15127 人；共有经营户 2115 户，其中客栈 635 家、餐馆 283 家、酒吧 24 家、小商铺 1197 家、人均年收入 20738 元；配有各类停车场 10 个，停车位数量达到 2000 个以上（表 5–31）。

2002 年以来束河游客量及居民人均收入一览表　　　　　　　　表 5-31

	游客数量		居民收益	
	全年接待国内外游客数（万人次）	占丽江市的比重（%）	束河古镇当地居民参加旅游的人数（人）	束河当地居民人均收入（元 / 年）
2002 年				800
2003 年				1 400
2004 年	120	27.78	405	2 200
2005 年	113.91	28.18	711	2 800
2006 年	190.26	41.35	809	3 500
2007 年	202.06	38.06	1 230	5 100
2008 年	243.52	40.53	1 426	5 600
2010 年	297.30	43.12	1 767	8 000
2015 年	463.9	15.18	—	—
2017 年	300	7.41	—	—
2022 年	—	—	—	20 738

可以这样说，开发旅游几年来，古镇老百姓得到了实惠，也提高了保护意识。清河街道党工委、办事处先后制定下发了《束河古镇居民公约》等居民规范手册，本地居民也尝到了资源保护所引发连锁反应带来的收益，逐步树立了保护资源就是保护钱口袋的意识，自发组建了古镇管理委员会，对古镇内水系、绿化、环卫等进行监管，取得了较好的效果。

显然，如今的束河古镇已彻底脱贫致富，被国家有关部门和省政府冠名为"束河模式"，其发展模式被列入"2004 年中国经验"，成为中国旅游小城镇开发建设的成功典范。然而，近年来束河古镇旅游开发带来的一些负面影响开始显露出来，影响了古镇的持续保护与发展。

5.3.3.2　古镇"无缝扩容"的困惑

笔者曾于 2002、2006、2012 年前后三次对束河古镇进行调研，发现束河古镇这 10 年来呈现出大面积"无缝扩容"的迹象。2004 年起鼎业集团新建的"茶马文化商业区"即紧邻古镇南部；协调区外的民居院落扩容均紧贴古镇而向外蔓延；协调区、保护区内的新增院落则"见缝插针"，直至填满古镇内原有的"留白"为止。而据笔者调查，束河古镇的"扩容"主要源于大面积新

图 5-178　协调区的新建民居

古镇建筑群主要集中在保护区内老四方街、大石桥一带，保护区外围大多为自由伸展的村落民居，斑块状镶嵌在田园之中

图 5-179　2002 年束河古镇肌理分析

鼎业集团在紧邻协调区南部一次性兴建了大规模的仿古建筑商业区；古镇保护区、协调区内的院落及新建仿古建筑开始大量增加

图 5-180　2006 年束河古镇肌理分析

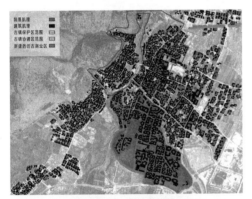

保护区、协调区内院落已呈饱和，外围民居院落继续蔓延，原来古镇建筑群与田园阡陌相间的景观已然不见

图 5-181　2012 年束河古镇肌理分析

保护区、协调区内建筑与院落已呈饱和状态，外围民居继续向外蔓延，原有古建筑与田园阡陌交错的景象全然不见，古镇周边不断建造大量仿古建筑，其中包括仿古商业与仿古居住区

图 5-182　2022 年束河古镇肌理分析

建传统风貌商业区与古镇的"无缝衔接"而产生的连带效应（图 5-178 ~ 图 5-182）。

而这样的"无缝、无限制扩容"显然对束河古镇的保护与发展十分不利，理由如下：

首先，大面积无限制的"无缝扩容"损害了束河古镇原本引以为傲的"田园风情"。2004 年以前的束河古镇形态，呈现的是"田陌相间"的指状肌理，外围村落则成斑块状，与田园、水系、山脉有机融合。然而，随着 10 年来古镇的大面积"无缝扩容"，原来富有特色的肌理形状已然消失，田园、山水的氛围大为失色，"阡陌相接，山野绿城"的景象已然不再。

图 5-183 2006 年束河田园风光，村民住宅旁即为田野，2012 年这种景象已几乎不见

其次，大面积无限制的"无缝扩容"除改变了古镇原有的生态化指状肌理外，也直接促成了古镇本体的迅速全盘商业化。回顾古镇 10 多年来的发展，2004 年鼎业集团"茶马古道商业区"的开发兴建可谓一个契机，直接提升了古镇的旅游知名度，为古镇带来了逐年上涨的旅游收益；但随着旅游热度的提升，由于新建商业区与古镇本身的"无缝衔接"，大面积仿古商业街区的商业化氛围直接对古镇的功能产生了连带商业化效应，大大缩短了古镇的全盘"商业化"周期（图 5-183 ~ 图 5-187）。

笔者根据自己近几年来的调研成果对束河古镇的主体功能布局进行分析，发现 2002-2012 年 10 年间，古镇的商业（主要指零售业、餐饮业、酒吧等）

与旅馆业空间呈现出大面积的扩张和蔓延，而其强力发展的时间节点显然位于 2004 年大规模旅游开发后。以笔者几年来的连续调研看来，在 2004 年束河古镇进行"规模化"旅游开发前，古镇内的商业与旅馆业设施明显不多，镇上的商业也主要以生活型商业设施为主；在当地纳西族的赶街天，四方街在当时仍为熙熙攘攘的"菜市场"。然而随着 2004 年在古镇南端与古镇"无缝衔接"的大面积"茶马古镇"仿古

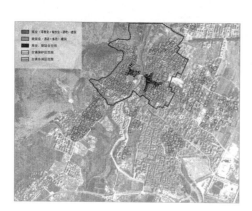

2002 年只有一些古镇原有的沿街商业，大多售卖的是当地居民的生活用品。河西岸有少量民居旅馆，也主要是当地人经营

图 5-184 2002 年束河古镇商业 + 旅馆业空间分布示意图

2004 年在古镇保护区南部开发了茶马古道旅游商业区以后，束河古镇的旅游发展开始驶入快车道，在古镇保护区、协调区内出现了大量的商业建筑（主要为零售商业、餐饮、酒吧等），旅馆类建筑继续增加，尚未出现酒店建筑

图 5-185 2006 年束河古镇商业 + 旅馆业空间分布示意图

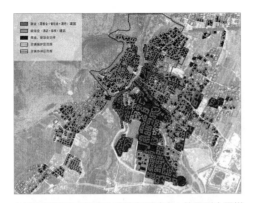

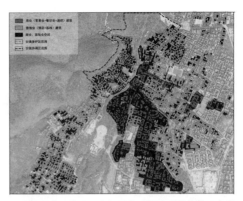

古镇保护范围内的商业建筑有所减少，外围则大量增加；开始在旅游商业区附近出现规模较大的酒店及度假会所；无论是古镇保护区内部还是外围，客栈建筑均呈井喷式蔓延

图 5-186　2012 年束河古镇商业 + 旅馆业空间分布示意图

古镇的商业、旅馆业空间继续呈现外溢的趋势，尤以客栈建筑为增长主体

图 5-187　2022 年束河古镇商业 + 旅馆业空间分布示意图

商业区的出现，束河古镇开始步入大规模旅游开发序列，来此的游客数也与日俱增；旅游的影响效应以及大规模商业空间的连带效应提升了古镇的商业价值，自然也引发了古镇保护区、协调区内的商业空间迅速发展。2006 年笔者调研时，古镇商业仍主要集中在古镇主街两侧，私人客栈开始零星出现；四方街的"街天"已经取消，而成为当地纳西百姓进行"舞台化表演"的场所。2012 年笔者再至束河时，惊讶地发现无论是古镇保护区、协调区的内部还是外围，其功能空间都发生了惊人的蜕变：首先，是古镇保护区、协调区内的纯居住空间几近消失，取而代之的是大量的商业及旅馆业（主要指院落式度假酒店会所、民居客栈等）；其次，在古镇协调区外围，也出现了数目可观的新建商业建筑及民居客栈，古镇原有的纯居住空间已然放眼难觅。这一情况在 2022 年显然更严重了。

从前文对大研古城的分析我们可以得知，相较而言，大研古城于 1998 年起游客量急速增加，进入了旅游发展的快车道，而束河古镇大力发展旅游业的时间准确来说是在 2004 年后，晚了将近 7 年；然而至 2012 年笔者调研时，却发现两者商业区段各自所占的比重已经相差无几（图 5-188 ~ 图 5-190）。显然束河古镇的"商业化"来得"更快、更猛烈"，其原因固然多样，不过就笔者看来，束河古镇的"迅速全盘商业化"很关键的原因是其与新建仿古商业区的"无缝对接"。

未大规模旅游开发时，束河古镇内的商业空间仅占古镇总体范围极小一部分；然而自 2004 年鼎业集团在紧邻古镇协调区南部兴建"茶马古镇"仿古商业街区后，

束河小巷街景

束河阿依朵酒吧街街景

束河清泉路街景

束河康普巷街景

图 5-188　束河古镇街景

大量的游客、大面积的旅游仿古商业区自然而然催生了旅游规模经济与范围经济效应。以租金为例，在新区尚未建成、束河还没大力发展旅游的 2002 年，古镇内的商铺租金为 15-20 元 /m²·月，2004 年开始发展旅游时为 45 元 /m²·月，而新建旅游商业区甫一开盘，商铺租金即以均价 800 元 /m²·月定价（根据位置上下浮动 10%-20%），直接拉高了古镇的整体房价及租金。新区开发后引来大量游客，而游客对古镇本体的兴趣远远大于仿古商业区，这更导致古镇租金水涨船高，零售商业、旅馆业面积均急速扩容。在这样的连带效应下，商业区与古镇本体的"无缝衔接"直接拉动了古镇内的商业空间发展。至 2006 年后与大研古城一样，束河古镇的旅馆客栈如雨后春笋般涌现，将古镇保护区内的纯居住空间挤压得所剩无几；而与大研古城不同的是，其蔓延的速度大大超过大研城。

综上所述，束河古镇与新建旅游商业区的"无缝衔接"造成了"大面扩容"，从而引发规模旅游收益递增效应，成为直接促使古镇全盘商业化的主要动因之一，并促成了古镇主体功能的蜕变。而这样的"无缝衔接与扩容"填塞了古镇大量的生态间隙，改变了古镇原有的"生态化"指状肌理，损害了古镇原有的"田舍交错"的自然地理特质。

大研古城的商业空间增长过程

束河古镇的商业空间增长过程

20 世纪 80-90 年代大研古城商业空间示意图

2002 年束河古镇商业空间示意图

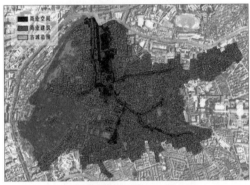

2006 年大研古城商业空间示意图

2006 年束河古镇商业空间示意图

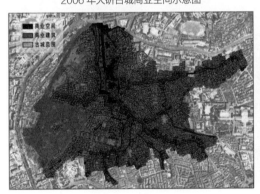

2012 年大研古城商业空间示意图

2012 年束河古镇商业空间示意图

图 5-189　大研古城与束河古镇的商业化历程对比图 1

大研古城旅馆客栈空间增长过程

束河古镇旅馆客栈空间增长过程

2000 年大研古城旅馆客栈空间示意图

2000 年束河古镇旅馆客栈空间示意图

2006 年大研古城旅馆客栈空间示意图

2006 年束河古镇旅馆客栈空间示意图

2012 年大研古城旅馆客栈空间示意图

2012 年束河古镇旅馆客栈空间示意图

图 5-190　大研古城与束河古镇的商业化历程对比图 2

5.3.3.3　古镇原住民居住空间的"就近置换"

官方的户口统计数据显示，束河古镇 2006 年有居民 670 户，2754 人；2012 年有 687 户，2823 人，总体人口数量基本按正常规律平稳增长，并未出现大规模的人口流动。然而，就笔者几年来的调查情况看，束河古镇尤其是古镇保护区、协调区内的原住民居住空间在短短数年间几乎全部消失（图 5-191 ~ 图 5-194）。

古镇保护区、协调区大部分为原住民居住空间，协调区外围有一部分村落，基本分散坐落在田野之中

图 5-191　2002 年束河古镇原住民居住空间示意图

保护区内的居住空间开始大幅萎缩，协调区内的居住空间也逐渐减少，协调区外围的民居有少量增加

图 5-192　2006 年束河古镇原住民居住空间示意图

古镇保护区、协调区内的居住空间已几近消失，协调区外围的居住空间也同样大幅减少，与之相应的是大量空置民居院落正进行招租

图 5-193　2012 年束河古镇原住民居住空间示意图

古镇保护区、协调区内的居住空间完全消失，协调区外围空地新建了大量居住建筑，外围招租的院落有所减少

图 5-194　2022 年束河古镇原住民居住空间示意图

　　从图5-191～图5-194可知，2002年时，束河古镇保护区、协调区内尚留存了大部分的原住民居住空间；但在笔者2006年调研时，古镇内的居住空间就开始大幅减少，尤其是原本靠近商业空间附近的居住建筑，几乎全都转变了建筑性质；到笔者2012年再至束河时，发现古镇内已几乎再无居住建筑空间，取而代之的是商业、旅馆业建筑；并且在协调区外围，原住民的居住建筑空间也在大幅减少，许多空置（有些还是装修一新）的民居院落都贴上了"招租"的广告（图5-195）。

图5-195　束河古镇保护区外围的"招租"民居

　　据笔者走访调查，绝大部分古镇中的原居民都已另置新居住在古镇外围更远处（图5-196），但居民的户口基本上未曾变动。这使得束河古镇呈现出一种另类的原住民"迁徙地图"：古镇居民在古镇外围附近另建新屋，将自家的居住空间"就近置换"到古镇外围，而将留在古镇保护区内（或协调区甚至是协调区附近）的老宅出租给外地人经营。与大研古城略有不同的是，大研古城的"外地商业化"还经历了一段"主要为本地人经营→本地人＋外地人经营→主要为外地人经营"的演化阶段，而束河古镇则在2004年保护区内商业化伊始就直接进入了商业、旅馆业空间"主要为外地人经营"的局面。究其原因，应是本地束河古镇居民大多原本以务农为生，从事商业、服务业的人有限，

图5-196　古镇外围村民自建住宅

对他们而言，直接将房屋出租来获取经济收益显然更便捷、省心。在笔者 2012 年调研期间，古镇内几乎不见本地纳西人的身影，他们只有在晚上篝火歌舞表演时才出现。因此，束河古镇的"空心化"现状已然毋庸置疑。

笔者通过在束河古镇对当地居民进行实地访谈，发现近年来古镇原住民"就近迁徙"的成因主要如下：

首先，也即最主要的原因，是为了获取收益。

依照利益相关者理论，在束河旅游经济的开发中，除开发企业鼎业集团外，束河古镇的大量原住民也同样是古镇旅游收益的利益相关者。虽然鼎业集团在束河古镇开发伊始即承诺"旅游反哺"，采取相关措施回馈古镇原住民，在企业中优先雇用本地村民，在开发过程中在一定程度上兼顾到当地居民的利益，开发后则随着束河旅游热度的增加，也改善和提高了当地民众的经济收入；然而据几年来束河古镇的旅游经济收益状况来看，古镇旅游收益的利益分配格局极不均衡，广大原住民仅位于旅游红利的末端，与开发企业和外来商户相比，获利差异十分显著。

在束河古镇的旅游经济链条中，鼎业集团显然处于绝对的优势地位，对古镇的经营收益已形成自然垄断，规模经济明显，获取了古镇旅游经济的绝大部分收益。在笔者调研得到的格林美地束河项目策划推广案中，拟定开街 5 年内以平均私房租金 200 元 /m^2·月来计，出租率假定为 60%，营业面积为建筑面积的约 70%，6 万 m^2 招租面积（商铺和餐饮酒吧），且假定客栈酒店平均入住率 80%，人均消费 30 元，门票收入平均 30 元 / 位，茶马驿栈营业额中 40% 为综合运营成本，则一年总收益可达 1.6 亿元，净收入 1 亿元。而参考束河古镇近几年的旅游热度，并按 5 年内经营性资产每年 10% 的品牌升值规律，鼎业集团在束河获得的经济收益已经大幅超过了其开发预案。

与鼎业集团获得的丰厚利润回报相对应的，是当地民众极其有限的收入。以束河张奶奶家为例，一家五口人，有 15 亩地，束河古镇开发建设被征用了 3 亩多地，每亩地所得 1.75 万元，同时当地政府对被征用土地的家庭提供城市居民最低生活保障（即"低保"），按人口计算，每个人每月 80 元左右，一家人每月仅可以领到 400 多元。尽管开发企业在雇用职员时优先取录本地人，然而限于当地民众的文化程度，只能应聘公司的绿化、清洁、保安等岗位，薪水自然不高（绿化工的工资在 750–900 元）。束河古镇旅游开发伊始，即有大量外地商户涌入，古镇商业价值水涨船高（2012 年束河普通商铺 50m^2 转让费即需 220 万，一进四合院客栈转让费 100 万 –200 万），古镇骤升的租金诱惑和当地居民相对并未大幅提高的收入水平促使古镇原住民几乎无一例外地选择了出租 / 出售古镇内的老宅，自己在外围另建新居，很多村民还在新居中办起了农家乐，在古镇外围经营。

以村民李先生（纳西族）为例，一家 4 口人，有 3 亩多地，开发后家里的老房子出租给了外地商户，10 年承租期每年租金 2 万多元，共收入 20 多万，又重新在古镇外盖了新房。就笔者调研的情况而言，近年来束河古镇绝大部分村民的收入水平的提高，都是源于古镇内的房屋租金加上在外围经营的休闲农业，另有一部分村民经营马车游览等获取利润。

其次，村民的迁移是为了方便生活。

2008 年，古城区管理委员会制定《云南省丽江古城保护条例实施细则》，对束河民居的修缮程序作出详细规定。村民修缮房屋，要进行层层申报、审批：居民提出申请—填写民居修建及修复审批表—四邻签字—城建助理员意见—居委会意见—办事处意见—古城区建设局意见，符合要求后方可实施。这在一定程度上为古镇原住民的老宅生活带来了不便。加之旅游开发后，古镇内"见缝插针"建设新宅以获取收益，原本居民习惯的"屋前有溪，屋后有田"的居住格局已然改变。因此，村民纷纷外迁，在外围"盖房子不麻烦"的地方另建新居。

5.3.3.4 "田园牧歌"的消亡与生态环境危机

2002 年笔者初次到束河古镇时，古镇民居大都"屋前有溪，屋后有田"，整个古镇被广袤的农田包围，田园生态气息浓郁。然而自全面开发旅游以来，至笔者 2012 年调研时，其田园生态环境不容乐观（图 5-197~图 5-199），古镇正面临着"田园风光"的消亡和生态环境的问题。

古镇肌理与农田阡陌相互交错，古镇大体呈指状深入田间，村民住宅大多屋前有溪，屋后有田，一派悠闲自然的田园风光

图 5-197　2002 年古镇农田与建筑分布示意图

由于古镇旅游开发及无缝扩容，古镇周边大部分农田已然荒芜（其中部分被征为建设用地）。开发公司当年刻意预留的农田也已经杂草丛生，无人耕种。束河古镇的"田园气息"已泯然不见

图 5-198　2012 年古镇农田、荒地与建筑分布示意图

首先，是古镇周边的农田大多已经荒芜，在古镇急剧扩容的趋势下，许多空置农田已经成为建设用地，剩下的也大多即将成为建设用地。

2004年鼎业集团开始对古镇进行旅游开发，新建的商业区即征用了大片的农田。随着束河旅游热度的持续升温，古镇的旅游资源吸引了大量的投资者进驻束河。主题会馆、高档会所、田园酒店等纷纷进驻（例如束河主题会馆、梦蝶庄私家菜馆等），古镇的商业价值一涨再涨。由此，古镇呈现出建设热潮：镇内"填空式"新建民居，镇外"蔓延式"

由于古镇的不断发展以及仿古院落的不断建设，农田逐渐被侵蚀。此外，开发公司当年规划的预留农田已荒草丛生

图 5-199　2022年古镇农田、荒地与建筑分布示意图

扩建扩容。由此引发的后果就是至2012年笔者调研时，古镇外除西部还保留有一部分农田外，周边大部分地段的农田已经停耕（有的已停耕多年）成为荒地，其中相当一部分荒地已被征为建设用地。随着周围农田的渐次消失，古镇引以为傲的田园风光已消失大半。

当然，进行旅游开发是为了保护古镇中的生态文化，鼎业集团征用了古镇中的菜地和树木。按每亩菜地1.5万元给居民发放征地补偿款后，又把菜地返还给农民，条件是只能种菜，收入不上缴。此外，鼎业集团又以50-60元/棵的价格从社区居民手中收购束河古镇内的所有树木，不准居民乱砍滥伐，以保护生态环境；用60万元租用束河古镇水源九鼎龙潭，租期30年，居民可以随意饮用。鼎业集团当时的这一做法获得了业界一致赞扬，均认为此举保护了古镇的田园风光。然而在笔者2012年调研时发现，当初刻意保留的农田均已变为荒地，杂草丛生，所谓的"田园牧歌"已消失（图5-200～图5-202）。

图 5-200　九鼎龙潭附近的预留农田

图 5-201　主题会馆附近的预留农田

图 5-202　仁里路附近的预留农田

笔者曾经询问过当地村民，为何"免费种地，收成自纳"的预留农田还会荒废，村民的回答是这样的：

①上好的农田是要"养"的，需每年施肥、浇灌，土地才会肥沃。然而由于这地不属于任何一家耕种的村民（公司指定的策略是谁种谁收获），没有哪户村民会花费精力去"养"地，头两年地还好，大家也就随便种种，等过两年地"贫"了，也就都没人管了。

②现在村民都搬出了古镇，若要在此种植每天都需"长途跋涉"进镇，加之又不是自家的地，种出的成果时不时被别家或旅客摘走，由于住得远又不可能时常看守，"太麻烦了"。

③如今村民的收入主要来源已经不是纯粹的农业种植，而是靠休闲农业、旅游交通服务等。一位当地村民如此对笔者说："谁还花那个时间专门进来种地啊？有时间就出去赚钱喽！"

④公司预留的农田地段均位于古镇中风景较佳处，这也源于想保留束河"田园风光"的初衷。然而这样一来，预留农田大都位于游客的必经之路上，很多村民都不习惯："每天过来一种地就不停地有人照相，开始还新鲜，后来烦得勒……"可见，游客的猎奇心理也使村民对"在景区"种地望而却步。

束河古镇大量消失、荒芜的农田固然让人惋惜，然而导致农田消失的深层原因也值得我们深思。对于古镇"田园风光"的保护不应仅停留在简单的"保留"土地或单纯的口号上，如何做到环境保护与开发建设的均衡至关重要；否则，所谓"田园牧歌"般的保护开发期许也只能成为"乌托邦式"的幻想。

其次，是束河古镇的生态环境问题。

束河古镇内的三条水系为大研古城的清水源头，水质历来优于大研。2002年时笔者初至古镇，束河的水系清澈见底，碧绿的水草与碎石历历可见；居民把啤酒和西瓜置于水中，片刻拿出即冰凉沁骨。2012年笔者再至束河时，古镇水质已出现变化：一部分地段水质依然较好，如清泉路、飞花路段；但一部分地段水质已然下降，清澈程度降低，如指挥部附近；另有一部分地段则垃圾遍布，水质堪忧，如酒吧街附近以及靠近古镇外围的水系（图5-203）。

据笔者实地调研的情况看，就清澈程度而言，清泉路→康普巷→烟柳巷→束河指挥部附近→阿依朵酒吧街→古镇外围，水质状况逐级降低。笔者发现，古镇水质的非均衡状况分布与游客数量及是否位于中心景区有关。清泉路靠近青龙河，游客量较少，自然优于游客量较大的康普巷和烟柳路水系；束河指挥部和阿依朵酒吧街附近靠近古镇外围，当地商户及游客在河中洗涤物品、乱扔杂物的情况明显增多，

清泉路水系　　　　　　　　康普巷水系　　　　　　　　烟柳路水系

束河指挥部附近水系　　　　阿依朵酒吧街附近水系　　　靠近古镇外围水系

图 5-203　束河各段的水系

水质下降；到了古镇外围，由于无人监管，河中几乎都是垃圾，让人目不忍睹。

　　水系质量在很大程度上反映了束河古镇的生态环境问题。束河位于大研古城的上游，其水环境保护显然关系重大。因此，束河水环境问题不仅是束河古镇的生态问题核心，也是大研古城（甚至整个丽江城区）水环境保护的关键一环。束河水环境保护与管理的常态化、均衡化亟需相关管理部门的重视与维护。

5.3.3.5　错位的保护管理机制

　　2004 年旅游开发前，束河古镇隶属于古城区，其保护管理主要由古城区管理委员会统领，束河街道办事处具体管治。2004 年 3 月，束河街道办事处颁发了《束河古镇居民公约》，对居民自主建房开始进行管制。2004 年鼎业集团入驻后，束河景区内的保护与管理事宜由开发公司和束河街道办事处共同负责。2010 年 7 月 30 日，束河街道按照《丽江市人民政府关于古城区政府和丽江古城保护管理局古城保护管理职责分工意见的批复》的相关要求和《云南省丽江古城保护管理条例》的相关规定，成立了束河古镇管理所。

　　束河古镇管理所成立后，其管理权限主要是对束河古镇景区内的交通、环境卫生、马队、经营秩序、绿化、水源水系、消防安全、土地城建、建筑装修、旅游秩序等行使监督、管理、协调的职权。具体范围为东起束河东康村、西至聚宝山石莲山一线，南起束河荣华村、北至束河文明村，以及古村落及鼎业公司开发建设的茶马驿栈。古镇管理所所长一职由束河街道办事处主任兼任，领导层中加入了鼎业集团旅游公司等相关负责人。

就束河古镇的现行管理体制来看，其仍未摆脱"多头管理"的困境：管理所行政关系上隶属于古城区人民政府；然而古镇相关保护规划、保护措施的制定权力则属于丽江古城保护管理局。就笔者调查了解，丽江古城保护管理局只负责主持制定保护规划、保护管理条例，并不参与束河古镇具体的管理事务。以束河古镇的民居修缮审批程序为例，程序由古城保护管理局制定，具体的执行者则为当地管理所，而管理所并非古城保护管理局的下属单位。这一修缮程序与大研古城基本一致，但就束河古镇的种种具体情况而言则颇为不便，当地村民对这一规定较多诟病。"制定权与执行权的不一致"使得保护规划与管理条例的执行效果很难及时反馈调整，当地管理部门也就往往以"具体情况具体分析"为由改变原有的保护规划意图。因此，规划、条例的制定者与具体管理执行者之间的错位使得对古镇的管理呈现出纵向难以贯彻、横向交叉模糊的局面，这并不利于古镇的长远保护与利用。此外，当地管理机构中有开发企业的介入，也使得政府在进行保护管理的同时难免要维护企业的"旅游经济利益"，这样的双重目标博弈的结果往往是管理部门更重视遗产资源的经济收益而忽视了保护与管理的职能。

5.3.3.6　不均衡的经济运行机制

2004 年，当地政府引入鼎业集团资金，束河古镇采取了遗产开发与保护并重，政府引导、企业参与、市场运作的开发模式，使古镇在短短几年时间里由一个鲜为人知的边陲小镇变为全国的魅力名镇。作为外来投资者模式的典型，束河古镇的开发无疑是成功的，但是由于古镇的利益分配模式不均衡，各个利益相关者之间的约束机制较弱，随着利益相关者动态博弈的不断变化和发展，由外来资本的强势而形成的"旅游非本地化"趋势逐渐增强，本土居民的旅游既得利益渐趋边缘化，这使得旅游企业、商户、村民、游客之间的矛盾和冲突愈演愈烈（自 2009 年始，束河古镇马队拉客、村民帮助游客逃票等情况就时有发生。至笔者 2012 年调研时村民"散兵游勇式"的推销方式仍使市场秩序混乱不堪。束河古镇内经营的商户也存在同样的行为）。

此外，束河古镇目前的旅游模式仍以接待观光为主，单纯依赖门票收入来拉动古镇的保护和发展，未形成与旅游相关的有效产业群，其他消费产业比较匮乏，仍处在"就古镇做古镇"的局面，还没有完全形成真正的休闲、度假市场。这使得古镇运行机制定位过于强化经济效益，而淡化了对社会效益和生态效益的追求。

5.3.3.7　问卷调查

笔者根据束河古镇的实际情况，采取访谈和半开放式的形式，共发放问卷、口头调研60位当地居民，成功调研51人次，反馈率为85%。在随机抽取的当地居民中，男性34人，占66.7%，女性17人，占33.3%。年龄分布为15–34岁3人，占5.9%；35–64岁32人，占62.7%；65岁以上16人，占31.4%。受调研人员中，仍然居住在古镇的2人，占问卷总数的4%；原来居住在古镇，现已迁于古镇外围的46人，占总数96%。

从调查问卷的结果来看，主要有以下几方面特征：

①居民大多已迁至古镇外围居住，迁移时间大多是在古镇大规模旅游开发后（2004年）（占95.6%）；

②居民大多从事与旅游有关的服务业（占98%），仍从事纯农业种植的微乎其微（占2%）；

③居民搬离古镇的原因首选"可以获取租金"（占100%），其次是建新院落来经营农家乐（占62.7%），排第三位的是老房子改建、维修太麻烦（占51%）；

④与大研古城不同的是，束河古镇居民由于住处即在古镇外不远处，仍较频繁地出入古镇。但出入古镇的原因首先是要在古镇为游客进行歌舞表演（占64.7%）；其二是为游客提供骑马游览、交通等服务（占35.3%）；其三是不定期售卖小吃等农副产品（占15.7%）；真正由于在古镇内经营而出入的仅有一人（占2%），由于生活而在古镇出入的人数为零。

⑤大多数居民对古镇如今的旅游开发状况并不十分满意（占88.2%）；不满意的原因大多集中在认为旅游收益分配不合理（占80%）；

⑥大多数居民承认近年来束河的环境质量正在下降，不如以往（占94.1%）；

⑦居民都不愿意搬回古镇（占100%），表示有足够的利润回报会搬回的占71.1%，无论如何都不肯搬回的占22.2%；

⑧居民大多对古镇的旅游开放持肯定态度（占88.2%），但仍希望将来能有所改进（占91.5%）；

⑨居民均认可古镇民居需要保护（占100%），但大多数居民并不太清楚除了"保护老房子"外古镇还应该在什么方面要加以保护（占90.2%）。

5.3.4　小结

纵观束河古镇的发展历程，由于大规模的无缝扩容以及错位的保护管理机制、非均衡的经济运行机制，使得古镇近年来迅速出现了过度商业化、生态环境恶化、空心化等不良后果。而这样的不良后果是由当地民众、政府相关部门、开发公司以自觉或不自觉方式共同铸成的。在束河古镇的旅游开发浪潮中，原住民在利益分配中显然处于较弱一方，在自利性偏好的作用下，许多居民自然选择了能够获取自身最大利益的筑屋、搬离等行为。因此，如何实现旅游活动各主体之间利益的均衡、人与自然的和谐相处以及经济的可持续发展，才是束河古镇保护获取成效的关键所在。

5.4　楚雄黑井古镇

5.4.1　自然与历史人文特征

5.4.1.1　自然环境特征

黑井古镇位于云南省楚雄州禄丰县城西北部，距州城楚雄市 75km。地势东西窄，南北长；古镇地处龙川江两岸，由凤山和玉碧山将其夹在当中。龙川江经过千万年对黑井红壤砂石土质的冲刷，形成高山峡谷的地貌。龙川江不仅为黑井造就了独特的气候及景观，在明清时期还担负了煮盐燃料的航运任务。"南北长，东西狭；山出屋上，水流屋下；四塞险固，财赋实区"的山水环境特色，使黑井镇演变成为沿龙川江畔两岸顺河道发展的长条形格局（图 5-204、图 5-205）。

图 5-204　黑井古镇山水环境

5.4.1.2　历史人文特征

黑井镇历史悠久，早在 3200 年前就有人类在此
生息劳作。据《黑盐井志》记载："土人李阿召牧
牛山间，一牛倍肥泽，后失牛，因迹之，至井处，
牛舔地出盐。"为纪念这头牛的功绩，遂称此地为
"黑牛井"。纵观古今，黑井的历史以"盐"一线
贯穿。从复龙乡石山坡出土的红铜工具可知，早在
2500 年前此地的土人就用红铜工具开凿盐井。明代
黑井隶属楚雄府定远县，清亦同，均称为"黑盐井"。
元明清三代均在此地设置了专管盐务的提举司（图
5-206）。

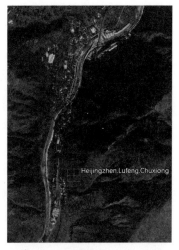

图 5-205　黑井古镇山水环境示意图
图片来源：Big map GIS Office[EB/OL].
http://www.gditu.net/

2008 年末黑井镇总人口 19535 人，其中城镇人
口 4599 人。2008 年黑井镇实现社会生产总值 7687
万元，三次产业比例为 39.67 ∶ 4.68 ∶ 55.65。

千百年来，制盐产业使黑井成为财富聚集、文
化繁荣的一方经济重镇，在云南经济发展史和财政
税赋方面长期占据着突出地位：以元朝为例，"（黑
井）弹丸尔，而课税则当云南地丁之半，故人言赋
率黑井为巨擘，盐课之外，他不及也"；明代，黑
井占云南总税赋的 67%；清代，黑井占云南总税赋
的 50%；即使到了走下坡路的民国初年，黑井仍然
占云南总税赋的 46%。但随着时代的发展，现代化
的生产工艺令古法制盐方式不可避免地暴露出了成
本高、工艺繁琐等弱点，加之大量价格低廉的海盐

图 5-206　黑井东井原貌
图片来源：[清]沈懋价.康熙黑盐井志
[M].李希林，点校.昆明：云南大学出
版社，2003.

进入内地，黑井盐的市场地位被迅速取代，无奈地成为一座"失落的盐都"。如今这
里早已不见家家户户小作坊制盐的盛景，仅有的一座盐厂已关闭停产。作为生产实体
的黑井虽然衰落，然而千百年的历史文化在这里积淀，才使其成为一座不可替代的"国
家历史文化名镇"，成为一座弥足珍贵的古盐文化博物馆。

黑井市井文化的核心是盐，而文化心理是在多元的环境中形成的，具有包容和开
放的特征。这样的文化心理与"盐"主题的融合，形成了独树一帜的当地民俗文化，
这种文化大多打上了盐的烙印，实际在一定程度上形成了一种普遍的文化上的盐崇拜。

5.4.1.3　古镇格局特征

　　黑井古镇空间形态保持完整，由街、巷、坊所组成，至今保持着四街十八巷的格局。古镇主要街道均顺应龙川江，呈东南、西北走向。禄黑公路直伸入古镇，是主要的外部联系道路。古镇传统街道一街通过五马桥和二街、四街、三街连接起来，其间穿插着多条巷道，共同构成了古镇近似棋盘状的空间骨架。古镇街巷空间景观特色以一街、四街部分地段为代表。一街的节孝总坊、四街的武家大院、进士院、文庙、太平坊等构成街区的景观节点，起到框景、点景作用；其沿街建筑、老铺面、旧货台色彩式样协调一致。"一门一窗一铺面""一楼一底一商"，人情味浓厚，不仅创造了宜人的空间环境，且在一定程度上反映出旧时黑井商业较为发达、人民较为富足的兴盛景象（图 5-207 ~ 图 5-209）。

图 5-207　黑井古镇街巷空间示意图

图 5-208　2003 年黑井古镇一街沿街立面现状
图片来源：禄丰县人民政府，昆明理工大学建筑学系，昆明本土建筑设计研究所，楚雄州勘测规划院.禄丰县黑井旅游景区总体规划 [G].2004.

图 5-209　2003 年黑井古镇四街沿街立面现状
图片来源：禄丰县人民政府，昆明理工大学建筑学系，昆明本土建筑设计研究所，楚雄州勘测规划院.禄丰县黑井旅游景区总体规划 [G].2004.

5.4.1.4 古镇传统民居

现有黑井传统民居大多为清末民初时修建,受盐文化的经济地位影响,具有浓烈的地域文化特征。沿街"一门一窗一铺面"的传统商业建筑充分体现出了这里旧时的繁华程度,民居建筑所表现出的特色,也为此提供了佐证。

(1)民居空间组成

在黑井民居建筑中较具特色的是"跑马转角楼""四角五天井""三坊一照壁"等。黑井古镇的民居平面类型较多,由于不同的阶层、不同的经济条件及不同的使用需要,从而形成了各种不同的平面布置形式。一般来说,除了豪宅大院,沿街平面设计都比较紧凑。由于用地和财力有限,又要最大限度地满足生产生活需要及兼顾体型的美观,均自由灵活地布置平面。在空间段落的形成中,红砂岩石墙与木饰门窗是不可缺少的元素。墙与门窗的结合隔出了院落和公共空间。较大的院落均不临街,都自有巷子与街相通,这样既缓冲了内部住宅的外部空间压力,也增加了私密性(图5-210、图5-211)。

图 5-210 四街锦绣坊武家大院   图 5-211 四街沿街建筑

(2)民居外型

黑井古镇不仅有丰富的平面布局方式和多样的空间组合形式,还有协调丰富的体型外貌。沿街建筑以挑檐的形式居多,民居则以多彩的体型为其景观。古镇沿街建筑形式统一,格调一致,一般是楼层窗下挑檐,檐下设货台,结构上以挑枋、撑拱支撑,并加以适当的艺术处理。沿街建筑整齐划一的挑檐,使立面阴影效果生动,极富韵律感和流动感。街旁的"一门一窗一铺面"仍保持着旧时传统面貌,由此可见旧时黑井商业的发达程度。然而黑井的现状有许多不尽人意之处,很多建筑要么破烂不堪,要么形式已变,风貌变异程度较大。

（3）装修与细部

黑井古镇的传统建筑，百年前工匠们即对建筑装修有着精心的处理，木雕在民宅装饰上的大量运用，丰富了建筑面貌。而颇具特色的红砂岩与具本色的木料相结合，也突出了古镇民居的地方风貌。从门、床、门头到结构装饰及瓦饰、脊饰等，或规整肃穆，或亲和富贵，无不精雕细刻，颇具魅力。尤其是黑井古镇当地的墙体，其材料运用较具特色。墙面多是就地取材，以当地所产红砂岩为主要材料，并涂以白灰或黏土＋稻草抹面。从砂石料的运用可看出贫富差别，一般豪宅大院多用条石，长约 0.5-2m，而普通民宅则多用碎石砌筑（图 5-212）。红砂岩具有朴实、自然、简洁的质感和色彩，从而形成别具一格的地方特色。

图 5-212　古镇传统建筑所用的红砂岩

5.4.2　古镇保护与更新历程

5.4.2.1　相关规划的制定及概况

（1）黑井古镇保护性开发规划（2001）（图 5-213）

2001 年 8 月，黑井古镇委托昆明理工大学建筑学系 / 建筑研究学院制定了《黑井古镇保护性开发规划》。规划对古镇进行了传统特色分析和保护框架的建构，划定了古镇的一级保护区（绝对保护区）、二级保护区（建设控制地带）和三级保护区（环境协调区）。

一级保护区（绝对保护区）所有的建筑本身与环境均要按文物保护法的要求进行保护，不允许随意改变原有状况、面貌及环境。如需进行必要的修缮，应在专家指导下按原样修复，做到"修旧如故"，并严格按审批手续进行。该保护区内现有影响文物原有风貌的建筑物、构筑物必须坚决拆除，且保证满足消防要求。

二级保护区（建设控制地带）即一级保护区以外划一道保护范围（一般为界线外 50m 圆周，但视现状建筑、街区布局而定），要求确保此范围以内的建筑物、街巷及环境基本不受破坏，如需改动必须严格按照保护规划执行并经过有关部门审定批准。二级保护区内的建筑控制在二层，其檐口高度控制为 5.4m。该区内凡保留的传统民居建筑应加强维修，无需保护的建筑应逐步拆除，新建建筑色彩应采取当地特有的紫红、白、灰色，建筑装饰也必须采取当地特有的装饰形式，即必须是民居形式的坡顶青瓦房，门、窗、墙体、屋顶及其他细部必须是黑井传统民居的做法。

三级保护区（环境协调区）是在二级保护区之外再划一道界线（一般为界线外 100m 圆周，但要视地形、地貌、现状建筑、街区布局而定），要求在此范围以内的建筑和设施在内容、形式、体量、高度上与保护对象相协调，以取得合理的空间与景观过渡，保护古镇的环境风貌。该范围内的建筑控制在三层，其檐口高度控制为 8.1m。该区内建筑主要是起到环境协调作用，其色彩、装饰等都应与一、二级保护区统一。

图 5-213　保护规划总平面图
图片来源：禄丰县人民政府，昆明理工大学建筑学系，昆明本土建筑设计研究所，楚雄州勘测规划院.禄丰县黑井旅游景区总体规划[G].2004.

（2）黑井旅游景区总体规划（2004)

2004 年，黑井镇人民政府委托昆明理工大学建筑学系，联合昆明本土设计研究所及楚雄州勘测规划设计院共同制定《禄丰县黑井旅游景区总体规划》。该规划对古镇旅游资源进行了分析和评价，将黑井古镇定义为以丰富的人文旅游资源为主体，以盐文化和建筑文化为特色，以观光和体验旅游为主要功能的历史文化旅游区。规划将旅游区分为"一个核心区，一大龙头产品，五个游览片区，六大支撑项目"（表 5-32）。

黑井旅游区总体规划项目一览表　　　　　　　　　　　　　表 5-32

布局	开发方向	发展重点
一个核心区	古镇核心旅游区和接待服务区	1. 做好传统街巷、民居大院的保护和风貌恢复工作；2. 搞好镇区环境整治，完善路灯、路标设施；3. 完成重点旅游项目建设；4. 完善城镇旅游服务支持系统和管理体系
一大龙头产品	龙头旅游产品：盐都观光，体验旅游产品	1. 恢复古盐井的井下卤水采汲工艺过程，完善地面古法制盐厂；2. 建设七星台盐文化展示区；3. 建设盐浴健身项目

布局	开发方向	发展重点
五个游览片区	构建旅游功能体系	1.古镇南区，观光游览区；2.古镇北区，观光、体验、购物游览区；3.南部新区，观光、健身游览区；4.北部新区，观光、体验游览区；5.山地观光游览区
六大支撑项目	建设旅游重点支撑项目	1.古法制盐场所建设；2.七星台片区建设：七星台、大龙祠、黑牛井、广场；3.历史街巷风貌保护与恢复；4.传统民居大院的继续开发；5.盐浴健身项目建设；6.旅游商品深度开发

（3）黑井镇总体规划修编（2008）（图5-214）

2008年黑井镇人民政府委托云南汇景工程规划设计有限公司制定了《禄丰县黑井镇总体规划修编》。规划将黑井镇的性质定义为：古盐文化深厚的国家历史文化名镇，发展盐文化体验，康体休闲旅游服务，并具有独特自然山水环境特色的旅游小镇。

规划依据黑井镇用地现状布局、城镇发展空间环境，规划镇区形成"一带、二心、五区"呈带状分布的组团型结构。"一带"即沿龙川江形成的滨江绿化景观带；"二心"即古镇片区中心和三合片区中心；"五区"即由黑井火车站和三合片区构成的城镇发展新区、围绕历史文化名镇核心保护区的古镇片区、城镇北边的古盐文化体验和康体休闲游览区、石榴园、小枣园生态观光休闲游览区。

图5-214 古镇保护规划图
图片来源：禄丰县人民政府，云南汇景工程规划设计有限公司.禄丰县黑井镇总体规划修编图集[G].2008.

规划对古镇进行了历史价值评估，制定了分项保护规划的相关内容，划定了"物质要素保护+非物质要素保护"的整体框架，并重新划定了古镇的核心保护区、建设控制区、风貌协调区。对划入核心保护区的区域，要求确保此范围内的建筑物、街巷及环境不受破坏，如需改动必须严格按照保护规划执行并经过上级城市规划主管部门审定批准。各种修建需在城镇建设及文管等部门组织专家评审后方可执行。规划还规定保护区的古街巷应保持原有的空间尺度、地面铺装等；鼓励发展传统商铺、茶铺和产商结合的手工作坊；建筑的门、窗、墙体、屋顶等形式应符合风貌要求，严格按照地方规划管理部门确定的当地传统民居特色细部做法执行，色彩控制为黑、白、灰及黄褐色、原木色。

建设控制区范围内的各种修建活动应在规划、管理等有关部门指导并同意下才能进行，其建筑内容应根据文物保护要求进行，以取得与保护对象之间合理的空间景观过渡。区内建筑形式以具有地方特色的坡屋顶为主，体量宜小不宜大，色彩以土黄、土红、黑、白、原木色为主色调，最大建筑高度控制为三层，其建设内容应符合对保护区整体历史环境的保护要求，较大的建筑活动及环境变化应由专家评审。

风貌协调区的建筑形式应以坡屋顶为主，色彩以地方主色调黄褐色、材料本色、黑、白、灰为主，可以局部彩绘。在此范围内的新建建筑，必须服从"体量小、色调厚重、不高、不洋、不密、多留绿地"的原则。该范围内的建筑形式可在不破坏古镇风貌的基础上适当放宽，但体量不宜太大，鼓励多采用一些传统的建筑要素和符号。鼓励低层，街坊内建筑不得超过四层。

5.4.2.2　黑井古镇近年来的发展

1995 年 8 月，黑井被云南省人民政府批准公布为第一批省级历史文化名镇，黑井古镇知名度逐步提升，镇政府也开始致力将其打造成一座旅游小镇。2001 年，由省建设厅提供资金，黑井制定了《黑井古镇保护性开发规划》，开始由政府负责古镇旅游的开发、管理、经营，但因为基础设施薄弱且缺乏足够资金，黑井镇政府选择"政府补、企业助、居民筹"的融资方式，大力开展基础设施建设并取得了一定成果：4 条古街道的外立面得到修复整治，城镇街道和各景点进行了路面铺设和绿化、亮化、环卫设施建设，几处文物保护单位得到修缮。然而，引进企业的融资，仅对古镇的基础设施建设起到了作用，对古镇今后的总体规划和长期发展并无太大助益。于是，黑井古镇选择出让经营权，交由企业进行市场化运作。具体来说，就是通过出让旅游开发经营权的方式，吸引投资商介入古镇旅游开发。由投资商根据自身优势，结合市场需要对外融资，继续古镇旅游开发进程，政府只在行业宏观层面上对投资商进行管理。2005 年，黑井镇政府将古镇的经营权交由禄丰县黑井古镇旅游公司正式进行经营管理。通过转让经营权，黑井古镇先后投入 600 万元修复了武家大院、大龙祠、制盐作坊等建筑，但由于后期资金投入跟不上，2007 年黑井镇政府收回了古镇的经营权。同年 4 月，禄丰县与云天化集团云南博源实业有限公司签署合作协议，出让古镇景区的旅游使用权、经营权和管理权，期限为 30 年；当时双方签订协议，博源公司前 3 年每年必须对古镇投资 1000 万元。同年，成立云南路风黑井天源旅游服务股份开发有限公司（简称"天源公司"），全面接管古镇景区的旅游经营。

然而，天源公司的入驻并未提升和改进黑井的旅游开发，不仅古镇旅游自 2008 年以来每况愈下，并且直至 2012 年，黑井镇政府始终没有见到天源公司对古镇的资金投入，古镇的一些规划项目也因此迟迟得不到落实。于是，2012 年镇政府与博源实业有限公司进行交涉，欲将黑井古镇的旅游经营权再次转让（表 5-33）。

1995 年至今黑井古镇保护与发展大事记　　表 5-33

时间	事件
1995 年	8 月，被云南省人民政府批准公布为第一批省级历史文化名镇
2001 年	制定了《黑井古镇保护性开发规划》《黑井古镇保护管理条例》
2003 年	黑井古镇由政府补贴 40%，对镇里的主要街区民居进行特色包装，众多老百姓自投资金 100 多万元，对自家的房屋进行特色改造
2004 年	黑井被列为国家 AA 级旅游景区
	制定《禄丰县黑井旅游景区总体规划》
2005 年	黑井被云南省政府列为全省 60 个特色小城镇建设项目之一
	被楚雄州委、州政府破格命名为州级文明城镇
	9 月，通过建设部、国家文物局专家评审，获批成为第二批国家级历史文化名镇
	黑井镇政府将古镇的经营权交由禄丰县黑井镇旅游公司正式进行经营管理
	斥资 600 万元修复武家大院、大龙祠、制盐作坊等古建筑
2006 年	9 月，被评为云南十大名镇
	10 月，被评为国家 AAA 级旅游景区和省级文明风景旅游区，被台湾地区巨星影业集团确定为影视拍摄基地
2007 年	4 月，禄丰县与云天化集团云南博源实业有限公司签署合作协议，出让古镇景区的旅游使用权、经营权和管理权，期限为 30 年。同年，成立云南路风黑井天源旅游服务股份开发有限公司，全面接管古镇景区的旅游经营
	政府制定《禄丰县黑井镇省级重点小城镇建设五年工作计划》，着手修复一街、二街的沿街立面
2008 年	古镇开始举办每年一届的黑井盐龙女旅游文化节
2010 年	6 月，被命名为中国旅游文化名镇
2012 年	CCTV6 在黑井古镇拍摄电影《黑井情仇录》
2013 年	以"黑牛盐井、滇民祖地"美誉入选"2013 中国百佳避暑小镇"，排名第 36 位
2014 年	被评为省级卫生乡镇
2016 年	12 月，被评选为全国第四批美丽宜居小镇
2018 年	被命名为州级特色小镇
2020 年	中央精神文明建设指导委员会连续四届评其为"全国文明村镇"
	云南省民族宗教事务局评为民族团结进步示范镇
2021 年	3 月，被云南省人民政府评为"省级特色小镇"
2022 年	成功创建国家 4A 级旅游景区

从 1995 年至今，黑井古镇的旅游业经历了"发展—兴盛—低潮"的发展历程。

自 1995 年被评为省级历史文化名镇以后，黑井的知名度逐渐提升，旅游业也逐步发展。据统计，2001 年（1–12 月）黑井古镇共接待游客 2.38 万人次，旅游门票总收入为 11.9 万元。2001–2005 年，黑井古镇游客接待量增长如下：2002 年共接待游客 4.5 万人次，旅游门票总收入 22.5 万元；2003 年共接待游客 5.8 万人次，旅游门票总收入为 29 万元；2004 年共接待游客 6.8 万人次，实现旅游业收入近 1000 万元；2005 年接待国内外游客 8 万多人次，实现旅游收入 960 多万元。与全州各县市相比，黑井古镇 2003 年接待旅游者人数占全州的 2.3%，居第六位；旅游总收入占全州的 3.5%，居第六位。

然而，自 2009 年起，黑井的旅游开发一度停滞，遭遇了瓶颈，游客人数增长缓慢。2009 年，古镇累计接待游客 12 万多人次，累计实现旅游总收入 4500 多万元；2010 年，古镇累计接待游客 18.6 万人次，旅游总收入 1000 多万元；2011 年，古镇接待游客仅 19.4 万人次（同期云南丽江古镇接待游客 1000 万人次、和顺古镇接待游客 400 万人次）。因旅游业的停滞不前，作为云南省 506 个扶贫攻坚乡镇之一（2011 年黑井镇财政自收收入仅 200 多万元），黑井古镇已无力实施历史文化遗产保护传承与发展。2016 年通往黑井镇的高速公路修通，为其旅游业发展起了一定的助推作用。2017 年，黑井古镇景区全年共接待国内外游客 17 万人次，旅游总收入 2650 余万元；2020 年，黑井古镇累计接待游客 53.08 万人次，实现旅游收入 4625.28 万元；2021 年，黑井古镇累计接待游客 30 万人次，实现旅游收入 2563 万元。然而与云南省其他古镇相比，黑井古镇仍存在较大差距。

5.4.3　调研现状

5.4.3.1　缓慢"非均质变异"的古镇物质空间环境

从 20 世纪 80 年代起，黑井古镇的传统建筑开始出现变异。2002 年笔者至黑井调研时，古镇已出现了一些形式混乱，与传统风貌不协调的建筑。不过当时的"不协调建筑"主要集中为学校、厂房、医院等单位建筑，传统民居和沿街商铺（大多为下店上宅）的整体风貌仍保持得较为完整（图 5–215）。但至 2012 年笔者再次到黑井时，发现除原有的"不协调"单位建筑外，古镇内的传统民居"翻修重建"比例已经大幅增加。虽然与云南其他地方的某些古镇相比，黑井民居建筑群的"翻新"还较为缓慢，但由于在屋顶、材料、结构以及体量、色彩上大部分未能得到合理及时的控制引导，古镇传统风貌的"变异"已渐趋严重。据笔者观察，黑井古镇物质

图 5-215　2002 年黑井古镇风貌示意图

图 5-216　2012 年黑井古镇风貌示意图

图 5-217　2022 年黑井古镇风貌示意图

空间环境的变异呈现出"非均质"的特点（图 5-216），即空间上的非均质、材料结构上的非均质、屋顶变异的非均质。这一特点在 2022 年时更为明显（图 5-217）。

（1）空间上的非均质变异

纵观古镇 2002 年至 2012 年建筑风貌，可以发现古镇建筑风貌出现了"非均质变异"现象，变异的区域主要出现在二街（利润坊、挑水巷）、三街（下凤坊）沿龙川江一带（图 5-218）；四街、一街的沿主街传统民居建筑还基本保持着原有风貌（图 5-219）。

图 5-218　2012 年黑井古镇沿河（龙川江）部分新建民居旅馆

图 5-219　黑井古镇一街沿主街的传统民居建筑

图 5-220　2012 年黑井古镇沿河（龙川江）景观

　　此外，古镇民居的改建还有家庭结构的影响。由于镇区经济萧条，年轻一代纷纷外移，剩下的以老人幼童及当家妇女居多，这也直接导致了住宅需求的变化：由于常住人口减少，以往的"三坊一照壁"中的东西厢房大多被拆迁重建成储物间或独立卫生间，中间天井处则种植经济作物以换取收益（图 5-220）。

　　（2）材料和结构的非均质变异

　　1）材料变异

　　从前文可知，黑井古镇的传统建筑墙面均取材于当地的红砂岩，红色（红砂岩）的传统建筑群与脚下滚滚奔流的龙川江及古镇背后的高山碧树共同构筑了古镇独有的风貌特征。然而就笔者 2012 年调研的情况来看，红砂岩墙面建筑有相当一部分为砖墙（红砖、青砖）所代替。据笔者实地查访得知，这一建筑材料的"变异"现象主要发生在古镇的三街、二街范围内；一街、四街的沿街部分建筑材料仍然能基本维持完整（图 5-221）。笔者向当地居民询问过更换建筑材料的原因，主要为以下几点：

图 5-221 黑井古镇传统民居采 图 5-222 砖房旅馆
用红砂岩墙面

首先，是方便使用。据笔者调查，古镇中大部分出现材料变异的建筑分为两类：一类是单位建筑（厂房、医院等），由于单位扩容及更新需求，需要大跨度、大体量的建筑形式，而砖混结构房屋建造相对方便快捷；另一类是民居旅馆式房屋，由于屋主欲在有限的自家地块上尽量多地增加房屋使用面积以增加盈利，砖墙（240mm）比红砂岩石墙（普遍 450mm 以上，有的达 900mm）薄，建筑有效使用面积相对较大，自然采用了砖墙形式（图 5-222）。

其次，是耐久性问题。黑井是著名的盐都，古镇所处的环境中有较强的盐卤成分；红砂岩吸水率较大（>5.6%），膨胀系数也较高（$10.7 \times 10^{-6.0} \mathrm{C}^{-1}$），容易风化，而抗风化性能是普通黏土砖重要的耐久性指标之一。因此，古镇内一些体量较大的建筑（尤其是公共建筑）均选择砖作为外墙材料（图 5-223）。

最后，就是人工费问题。红砂岩是本地出产，原始成本不高，但需要人工劈凿成块；而砖墙则均为批量化、标准化出产。笔者询问当地居民得知，砖墙的成本要略低于红砂岩墙面。

不过，笔者通过当地民众了解到，红砂岩自有其材料性能上的优势：首先是热工性能好：红砂岩墙面所筑成的房屋冬暖夏凉，热工效应远远高于砖墙。其次是取材方便：红砂岩取材于当地，且不像黏土砖需要多道工序，可按尺寸劈凿直接筑墙；

图 5-223 新旧红砂岩墙面的对比

砖墙虽然是标配化生产，产量大，但需要不菲的运输成本，因此与红砂岩墙面相比，其成本上的比较优势并不明显（图5-224）。

图 5-224　黑井古镇随处可见的红砂岩材料

　　由此笔者发现黑井古镇传统建筑材料"非均质"变异的另一规律：居民自住的房屋即使是翻新改建，也大多采用红砂岩墙面（图5-225、图5-226），但作为旅馆、商店、餐馆用途的民居改建则大部分采用的是砖墙材料（图5-222）。由此可见，红砂岩房屋舒适度较好，砖墙实用面积大、耐久性强。倘若能够采用、引进相应技术手段提高红砂岩的耐久性和实用性问题，就应该能有效地引导古镇民居修缮、更新时对建材的取用趋向，从而保护古镇的传统风貌。

图 5-225　翻新后的红砂岩墙面民居　　　　　　图 5-226　新建红砂岩房屋

2）结构变异

　　黑井古镇的传统民居建筑多为木构架体系，普通民居一般不做吊顶，梁架外露，梁柱等自然地予以装饰处理，而豪宅则大多做了吊顶。2002年笔者调研时，黑井古镇传统民居仍以"石木"结构体系偏多（红砂岩墙面、木构架、木楼板），也有一部分重点保护建筑是全石砌筑的结构体系（单层庙宇、石质牌坊等）；古镇有少部分砖木结构房屋，多为20世纪70年代左右的建筑；砖混结构以单位（厂房、医院、学校等）建筑居多，均建造于20世纪八九十年代。这样的结构体系至2012年笔者调研时，有了重大的改变，呈现出非均质化的变异：二街、三街沿河部分石木结构的民居大多蜕变为砖混结构的民居旅馆（大多下住上店或纯旅馆），三街、四街、

图 5-227　2012 年黑井古镇新建石建筑示意图

图 5-228　2022 年黑井古镇新建石建筑示意图

图 5-229　2002 年黑井古镇民居建筑结构示意图

图 5-230　2022 年黑井古镇民居建筑结构示意图

一街的部分石木结构民居则演变成"石混"结构的新住居（即墙面为红砂岩，承重主体为混凝土）。这样的改变证明，10 年间黑井古镇有许多民居建筑已然拆除重建。由于新式结构住屋大多为居民自行建筑，不但在层高尺度上大小不一，而且有些擅自加高楼层；这不仅破坏了古镇整体的节奏韵律感，也由于新建建筑传统工艺的缺失而丢失了自身的传统风貌特征，继而给古镇的整体风貌带来了极其不良的影响（图 5-227、图 5-228）。

据笔者在古镇实地访谈得知，居民翻新（或拆除重建）自家住宅无非出于两个原因：改善自家居住环境，改建房屋以获取旅游经济收益。这与笔者在和顺古镇调研的情况十分相似。不过由于黑井当地红砂岩的性价比情况相对合理，因此虽然是拆除老屋再建新屋，许多当地居民仍然选择了当地的红砂岩作为建造材料，这在一定程度上减弱了古镇新建建筑在风貌上的违和感（图 5-229、图 5-230）。

作为传统文化的重要组成部分，黑井古镇的传统民居建筑是历史沉淀的写照，也是艺术、文化和科技发展的表现。拆了老屋建新屋、开旅馆，纵然对文化资源的保护有害无益，然而这些变更显然反映了当地居民的现实需求。从许多居民新建房屋仍选红砂岩材料可以看出，倘若有良好的维护、修缮、更新老宅的方式与技术，使古镇老宅不仅能适应生产生活方式的发展、家庭形态的演变，还能达到合理的性价比，那么居民自然会选择有利于古镇保护的民居更新形式。

（3）屋顶的非均质变异

黑井古镇民居的屋顶形式均为坡屋面，沿街屋檐不仅为沿街商铺、货台遮风避雨，还装点了沿街立面，美化了民居民宅，丰富了建筑立面的景观，豪宅的层层重檐还体现了当时主人的地位。屋顶檐部处理基本上利用挑枋，撑拱结构，并加以适当的艺术加工，据撑拱的圆直趋势处理成卷草、灵芝、云卷等自然纹样；一般民居还有瓦饰、脊饰等，多用在屋脊、屋檐、山墙顶等部位，起着美化建筑轮廓线作用。豪宅大院中，则不仅如此，还在沿廊顶部等处的瓦底上刻有花纹，形成各种图案（钱币、喜字、山水、花鸟等），有的瓦片单一形成一个图案，有时多块瓦片上的图案组成一种图案（如武家大院、包家大院等）。并且由于古镇传统民居采用的是人工建造的石木结构方式，使得古镇的屋顶呈现出微妙的曲线变化，呈现出独特的韵律美（图5-231～图5-234）。

图5-231　四街武家大院屋顶细部　　　　图5-232　四街传统屋面

图5-233　一街包家院　　图5-234　四街锦绣坊民居：渐变优美的屋面曲线

图 5-235　四街新建民居："硬化"后的坡屋面

然而，近年来由于古镇居民纷纷将自家住屋拆除重建，所采用的结构形式也变为砖混、石混；新建民居虽大多仍为坡屋面，但仍然体现了非均质变异的特征：首先是屋面变化的非均质。新建建筑的屋面，瓦片取材基本未曾变化，变异的细部集中在屋檐曲线与屋顶（脊饰、瓦饰）方面。在新建民居中，原有的屋檐"缓和曲线"均已消失，取而代之的是颇为僵硬的屋面轮廓，笔者将其称为"硬化"屋面。这些"硬化"屋面除了还保留坡屋顶的基本形式外，传统屋面上的脊饰、瓦饰均已消失，显然已经失去了传统坡屋顶优美的韵律特色。此外，古镇屋面变异的非均质状况与其建筑结构的变异呈现出对应关系，凡是结构发生改变的古镇民居均发生了屋面变异的状况。

大量"硬化"屋面的出现使得黑井古镇的"第五立面"轮廓线风貌受到了很大的冲击（图 5-235），究其原因，除经济需求和生活便利因素外，与本地传统建筑工匠的缺失也有很大关联。据古镇内的老人介绍，从前镇内筑屋大多由本地工匠完成，但由于自新中国成立以来古镇经济状况一直"不景气"，筑屋需求较少，使得镇内"手艺好"的工匠要不到外地务工，要不干脆搬出古镇，如今镇内工匠已所剩无几。从镇外请工匠（主要为楚雄一带）则成本太过昂贵，大多数居民觉得"不划算"。因此，拆除老宅、新建民居时，绝大部分居民均采用了"简化屋面、门窗细节"的方法，这虽然一时达到了节约成本、"省事"的目的，但对古镇传统风貌的破坏却是毋庸置疑的（图 5-236、图 5-237）。

图 5-236　2002 年黑井古镇屋顶平面示意图

图 5-237　2022 年黑井古镇屋顶平面示意图

综上所述，古老的民居建筑不仅是黑井古镇在征服和改造自然过程中的智慧结晶，也是记录当地文明进程的"活化石"。但由于当地居民不自觉地对自家房屋翻新重建，黑井古镇的传统建筑群已出现了相当一部分的风貌损坏，从而造成文化流失，其生存及保护状况令人担忧。然而，我们应清楚地认识到，这样的"自发式"变异同样是当地居民文化心态、观念及生活需求的外在缩影和表征。倘若未能从根源上解决古镇传统民居建筑群变异的动因，而是一味禁止，这样的"更替"和"变异"在将来仍无法避免。

5.4.3.2 古镇"力不从心"的更新与发展

（1）古镇的"产业空洞"

从民国末年起，黑井古镇的盐产业从全云南省的财政主要支柱弱化为州域的财源支柱，到 20 世纪中叶变为县域的一个传统的小产业；及至几年前，古镇的盐场已全面停产。在古镇兴盛时期，镇内乃至周边民众都是在"民皆煮卤代耕，男不末耜，女不杼轴；富者出资，贫者食力，胥仰食于井"的盐商经济中生活。他们吃、穿、用的物品主要靠外区域商贩运入，然后用参与盐产品生产的劳动所得进行交换。这种盐商经济随着盐产业的衰微而逐渐终止，而古镇除了掌握现代技术的少量人员外，大量劳动力不得不返回土地上从事农耕生产以谋生存。于是区域繁荣时期的"盐商经济"转变为以开荒种养为主的"粮猪经济"，黑井古镇仅有农业和零星的建筑业及交通运输业。据此我们可以看出，在盐产业衰落后，黑井古镇的新产业未能培植起来，镇内除了盐经济外，没有新的产业兴起，整个区域大部分人就只能从第二、第三产业退回到第一产业，整个区域经济发生"倒转"，从原来的商业经济变为小农经济，区域经济发展出现了"产业空洞"现象。且由于黑井为典型的山区乡镇，山高坡陡，人均耕地面积较少，仅 0.78 亩，且耕地中大部分为旱地，因此镇内农业主要发展菜牛养殖业，种植石榴、小枣、核桃、板栗、早蔬等农作物。由此我们可以得知，黑井的社会经济运行状况并不容乐观。2008 年黑井全镇社会总产值 7687 万元，实现农业总产值 2775 万元，第三产业产值 4277 万元，完成财政总收入 1342 万元，农民人均纯收入 2558 元；2011 年黑井镇财政自收入仅 200 多万元，被列入云南省 506 个扶贫攻坚乡镇之一。据笔者 2012 年从古镇政府相关部门了解到的信息，如今的镇政府财政十分困难，对农业和各项社会事业的投入资金均严重不足，已无力投入开展历史文化遗产保护传承与更新（表 5-34）。

2000-2020 年黑井镇域社会经济发展情况统计表　　　　　表 5-34

时间	生产总值（万元）	其中			人均收入（元）
		第一产业	第二产业	第三产业	
2000	3 960	1 885	569	1 506	1 036
2001	4 301	1 808	621	1 872	1 148
2002	4 603	1 776	703	2 124	1 268
2003	4 981	1 840	690	2 451	1 408
2004	5 023	1 603	512	2 908	1 558
2005	5 392	2 405	319	2 668	1 732
2006	6 134	2 667	339	3 128	1 912
2007	6 787	2 953	391	3 443	2 258
2008	7 617	3 517	249	3 851	2 558
2009	—	—	—	—	—
2010	—	—	—	—	—
2011	—	—	—	—	—
2012	—	7 770	—	—	—
2013	—	7 376	—	—	—
2014	—	7 495	—	—	—
2015	—	8 985	—	—	—
2016	—	9 497	—	—	—
2017	—	10 844	—	—	—
2018	—	10 573	—	—	—
2019	—	13 236	—	—	—

（2）举步维艰的"旅游经济"

　　早在 20 世纪 90 年代末，黑井古镇即开始着力打造"旅游经济"，力图以古镇的旅游开发为切入点，发展古镇经济。2005 年、2007 年镇政府前后两次将古镇旅游经营权转让。2007 年 4 月，博源公司正式接手古镇的旅游经营管理。

　　然而博源公司并未从事过与旅游相关的开发活动，其前身是一平浪盐业总公司。一平浪盐矿改制后成立博源公司，负责盐矿医院、学校及退休工人等的后勤服务管理工作。2006 年，盐矿医院、学校交由政府管理，考虑到博源公司在化工方面拥有雄厚的实力，而黑井盐矿仍在生产中，禄丰县政府希望博源公司能在带动黑井盐业发展的同时促进黑井古镇的旅游业发展，便有意把黑井古镇的经营权转让给博源公司。但是，2007年国家出台政策，要关闭一批"五小企业"，黑井盐矿就在其中。盐矿关闭后，博源公司仅负责古镇的旅游经营，而这项工作对于一个主营后勤服务管理业务的公司来说，无疑十分吃力。

此外，由于交通条件的变迁使得黑井旅游业发展受到了极大限制。黑井处于两山夹一川的险要之地，与外界交流主要通过火车（昆明—攀枝花线）及公路交通。黑井通往外界的公路路况不佳，多为弹石路面，狭窄弯曲，从禄丰县城出发也要两个半小时方能到达（据当地宣传部门官员介绍，由于路况不佳，35座以上大巴无法通行，旅游团队根本来不了黑井）。而黑井连接元谋、高峰的旅游网路线虽已列入云南省"十二五"建设规划，但实施困难较大。原本2005-2008年曾有城际列车（昆明—楚雄）途径黑井站停靠，曾大大促进了黑井游客量的提升；然而2009年城际列车取消，昆明—黑井及楚雄—黑井的直达车（汽车）也同时取消，致使黑井古镇对外的交通尤为不便，很多外地的旅游团无法进入古镇，大多是一些散客前来。外来交通条件的不利因素使博源公司对古镇的旅游投资一再拖延：公司在古镇入口修建了一座仿古城门来收取门票，票价30元。根据博源公司与政府的合同，博源公司会将门票收入除去员工工资、股东利益外，剩余部分用于旅游开发，但博源公司并未自觉遵守当初的合作协议。2007-2010年，博源公司仅投入资金77万元，政府的投入却达到了5000多万元，由此形成古镇的开发和保护"两个机构、两种体制"的局面。负责旅游开发的公司只收门票，不投入开发资金，导致黑井的旅游开发出现了旅游资源开发利用程度不高、主题形象不鲜明等问题，这又导致了景点缺乏吸引力，不能很好激发旅游者的兴趣。于是，古镇的旅游经济发展陷入恶性循环，最终跌入低谷（图5-238、表5-35）。

图5-238　黑井古镇萧条的街道情景

2001-2008年黑井古镇旅游人数调查表　　　　表5-35

年份	2001	2002	2003	2004	2005	2006	2007	2008	2009	2010	2011	2019	2022
人数（万人次）	2.38	4.5	5.8	5.9	6.5	9.08	9.51	9.20	1.24	1.86	1.94	53.08	30

　　如今，云南许多古镇由于缺乏资金，纷纷尝试通过出让经营权的方式来引入一些社会资金、民间资金搞旅游开发，这些做法难免存在急功近利的思想。同时由于各开发实体在开发过程中的趋利性以及开发思维上的局限性，也使得这样的古镇旅游开发方式存在着许多潜在的风险。黑井古镇旅游开发主体经历过两次转手、三家公司经营，旅游开发未见起色，反而成为古镇进一步发展的负担（如今当地政府正与博源公司协调，要求其出让旅游经营权，由于当时签订的合同方面问题，双方一直未能达成一致）。由此可见，所谓的古镇旅游开发并不能纯粹依赖开发公司的经营行为，而是应该制定详尽可行的保护与发展预案，完善开发工程中的监管和维护机制，做到有约束、有限制，从而有效监督、引导古镇的保护与开发。

（3）"重视开发"与"忽略管理"不对等的政府保护思维

　　从前文可知，黑井古镇政府十分重视古镇的旅游开发。1997-2003年，镇政府鼓励当地民众开办家庭旅馆，并采取赠送床上用品的措施来保障，即当地民众在自己家里腾出几个房间，政府进行评估，看能开发几个床位，以此作为标准派发床单、棉被和枕头等用品。2000年前后政府融资开展了基础设施建设，修复整治了文物建筑和部分街道外立面。2003年黑井古镇由政府补贴40%，对镇里的主要街区民居进行特色包装，众多老百姓自投资金100多万元，对自家的房屋进行特色改造。2004年，政府引进外来资金修建了七星岩广场（又名盐井广场）。2005年，政府出资修复了德镇坊附近的石板路面。2007年，政府制定《禄丰县黑井镇省级重点小城镇建设五年工作计划》，着手修复一街、二街的沿街立面。2008年，又通过居民集资＋政府出资的方式翻修了三街的石板路面（图5-239）。

　　然而与"重视开发"形成强烈对比的，是当地政府对古镇保护管理的忽略。首先，是相关职能管理部门权小职微。据笔者调研所知，黑井镇只是农业工作的"前哨站"，按照一级行政单位的编制，没有公安、农业、农监、卫生等政府行政部门。古镇设一名镇长，五名副镇长，两名镇长助理，其中一名副镇长分管古镇保护，下设保护管理委员会（后简称"管委会"）办公室，全权负责贯彻执行2001年在禄丰县人大通过的《黑井古镇保护管理条例》（图5-240）。

　　然而，这一管委会办公室2008年以前都称为"环境保护站"，主要负责的是维护古镇街道及河岸的环境卫生，这与古

图5-239　2008年三街石板路修建公示牌

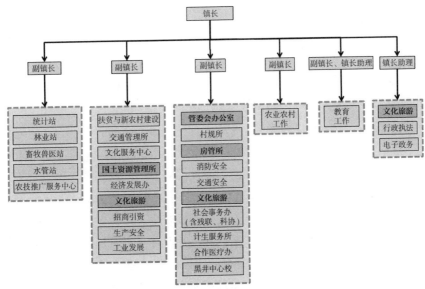

图 5-240　黑井镇领导班子分工情况示意图（深色部分表示涉及古镇保护管理部分）

镇保护主旨显然有较大偏离；2008 年更名为管委会办公室之后，级别较低，仅设办公室主任一名（股所级），办事员两名。让人疑惑的是，古镇居民建房的程序虽明文规定要土地、房管所、管委会共同批准后方可施工，但实际上管委会的权责形同虚设，几年来从未受理过一件居民建屋的申请。笔者曾至管委会办公室，求睹 2001 年即已制定的《黑井古镇保护管理条例》，然而相关工作人员遍寻未果，告知笔者两年前就已遗失，电子档亦无，只能向当年编写条例的作者索要原稿。当地政府对古镇保护管理的忽视可见一斑。此外，古镇有三人（两名副镇长、一名镇长助理）均分管古镇文化旅游工作，权责分散的结果即为"谁都管，谁都无法真管"。

据此可见，在黑井古镇，当地政府对旅游开发的重视和对古镇日常保护管理的忽视形成了鲜明的对比。究其根源，除一些本地的具体因素外，与当地政府"唯GDP"的政绩考核制度有着直接关系：大力开发旅游，吸引游客，或者大搞基建都能拉动古镇的 GDP 从而获取"政绩"，但维护、管理是一项长期的行为，短时间内难以看到经济成效；加上现在的镇政府均为三年一任，即当地百姓所说的"一年熟悉情况，二年开始做（政绩），三年就走了"，"尽量快地获取收益"成为历届政府的必然选择。而这样的管理缺位自然造成了古镇风貌日益受损，文化资源也在无形中流失。

5.4.3.3 "被遗忘的"黑井盐文化

盐文化、古代风格建筑、名人文化以及独特饮食，都曾是黑井的骄傲。黑井的起源、发展、兴盛与衰落都与盐的开采、经济地位休戚相关，而两千余年的食盐开采历史使黑井淀积了丰富悠久的盐文化，其社会生活、民间习俗、生活情趣和文化艺术等方面都深深地烙上了盐文化的印记。各种围绕盐文化而展开的民风、民俗，例如耍盐龙、太平会、灯会、财神会、八八席、儒释道三教合一等饮食文化、宗教文化和民间习俗与众不同，令外人流连忘返。2002年笔者到黑井古镇时，盐厂还在生产，游客可以参观制盐的过程，这一项目当时吸引了很多对盐文化慕名而来的旅游者。

然而，笔者调研时发现，黑井原本丰富多彩的盐文化已逐渐式微：在古镇仅能看到古盐井的遗址，也只能买到一些盐制品，并没有更多的开发。很多文物建筑虽然进行过修缮维护，但其历史底蕴却没有得到体现，一些古建筑甚至荒草丛生，人迹罕至。2008年7月，黑井古镇举办首届盐龙女文化节，旨在宣传古镇盐文化，然而由于经费紧张，文化节的规模一年不如一年，宣扬盐文化的初衷也未能很好实现。在笔者于黑井古镇调研期间，古镇除了有一些居民自制的盐制品售卖外，几乎见不到盐文化的影子。此外，当地的古法制盐工艺也面临失传的危险。在民国以前，黑井所产的盐完全来源于复杂而原始的制作工序，均为柴火熬制的大锅和小锅盐。如今在全国范围内，除黑井外，真正的古代制盐的一系列完整模式已不复存在。而据一位售卖盐制品的当地居民介绍，她家三代均用古法制盐，盐品质很高，"是香的、甜的，宣威火腿只有用黑井盐才做得好……"然而由于利润太薄，收入少，到她这一代已找不到继承人。笔者曾经询问过到黑井旅游的一些游客，他们大多知道黑井原来是"盐都"，但均对古镇的盐文化知之甚少，一脸茫然。黑井古镇的"盐文化"显然已被遗忘（图5-241）。

离开了盐文化来发展旅游，将使黑井失去一种精神。如何保护黑井盐的生产工艺，又满足现实生活中人的审美，显然已成为古镇文化保护的当务之急。

图5-241 黑井古镇为数不多的居民自制盐工艺品

5.4.3.4 "老龄化"+"空心化"

由于近年来黑井古镇经济不景气，旅游陷入低迷，古镇许多劳动力外出打工赚取收益，留在古镇内部的大多为老人、小孩和留守妇女。据笔者获取整理的古镇历年人口资料显示（表5-36），20余年来黑井人口的自然增长率偏低，机械增长率长期处于负值，迁出人口总是高于迁入人口。这表明古镇由于经济萧条，正陷入与省内其他欠发达乡村同样的发展窘境——逐渐陷入"老龄化"+"空心化"。笔者曾经偶遇一位外出上大学回家探亲的黑井本地学生，当询问其是否愿意毕业后回家乡时，得到的是斩钉截铁的否定答案。这位年轻人介绍，黑井镇中学高考成绩一直在同等乡镇中名列前茅，其原因则是由于大家都"铁了心要考出去，考出去就再也不回来了"。

黑井镇的人口问题源于古镇经济的欠发达，这样由于地区经济差异而导致的地域人员流动从而引发的"老龄化"+"空心化"问题在云南省内屡见不鲜。根治这一问题的基本方法，则是进一步挖掘、保护古镇历史文化资源，打造古镇特色文化产业，盘活古镇经济，使之重新成为吸纳古镇居民的理想家园。

黑井镇历年人口变化情况统计一览表　　表5-36

年份	总户数（户）	总人口（人）	自然增长			机械增长		
			出生（人）	死亡（人）	增长率（‰）	迁入（人）	迁出（人）	增长率（‰）
2000	5 280	18 482						
2001	2 453	18 588						
2003	5 343	18 702						
2004	5 345	18 709						
2005	5 333	18 666	231	78	8.2	54	267	−11.41
2006	5 356	18 748	60	132	−3.84	121	235	−6.08
2007	5 277	18 470	87	541	−24.58	116	252	−7.36
2008	5 233	18 316	223	174	2.68	111	191	−4.37
2011	5 355	18 745	218	225	−0.37	89	203	−6.08
2012	6 102	18 395	—	—	—	—	—	—
2013	6 102	18 390	157	128	1.58	647	716	−3.75
2014	6 349	18 322	—	—	—	—	—	—
2015	6 349	18 313	161	113	2.62	65	138	−3.99
2016	6 069	18 327	—	—	—	—	—	—

续表

年份	总户数（户）	总人口（人）	自然增长			机械增长		
			出生（人）	死亡（人）	增长率（‰）	迁入（人）	迁出（人）	增长率（‰）
2017	6 069	18 177	216	276	−3.3	57	129	−3.96
2018	5 958	18 096	—	—	—	—	—	—
2019	5 937	18 023	157	135	1.22	40	129	−4.94
2022	5 261	18 554	—	—	—	—	—	—

5.4.3.5 原住民问卷调查

笔者根据黑井古镇的实际情况，采用访谈和半开放的形式，共发放问卷、口头调研60位当地居民，成功调研52人次，反馈率为87%。在随机抽取的当地居民中，男性30人，占57.7%，女性22人，占42.3%。年龄分布为15-34岁7人，占13.4%；35-64岁12人，占23.1%；65岁以上33人，占63.5%。受调研人员中，仍然居住在古镇的51人，占问卷总数的98.1%。

从调查问卷的结果来看，主要有以下几方面特征：

①居民以老年人为主，65岁以上的受访者占63.5%；

②居民大多数仍从事农业，纯农业种植的占51.9%；有从事农业副业的占76.9%；不再从事农业的占11.5%；

③居民家庭中绝大多数外出务工，有外出务工的家庭占92.3%；由于交通不便，很多外出务工人员大部分一年左右回家一次，占外出人员的83.3%；

④由于大部分人员外出打工，古镇实际居住的家庭人数数量较少，3人左右家庭占53.8%；

⑤居民家庭经济来源主要靠家人外出打工，占所有家庭的61.5%；居民从旅游业中获取收益比较少，认为旅游服务业占家庭经济收入大头的仅占有旅游收入家庭的16.7%；

⑥居民大多祖上均从事与制盐有关的行业，占80.8%；但现在仍从事的已很少，占19.4%；仍愿意继承制盐行业的所剩无几，只有一家；

⑦由于笔者采访的大多数为老人，大部分将来仍愿意继续居住在古镇（占69.2%）；但问起其后辈是否愿意留在古镇发展时，得到的多是否定的答案（占82.7%）；

⑧大部分居民（尚住在老宅中的）对自家的居住环境并不满意（占83.3%），若

有经济能力愿意改造的占 93.8%；

　　⑨居民对现有房屋的保护价值并不十分清楚，不知道自家祖屋有历史价值的占 78.8%；在知道有价值的被调查者中，不明白该怎样保护的为大多数，占 80.8%；

　　⑩居民对于古镇发展旅游多持欢迎的态度（占 86.5%）；对古镇发展的现状则多有不满（占 76.9%）；渴望提高自家的生活状况（占 94.2%）。

5.4.4　小结

　　综上所述，黑井古镇正面临着三重保护危机：非物质文化传承的危机、传统风貌保护的危机、古镇老龄化与空心化的危机。这些危机固然是由不利的外部大环境、古镇本身的经济发展、相关部门不对等的开发与保护管理思维共同引发的连环效应所造成，然而我们更需要注意的是，黑井古镇在旅游开发并不成功的情况下，其保护危机与旅游开发相对成熟古镇的危机虽缘起各异，但后果类似：古镇的物质环境变异虽然较为缓慢，但同样造成了对古镇传统风貌不可逆转的伤害；旅游业开发乏力，古镇经济无起色，使原住民纷纷外迁，同样造成了"空心化"和"老龄化"。由此可见，旅游开发并非古镇保护问题的"罪魁祸首"，旅游活动也绝非破坏古镇保护的"洪水猛兽"。相反，对于现在的黑井古镇而言，鉴于大环境背景，发展旅游无疑应成为将"文化资源"转变为财富现实的有效方式，成为现实技术条件下促进古镇经济发展的必然选择。当然，旅游与古镇保护之间并非简单的"二元关系"，关键是厘清其互动反馈机制，寻求旅游与古镇保护的矛盾的正效应。同样，古镇是否得到妥善保护，不取决于它采取何种保护与发展路径，而是取决于维护这一路径正确方向的相关机制是否合理可行。

第六章

云南典型历史城镇
保护状况的综合
分析评价

Yun nan

6.1　腾冲和顺古镇

6.1.1　保护成绩——尚属完整的原住民社区结构

从前文分析中可知，自 2003 年旅游开发至今，和顺古镇的原住民向外迁居的情况始终维系在较低的范围，古镇内仍然保持着较为完整的原住民社区结构，确实难能可贵。究其原因，笔者认为主要有以下三点：

（1）经济收益原因

从其他历史城镇的原住民迁移情况来看，虽然不同家庭的迁居有着不同的动因和个体差异，但经济动因显然占据了主导作用。旅游开发后，和顺古镇的原住民因居住在古镇而获得了较周边乡镇更为丰厚的经济收入，自然不想迁离古镇。

（2）物质空间原因

虽然很多要素都有可能促使原住民迁居，但原住民最大的迁移动机还是追求物质条件的改善。而与其他自古即人烟稠密的古镇不同的是，和顺古镇的民居分布较为疏松，许多居民往往还能在自家老宅旁盖新居。此外，耐人寻味的是，许多古镇居民称正是因为古镇对一般民居的私自改建及拆除改建管理宽松，居民有随意改造自家民居、改善生活空间的自由，才使得古镇居民安于在此居住。这些大大破坏古镇传统风貌的行为在一定程度上竟然留住了原住民，这实在值得我们深思和反省。

（3）功能控制原因

自旅游开发后，和顺古镇的商业空间范围一直在一定程度上受到官方的人为控制，使得古镇原住民的居住空间并未受到太大的挤压，大致保持了原有的规模。

（4）乡梓原因

古镇居民的土地就在古镇周边，即使居民大多已不再务农（很多居民往往雇人耕地），但仍然不愿意远离自家的田间地头。此外，和顺古镇居民数百年来的宗族观念也在一定程度上延续了这样的乡梓情结。

6.1.2　面临的问题与困境——公地悲剧

公共物品的英文名为 public goods，是与私人物品相对应的概念。学者根据竞争性和排他性的有无将社会物品分为四类（图 6-1）。历史城镇这类物品在消费上具有非竞争性，但是却无法有效地排他，有学者将之称为公共资源。俱乐部产品和公共资源产品统称为"准公共物品"，准公共物品一般具有"拥挤性"的特点，即当消

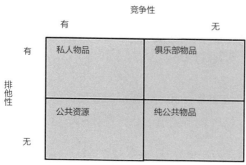

图 6-1　社会物品分类

图片来源：布坎南·塔洛克. 同意的计算 [M]. 陈光金，译. 北京：中国社会科学出版社，2000:35.

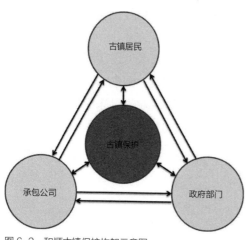

图 6-2　和顺古镇保护构架示意图

费者的数目增加到某一值后，就会出现边际成本为正的情况，准公共物品达到"拥挤"后，每增加一人，将减少每一个社会成员或使用者所获得的边际效用或收益。因此作为准公共物品而言，历史城镇的非排他性决定了人们在利用这一资源时，都有"免费搭车"的动机，即只管利用，忽视保护。

对公共资源的困境分析始于加勒特·哈丁 1968 年发表在《科学》杂志上的文章《公地悲剧》。哈丁分析了一块对所有人都开放的草地的最后结果。他认为，如果每一个人都陷入一个促使他无限制地增加牲畜数量的机制中，最终只会使这一公共资源走向毁灭。在休谟的《人性论》中，也论述了公地的问题。休谟最终指出，在个体自由选择下，理性的个体偏好于从私利出发消费公共资源，而因为公共资源的非排他性，最终的结果是个体完全出于私利地使用公共资源的行为反过来使得其获利远远低于社会最优的获利。

公共选择理论认为，个人（利益群体）都有理性的利己主义者，其行为天生地要使效用最大化，一直到受抑制为止。由此笔者认为，和顺古镇的保护危机固然有规划缺乏实效、古镇经济结构转型等环境因素，但究其根源，是多方利益群体对古镇的过度使用而造成了古镇保护的"公地悲剧"。目前，作为"准公共物品 + 稀缺资源"，和顺古镇的保护是由三方（古镇居民、柏联公司、政府部门）利益群体所共同承担（图 6-2），而只有三方协调、通力维护才能使古镇获得完善、良性的保护。但纵观和顺古镇近几年的保护状况，显然在古镇保护与发展过程中，古镇居民、柏联公司、政府部门这三个利益群体为了各自的利益和目的，均在过度地占用 / 利用古镇资源。"在任何一个时间区域内，政府可以控制和使用的公共资源总是有限的，而与此同时，公众的要求却是同时产生和无限的。"

古镇的"承包者"柏联公司为追求公司效益的最大化，对古镇进行不当/过度开发，破坏了古镇的整体环境，并刻意忽略了除"收费景点"以外重点民居的保护。当地居民中，重点保护民居的原住民则为了不损坏自身的利益（出钱修缮），对自家老宅采取了弃住、不管的方式，任由古宅日益衰破；非重点民居（传统民居）的居民则为了追求自身收益的最大化，不计后果地对自家老宅进行拆除、改造和新建，使古镇风貌受到了极大的损害。当地政府中，上级部门（县政府）为了招商引资、增加政绩及财政收入，对公司的出格行为一味纵容；也由于古镇保护未能得到当地政府的足够重视，导致古镇旅游开发所获得的资金经常被挪作他用，使古镇的旅游开发所获资金未能及时对其保护进行财政"反哺"；下级部门（镇政府）则由于政绩考核的重点非古镇保护，保护不好无关痛痒，加之资金所限，基本对古镇的保护是放任的态度；而具体执行部门（保护管理局）则由于位卑职微，管理权限小，且缺乏有效的技术管理引导办法，所做的十分有限。

凡此种种，在经济结构转型、书馆文化消失的大环境下，在资源被多方"最大化"利用/占用下，和顺古镇的物质、生态环境均被破坏，古镇的保护已陷入"公地悲剧"之中（图6-3）。

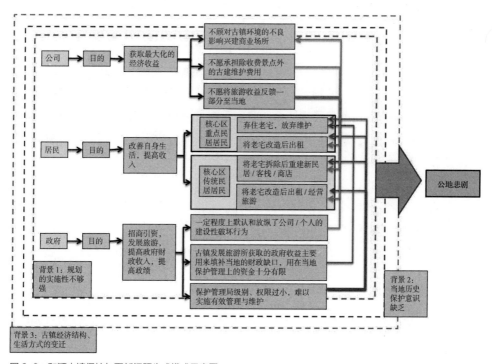

图6-3 和顺古镇保护与更新问题生成模式示意图

6.2 丽江大研古城

6.2.1 保护成绩——处于良性"微循环"下的古城物质空间遗存

从前文可知，丽江大研古城的物质空间保护更新状况良好，处于良性的"微循环"下，在物质空间遗存方面的保护成绩值得国内许多历史城镇学习。笔者认为，大研古城获得物质空间良好保护状况的原因主要为以下几点：

（1）**经济效益的激励与物质空间的保护构成了互助共赢的保护局面**

大研古城因 1996 年大地震而闻名全世界，这一地震虽然为当地带来了创伤和损失，但却因"挽救古城"而获取了国内外的慷慨援助（尤其是国际援助）。这一契机使当地政府和民众都意识到了古城的物质空间价值所在。加之地震后古城扬名全国，游客大量涌入，古城房租地价飞涨，寸土寸金，远高于城内其他地段，经济效益的激励使得当地从官员到百姓都产生了这样的共识：保护古城建筑空间、街巷空间＝经济收益的提高和维持。这一认知从上到下的广泛建立使得丽江古城的物质空间保护从旅游开发之日起便进入了良性循环。

（2）**政府部门对物质空间保护管理的重视提高了保护的力度**

相较其他许多地区的历史城镇而言，丽江当地政府对大研古城物质空间保护管理给予了极高的重视。当地保护管理部门不仅行政级别较高，管理权限较大，而且管理资金也相对宽裕。在这样的情况下，由于政府重视，资金充分，知名专家学者也受邀献计献策，大研古城物质空间的保护（尤其是新建或改建建筑）已建立了一套比较专业、细致而规范的管理体系。政府重视古城物质空间保护的原因很大程度上是出于发展旅游业，获取经济效益，但这一体系的构建确实为大研古城物质空间的保护打下了良好的保障基础。

（3）**丽江当地纳西族的文化意识**

在云南各少数民族中，纳西族的文化意识是比较成熟而深厚的。不管是城市还是乡村，丽江当地的纳西人民不仅家族观念浓烈，在建房时也同样体现出较强的文化协同性，对传统建筑有着比较执着的传承意念。在这样的意识支配下，大研古城物质空间自然获得了较为良好的保护。

6.2.2 面临的问题与困境——"旅游式路径依赖"下的保护危机

路径依赖（path dependence）理论最早由道格拉斯·诺思（North,D. ）提出，原意为：人类社会的机制演进就如同物理学中的惯性定律，一旦进入了某种发展路径，由于一开始的报酬递增作用使得这一路径成为一种惯性，从而使这一选择不断自我强化，哪怕即使发现了这一路径的弱点，但仍然习惯性地选择沿既定方向发展。

从公共选择理论的角度来看，大研古城应为"准公共物品"，而准公共物品一般具有"拥挤性"的特点，即当消费者的数目增加到某一个值后，就会出现边际成本为正的情况，准公共物品达到"拥挤点"后，每增加一个人，将减少原有消费者的效用。

大研古城在旅游开发之初，曾经出现过旅游业与古城保护互融共进的良好局面，一度被誉为"丽江模式"；然而当游客大量增加，达到甚至超过"拥挤"的"临界点"后，外部负效应即开始产生。此时的丽江古城出现了公共资源的非均衡配置情况，即游客的需求优先满足，本土居民的权益靠后。在这种情况下，仅仅依靠市场机制将无法达成古城资源的有效配置。作为古城旅游开发单一中心的当地政府，本应及时通过有效的措施调整公共资源的分配比例，保护原住民的权益，对存在外部性效应的商业行为加以规制，然而由于前期古城"旅游＋保护"发展模式所形成的报酬递增的规模经济效益，已经使当地政府与民众都对其产生了路径依赖：政府"政企一体"的垄断经营方式以及当地因发展旅游业而保持高速增长的GDP使得当地政府缺乏调整原有发展模式的动力；对于当地民众而言，经济收入的陡然增加也让他们对古城的发展模式毫无疑虑。

由此，丽江大研古城的"外援式旅游开发＋非均衡的资源分配机制"不断延续：游客（吃、住、行、游、购、娱）的需求不断得到满足，游客数量逐年递增；当地民众的生活则日益不便，就连基本的居住需求（便利性、收益性、舒适性）都难以实现，只能迁出；古城的人口置换和旅游商业空间蔓延则互为表里，形成恶性循环，共同导致了古城文化主体的转移和失落。

与此同时，由于在发展旅游之初，丽江古城未能坚持生态原则高于市场原则的立场，囿于这一发展机制对于生态环境的局限性，古城的生态状况渐趋恶化；时至今日，大研古城已陷入保护危机。大研古城保护与发展的困境证明了对短期利益的追求，带来的是对长远利益的无形的深度损害（图6-4）。

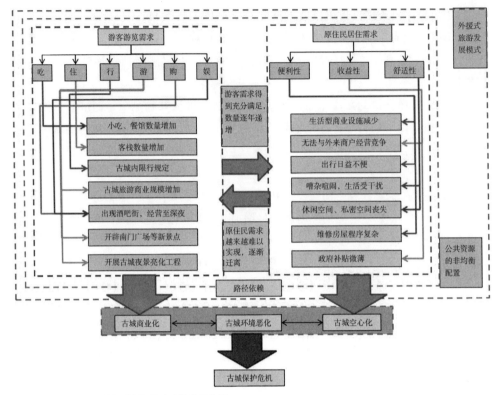

图 6-4　大研古城保护与更新问题生成模式示意图

6.3　丽江束河古镇

6.3.1　保护成绩——物质空间遗存的良好保护状态

与大研古城相同的是，丽江束河古镇的物质空间遗存在开发后至今仍然保存得较为完好，某些地段甚至在一定程度上恢复了古镇未开发前已被损毁的部分传统风貌。这一保护成就的取得主要有以下两点原因：

（1）大研古城的示范作用

束河古镇距大研古城仅 4km，同隶属于丽江市辖区。在束河古镇 2003 年正式步入旅游开发行列时，大研古城已创立了保护古城的"丽江模式"而全国闻名。因而在旅游开发的过程中，特别是在物质空间遗存的保护与更新管理方面，束河古镇自然在很大程度上遵循丽江古城的管理模式与营建要求。而且自 2006 年起，束河古镇就与丽江古城共同遵循同一套古城保护管理条例和相关细则，在物质空间风貌的保护控制上，采用的是与丽江古城基本一致的保护管理要求，这无疑为束河古镇传统风貌的保护提供了较好的技术支撑和较为完善的管理依据。因此，虽然束河古镇的保护管理机制不尽完善，但其对古镇物质空间的保护还是比较成功的。

（2）开发企业的推动作用

负责开发束河古镇的昆明鼎业集团在开发伊始，便向当地政府承诺绝不破坏古镇的历史遗存。在其后的修建过程中，不仅保留了古镇原有的物质空间环境，且新建的仿古商业区同样严格"还原"了纳西古镇街道的传统空间氛围，旅游开发后新建仿古街区人气的聚集与兴旺也为当地束河百姓新筑民居提供了很好的参照对象及模仿样本。虽然鼎业集团大规模的开发造成了束河古镇后来出现种种保护问题，但仍为古镇风貌的维系起到了良性的推动作用。

6.3.2　面临的问题与困境——"理想田园"的异化

纵观束河古镇历年来的发展，由于古镇大规模的无缝扩容致使古镇零售业、餐饮酒吧数量急剧增加，客栈、星级酒店的数量也显著增长，这样不加控制的发展态势使得古镇周边的田园被大量侵占，原本极具特色风情的山水田园生态环境已然被破坏。

此外，由于古镇错位的保护管理机制、非均衡的经济运行机制，使得近年来古镇迅速商业化，乃至农田荒芜、水系质量明显下降从而导致生态环境恶化；同时，束河古镇原住民不仅迁离古镇，造成古镇"空心化"，还在古镇外围大量新建民宅侵占耕地，进一步损坏了古镇原本山水田园的景观氛围。"空心化""商业化"、生态环境恶化所导致的古镇功能、人文、田园环境"异化"的不良后果，是由当地民众、政府相关部门、开发公司以自觉或不自觉方式共同铸成的（图6-5）。

在发展旅游市场愿望的推动下，不均衡的利益分配机制和缺位的监管机制成为破坏古镇保护的强力助推器。尽管束河古镇的开发企业在众多古镇旅游企业中可称为"业界良心"，但完全将古镇的保护与经营交予企业并非妥当。作为市场经济主体的企业所关心的必然是本公司的利润及成本，对古镇的长期保护和发展问题有经济立场上的局限性。企业的介入与当地政府的监管行为相交叉，无疑弱化了政府的监管力度。

在束河古镇的旅游开发浪潮中，原住民在利益分配中显然处于较弱一方，在自利性偏好的作用下，许多居民自然选择了能够获取自身最大利益的筑屋、搬离等行为。

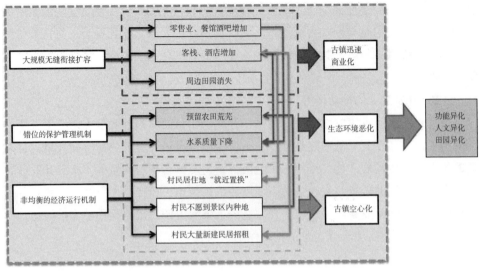

图 6-5 束河古镇保护问题生成模式示意图

由此，如何实现旅游活动各主体之间利益的均衡、人与自然的和谐相处以及经济的可持续发展，才是束河古镇保护与更新能否走出现有困境并获取成效的关键。

6.4 楚雄黑井古镇

6.4.1 保护成绩——山水自然环境的保持及民居更新中的传统材料选择

　　与前面3个典型古镇案例相比，黑井古镇的自然环境空间保持良好，基本保留了绿水青山的环境格局。究其原因，一是因为古镇地理环境狭长，位于国家自然环境水土保持地带，不方便大兴土木；另一方面因为古镇的经济水平较低，无论政府或个人尚未有能力进行大规模建设。据笔者所知，黑井还未出台相关的古镇环境保护法规与条例，希望能在不久的将来在这方面加以完善。

　　虽然黑井古镇内出现了许多居民将自家民居翻修改建的现象，但其中为数不少的家庭在翻修改建自家房屋时仍然采用了当地的特色材料红砂石，这无疑在很大程度上减轻了由于私自改建而对古镇整体风貌造成的损害。笔者通过调查发现，当地原住民选用红砂岩的主要原因为两个：一是适用性，二是经济性。由此看来，民众对民居材料的选择显然是"经济实用"为先。这为我们将来对其他历史城镇更新进行传统材料引导时提供了很好的借鉴：只要将当地的传统材料加以适度改良，使之既"经济"又"实用"，当地居民自然会自发使用和推广。

6.4.2 面临的问题与困境——衰落中的无奈变异

黑井古镇如今正面临着三重保护危机：传统风貌正在逐渐遭受破坏；古镇原住民减少，老龄化、空心化渐趋严重；盐文化濒临湮灭，非物质文化后继乏人。这三重危机的形成原因复杂多样，但总的来说，是由不利的外部大环境、古镇本身的经济发展、相关部门不对等的开发与保护管理思维共同引发的连环效应所造成的（图6-6）。

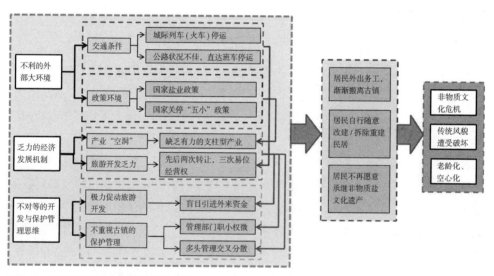

图6-6 黑井古镇保护问题生成模式示意图

由于国家盐业政策的调整，导致黑井古镇原本的支柱产业衰落；交通环境又因城际铁路的停运而受到了很大冲击。在这样的不利大环境下，黑井古镇无论是提振经济或发展旅游都举步维艰，保护古镇这一议题自然被当地政府弱化处理。加之古镇政府在旅游开发这一重大项目上起始决策出现失误，盲目引进外来资金而使得古镇的旅游开发始终步伐缓慢，在以后的数年间"重开发轻保护管理"，使得黑井古镇不仅旅游发展未曾步入良性轨道，古镇的社会经济水平也迟迟得不到有效提升。

在这样的环境下，古镇原住民不仅纷纷迁离，造成"老龄化"和"空心化"，古镇的整体传统风貌特色也由于古镇居民的私自改扩建、拆除老宅建新屋等行为而不同程度地受损。此外，古镇宝贵的非物质文化遗产也由于乏人继承而面临"断流"危机。这样连锁型负效应的循环趋势已然十分严重，亟待反思和修正。

黑井古镇这样的保护状态和所面临的危机其实代表了云南省内相当一部分古镇的现实情况。这些古镇都有着悠久的历史，历史遗存迄今保存还算完整，却因为地理位置等其他原因，本身社会经济水平不高，旅游产业也总是难以振兴。而这样的状况往往会引发当地一些与黑井古镇相类似的负效应，这对于古镇保护来说无疑雪上加霜。如何针对这类情况，寻找到能够合理解决问题而又切实可行的发展道路，显然是我们需要进一步探索和研究的课题。

6.5 小结

综上所述，在笔者实证研究的"一城两镇"中，丽江大研古城、束河古镇，腾冲和顺古镇的旅游业发展较好，居民生活水平、经济收入也因此得到了较大改善；其中大研古城与束河古镇的物质空间遗存甚至踏入了良性微循环，被誉为"丽江模式"和"束河模式"。黑井古镇的自然环境保持较好，古镇整体风貌也得到了基本维护。然而，在取得以上保护成绩的同时，这些古城/镇保护与更新出现的重重问题及面临的困境更加不容忽视。和顺古镇物质、生态环境均被破坏，造成了难以弥补的"公地悲剧"；大研古城在"外援式旅游开发＋非均衡的资源分配机制"的发展路径依赖下，已陷入了古城商业化、空心化、生态环境日益恶化的保护危机之中；束河古镇出现了功能、人文、田园的严重异化，已和所谓的"理想田园"相距甚远。黑井古镇则是发展大环境不利，居民生活水平迟迟无法提高，古镇本身也出现了文化沿袭、风貌破坏、老龄化、空心化等严重问题。这些知名古城/镇所面临的问题和危机无疑是云南省历史城镇保护与更新大环境的代表和缩影。由此，我们需要"寻根溯源"，梳理脉络，在重重问题表象下揭开历史城镇所遭遇问题的深层根源，并在此基础上对云南历史城镇的保护与更新机制进行进一步的探讨，为云南历史城镇保护与更新探索更合理的"可持续发展"路径尽绵薄之力。

第七章

云南历史城镇保护
与更新机制探讨

Yun nan

7.1 溯源——历史城镇保护困境的深层导因分析

从前文分析可以看到，在云南，许多知名的历史城镇在经历了多年的保护发展历程后，已经出现或正在面临诸多问题与困境。就行为学的角度而言，一切问题的出现，总是暗含或明确地发源于历史城镇相关者（包括各利益群体和个人）的多项行为，而这些看似纷杂的行为实际上都有其诱发的深层导因。我们从前文各个历史城镇保护问题的不同生成模式可知，各历史城镇出现的保护、发展的许多问题其实是互相叠合、导因相似的。在笔者看来，使诸多历史城镇陷入保护困境的深层原因可归为以下几点：

7.1.1 经济利益根源

"经济人"是一个最早由斯密系统运用的经济学基本范畴。所谓"经济人"假设，即"人是关心个人利益的，是理性的，并且是效用最大化的追逐者"。美国历史学家福山指出，人类行为的确有 80% 的情况符合"经济人"模式，另外 20% 的动机则需要用道德、习俗等文化因素来解释。大多数公共选择理论家认可"经济人"的假设，并致力于由这一假定推导出整个经济、政治上的个体的一般行为。需要特别说明的是，政府也是由"经济人"组成的，他有可能追求自身的利益而非公共利益，这是一个不可回避的客观现实。另外，鉴于国内近年来的干部考核制度，政府官员可能具有的目标主要为政绩目标，而政绩的首要评估指标则是当地 GDP 这一经济数值，政府官员也因此会追求经济效用最大化。因此我们可推论，与历史城镇保护及发展相关的个人或群体，都适用"经济人"这一概念。

自 20 世纪八九十年代以来，云南乃至全国各历史城镇纷纷进行旅游开发，或招商引资将古城、古镇"打包"承包给开发商（如腾冲和顺、楚雄黑井、丽江束河）；或由政府独资成立开发公司进行运营开发（如丽江大研）。这样的开发模式也使得大部分云南历史城镇的相关"经济人"利益主体主要包括 3 方面：原住民、相关政府部门、开发利益集团。在此情形下，基于不够成熟的监督与约束机制，历史城镇保护与发展的节奏往往为市场所左右。然而，历史城镇的历史文化资源属于准公共物品，具有不可分割性、非排他性和非竞争性，这就使得历史城镇的历史资源无法像私人物品一样，由消费者根据市场价格来调整自己的消费构成和数量，满足边际替代率等于商品价格之比的消费均衡条件，实现消费品的帕累托最优配置[1]；而准公共物品自带的

1　是指资源分配的一种理想状态，即假定固有的一群人和可分配的资源，从一种分配状态到另一种状态的变化中，在没有使任何人状况变坏的前提下，也不可能再使某个人的处境变好。换句话说，就是不可能再改善某些人的境况，而不使任何其他人受损。

"免费搭车问题"[1]，也使得完全的市场机制无法实现对古镇资源的最优配置。此外，市场分配本身就缺乏与效率相适应的公平性，"开发承包"的市场机制往往使开发企业形成实际意义上的"自然垄断"，由此造成的利益分配不均衡状况可想而知。

利益分配的不均衡，源于"经济人"的行为选择属性，相关利益主体"经济人"（尤其是处于分配链弱势地位的群体）自然竞相采取获取自身利益的行为，利益博弈后由此导致市场失灵。就如波拉尼所指出的，市场只关注经济领域，经济领域所附带的利润最大化、实利主义与个人主义等特点将会导致对古城/镇物质空间环境乃至社会文化组织的破坏，可能这种破坏是无意的，却是严重而可悲的。倘若缺乏良好的控制和引导机制，市场经济中个人的理性选择虽然在个别产业、个别市场中可以有效地调节供求关系，但各个"经济人"的理性选择的综合效果却可能导致集体性的非理性行为，从而造成"合成谬误"，并引发古城/镇保护的"公地悲剧"（图7-1）。

以前文所述，无论是历史城镇原住民集体出租/出售及改造/拆除老宅，还是旅游开发公司的无序、无限制改造及开发，以及当地政府主管部门的监管乏力，这些"经济人"的许多行为都以经济利益根源为导因。由于市场不能自发界定市场主体的产

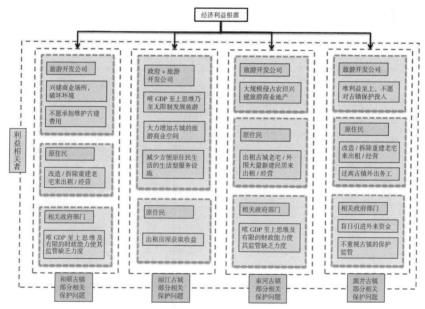

图7-1　历史城镇保护问题的经济利益根源示意图

1　奥斯特罗姆指出，一个人只要不被排斥在分享由他人努力带来的利益之外，就不会有动力为共同的利益做贡献，而只会选择做一个搭便车者。当"搭便车"成为所有人地共同选择时，集体利益就不会产生了。

权边界和利益分界，以谋求自我利益最大化为目标的市场主体在复杂的经济联系中存在着很多的利益矛盾与冲突。但市场本身不具备划分市场主体产权边界和利益界限的机制，从而不具备化解冲突的能力，这时以社会公权力为后盾的政府设计和保障各种市场的"游戏规则"就成为必要途径：一是从制度上建立中心化的、合理的分配机制；二是将非中心化的奖惩与道德约束相联系，调节博弈结果。

7.1.2　社会生活根源

马克思主义理论早已科学地揭示了人是社会关系的综合，人的行为绝不仅仅是受经济关系的影响和支配。从经济社会学的角度看，经济领域在社会生活中固然常常占据主导地位，然而人是社会性动物，人的行为、个人偏好会受到社会环境的影响和严格制约，个人和团体除了是"经济人"外，还是"理念人"，即个人和利益团体的行为无不与其"社会理性"息息相关。奥尔森认为，除经济激励外，人们还希望获得社会和心理目标，有着伦理或社会文化偏好。因此，就历史城镇保护和更新而言，除经济利益根源导致的种种问题外，社会生活根源也是保护问题（尤其是原住民迁移后产生的空心化问题）丛生的主要导因之一。

笔者认为云南历史城镇保护问题的社会生活根源可分为三类：社会公共资源根源、生活舒适度根源和生活文化根源（图7-2）。

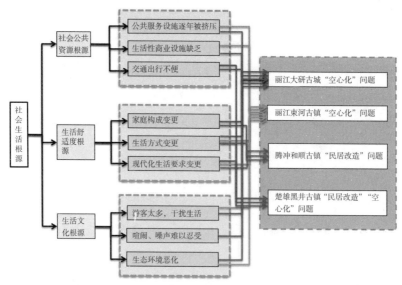

图 7-2　历史城镇保护问题的社会生活根源示意图

7.1.2.1 社会公共资源根源

在公共选择理论中，古城 / 镇属于准公共物品，一般具有"拥挤性"的特点，即当消费者的数目增加到某一值后，就会出现边际成本为正的情况，准公共物品达到"拥挤点"后，每增加一个人，将减少原有消费者的效用。古城 / 镇的社会资源（主要指满足当地居民的各种公共及社会福利资源）是一种人们共同占有整个资源系统但分别享用其中资源单位的准公共资源。在公共物品理论中，正外部性是指私人成本大于社会成本、私人收益小于社会收益的情况，负外部性是指私人成本小于社会成本、私人收益大于社会收益的情况，而实现社会公共资源配置的最大化条件是：配置在每一种物品或劳务上的社会边际效益均等于社会边际成本。但在古城 / 镇旅游化、市场化的大前提下，古城 / 镇往往为企业承包或政府所属企业独资开发，开发方以自身利益为目标，根据的是私人的边际成本和边际收益而不是社会的边际成本和边际收益来进行生产决策。从整个社会的角度来说，经济活动的全部收益或全部成本并没有得到充分的体现，资源配置也就没有达到最优，其配置的正外部性大大高于负外部性，由此导致不良的资源配置。在这种情况下，不加限制的大量涌入的旅游者使古城 / 镇中供给当地居民的社会公共资源往往被蚕食和排挤，一些古城 / 镇甚至无法达到为原住民提供社会服务资源的基本标配。这种资源配置的扭曲状况使得为旅游者配置的资源几乎完全挤压了为当地原住民服务的社会公共资源，从而促使当地居民"用脚投票"，大量迁移出古城 / 镇，造成古城 / 镇保护的"空心化"问题。

7.1.2.2 生活舒适度根源

与中原地区的居民相比，聚居在西南地区的云南历史城镇原住民的生活状态总体上更接近原初的"诗意的栖居"，正如《抱朴子·诘鲍》所载："曩古之世，无君无臣，穿井而饮，耕田而食；日出而作，日入而息。……川谷不通，则不相并兼；士众不聚，则不相伐。……势利不萌，祸乱不作；干戈不用，城池不设。"然而，近年来随着经济的快速发展，云南各历史城镇原住民的家庭构成、生活方式、生活舒适度需求都发生了巨大的变化，反映农耕文明生活水平的老宅显然早已不再适应当地居民的生活需求。囿于资金、相关研究不足等情况，当地针对老宅修缮、改造的技术和资金支持与指导往往严重缺位。在此情况下，当地居民为提高生活舒适度，或者对自家老宅做出粗暴改造乃至拆除重建；或者"用脚投票"，直接迁出古城 / 镇，另外择地居住。云南历史城镇居民现代化生活方式理念与传统建筑所提供居住模式之间的冲突倘若不能得到有效解决，原住民以上的自发行为必将屡禁不止。

7.1.2.3 生活文化根源

卡尔·波普尔曾说过，"人类历史并不存在，存在的只是人类生活方方面面的历史"。古城/镇原住民的生活文化同样代表了当地的文化理念与精神气质。当代象征人类学家格尔兹认为文化是一种"从历史上沿袭下来的体现于象征符号中的意义模式，是由象征符号体系表达的传承概念体系，人们以此达到沟通，延存和发展他们对生活的知识和态度"。格尔兹还提出了"地方性知识"的概念，他在《地方性知识——阐释人类学论文集》一书中曾提到："文化存在于文化持有者的头脑里，在每个社会的每一个社会成员头脑里都有一张'文化地图'，该成员只有熟知这张地图才能在所处的社会中自由往来。人类学要研究的就是这张'文化地图'。"因此，历史城镇的生活文化模式就成为人们"用来为自己的生活赋予形式、秩序、目的和方向的意义系统"。由此可见，在历史城镇中，"生活文化及生活理念"成为原住民重大决定和行动（如迁移决定）的重要导因之一。以笔者调研的大研古城为例，大部分历史城镇中原住民在做出迁移决定的时候，并不仅仅考虑私人成本和私人收益，更多的是源于日益喧闹的古城已无法满足自己所偏好的"安静闲适"的生活文化理念。

综上所述，从云南各历史城镇保护与更新问题的三类社会生活根源可以看出，古城/镇的每个居民都在自觉、不自觉中追求富有良好社会公共资源、良好生活舒适度以及符合自己文化生活偏好的居住环境。倘若这样的需求难以满足，社区成员的流出自然难以避免。诚然，历史城镇"是一种文化的长期积淀，并以一定的物质空间形态表达其文化特点，也可以将这样的空间定义为亚文化区。每个亚文化区的空间范围是确定的，各具物质形象和生活方式，但不是封闭的，而是相互渗透的"。然而，由于每个社区成员在做出迁移决策和改造决策时，仅仅考虑私人成本与私人收益，力求二者在边际上相等，他们不会考虑社会成本和社会收益，不会顾及个人活动对他人的影响；在单个同类行为大量叠加后，个人看似"理性选择"的综合效果就会导致集体的"非理性行为"，由此产生的消极外部性效应无疑会给云南古城/镇的社会文化带来无可估量的毁灭性伤害。

"一个人类的住区不仅仅是一伙人、一群房屋和一批工作场所。必须尊重和鼓励反映文化和美学价值的人类住区的特征多样性，必须为子孙后代保存历史、宗教和考古地区以及具有特殊意义的自然区域。"对于云南历史城镇的保护与更新而言，由于每一个原住民都有权通过迁移流动来显示自己的社会、文化偏好，因此，对于云南历史城镇保护而言，如何建立最优的地方公共物品资源配置，消除公共物品和服务在古城/镇社区的正外部性特征势在必行；而如何改进保护与发展机制，合理利用经济激励和社会激励来引导人们的社会行为，从而实现"帕累托最优"，也同样重要。

7.1.3　管理体制根源

经济学家萨缪尔森曾指出，既存在着市场失灵，也存在着政府失灵。所谓的政府失灵就是指政府在试图弥补市场缺陷所采取的立法、行政管理以及各种经济政策手段，在实施过程中往往会出现各种事与愿违的结果和问题。笔者在对云南历史城镇的保护与更新问题的研究中发现，基于管理体制根源，政府也会造成历史城镇保护与发展政府干预的低效和资源配置的非效率，而且有时候比市场的无效率还严重，主要表现为以下几点（图7-3）：

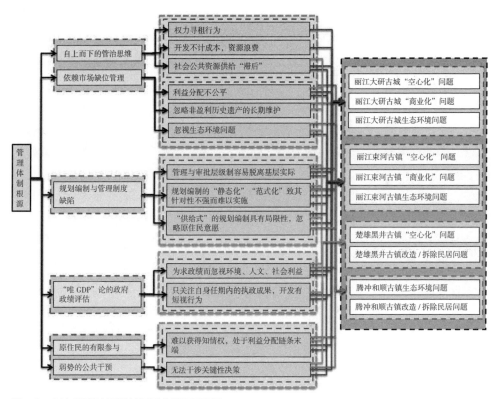

图7-3　古城/镇保护问题的管理体制根源示意图

7.1.3.1 "自上而下"的管治思维与"依赖市场"的缺位管理

从前面对四大典型云南历史城镇的实证评价分析可以看出,对于历史城镇的保护与更新问题,相关政府部门的管治思维表现为截然不同的态度:要么大包大揽,政府部门自行成立旅游开发公司对古城进行开发与管制(如丽江大研古城);要么自由放任,将古城/镇"承包"给旅游开发公司后,基本依赖开发公司的自律性和完全的"市场调节"来管理古城/镇,政府职责处于不同程度的缺位状态(如丽江束河古镇、腾冲和顺古镇、楚雄黑井古镇)。就笔者实地调研的情况而言,这两种思维态度与管控方式都不利于历史城镇的良性保护与发展。

(1)"自上而下"的管治思维

中国由于曾长期被计划经济支配,而在计划经济体制下,政府是社会资源的配置者,是积极的主体,社会是被动的客体;因此,直至如今,云南当地政府往往自然而然凌驾于社会之上,排斥甚至否定市场的作用。以丽江大研为例,"没有政府办不到的事"的观点在当地政府管理层一度占据主导地位。这种观念和体制的巨大惯性使政府和官员在社会主义市场经济体制下仍习惯性地运用"全能思维"看待和解决问题,采取的仍是"自上而下"的管制思维。然而,这种"政府独资"的旅游开发实际上造成了资源提供与运营上的"双向垄断",成为历史城镇保护与发展诸多问题的根源之一。

首先,和必须在产出与成本之间建立紧密联系的私人企业相比,政府行政机构是极度缺乏成本意识的;而且由于提供的古城/镇资源是准公共物品,具有高度的垄断性,缺乏竞争带来的最直接的结果是削弱了有效提供服务的刺激,政府运营的公司也没有任何压力去降低成本。"如果维持一种活动的收入和生产它的成本无关,那么,当获得一个给定的产出时,就会使用较多的资源,而不是必要的资源"。因此,政府独资的旅游公司往往在旅游开发上不计成本,造成资源不必要的浪费。

其次,社会公共资源的供给一般具有成本高、规模大、周期长和收益低的特点,往往由政府提供。然而,当政府与旅游开发企业合为一体后,由于旅游性基础设施的建设与维护更容易在短期内获取"发展效应",逐利性的企业特征会促使政府对"旅游开发"大量供给资金,而对无形的、短期内难以测算出成果的社会公共服务设施的投入则供给"滞后"且短缺,从而无形中对古城/镇内的原住民生活空间造成大量挤压,迫使原住民逃离。

此外,由于政府+公司在运营中的双向垄断,权力寻租几乎无法避免。所谓权力寻租,是指利用行政法律手段来维护既得的经济利益,或是对既得利益进行再分配,阻碍生产要素在不同产业之间自由竞争以维护或攫取既得利益的行为。以丽江大研古城为例，古城餐饮、茶室、旅游产品、客栈等商业经营主体的经营认定需由古城管理局作出，古城管理局作为主要管制机构，具有对这些商业经营主体的市场准入与退出、特许经营和地段产业规划管制等权力，因而古城商业服务的资源配置并非主要通过市场进行，而是通过行政权力进行干预与调配。公共权力作为一种稀缺性资源，在调控市场资源的过程中以非市场配置的方式造成了资源的主观且有目的性的稀缺状态，使商户特许经营资质在实际市场运行中造成供给短缺而具有较高的市场价值，因而古城商户的特许经营资格高价转让成为一种十分普遍的现象，造成商户所有权与使用权的实际成本分割，使自身的合法权益遭受损害。这就是典型的政府管制引发的权力寻租行为。这不但造成了严重的资源浪费，也会导致交易费用增加、分配扭曲，从而阻碍古城保护的良性循环与发展。

（2）"依赖市场"的缺位管理

云南省内的许多历史城镇由于受资金困扰，政府财政拨款困难，银行贷款风险太大，往往选择"打包出让"的形式将古城／镇的旅游开发权交由外来资本经营，形成"依赖市场"的局面。由于古城／镇历史资源的稀缺性和不可复制性，使得独家经营的旅游开发公司往往形成了自然垄断[1]；而在这种情况下的市场分配往往缺乏与效率相适应的公平性，也无法自动调节社会有效需求，从而造成资源配置的不合理。此外，企业天生只考虑自身利益的逐利趋向往往使得古城／镇无论是资源原始分配还是旅游开发获利的二次分配，都将处于权利弱势地位的原住民列为利益链条的最末端，因而造成原住民的强烈反弹。以和顺古镇、束河古镇为例，原住民大量的集体非理性行为虽许多源于经济利益最大化诉求，而分配不公的现状则是最直接的导火索。

市场除了有分配上的局限外，还有社会化、生态环境上的局限性。作为市场经济主体的企业关心的只是消费者的需要以及物价、利率等方面的情况，而对公共设施、古建维护等长期发展项目不感兴趣。以和顺古镇、黑井古镇为例，和顺古镇的开发公司只出资维护能为自身带来门票收益的极少数历史建筑，而对其他重点保护民居的长期维护则不出分文；黑井古镇的开发企业索性只收取门票，古镇其他维护事宜一概不管。此外，企业的局限性也使得不能指望其能自动维护古城／镇的生态环境平衡，从束河古镇、和顺古镇开发企业无限制扩容侵占田园即可见一斑。

"依赖市场"的缺位管理，除市场本身的局限外，当地政府的监管缺乏也是动因之一。政府源于合同约束以及 GDP 政绩的诉求和利益分红的诱惑，缺乏对企业行

---

1 自然垄断是指由于存在着资源稀缺性和规模经济效益、范围经济效益，市场仅存在一个卖者或极少数卖者。

为进行监管的动机，使得相关部门的监督管理要么分工交错、职能不清，要么徒有其形、软弱无力。较为典型的案例当属黑井古镇与和顺古镇，当地保护管理部门的保护与监管显然力度欠佳。

对历史城镇的保护与更新，地方政府不能定位于营利机构，参与市场，干预微观经济，而应该考虑整个行业的利益，注重市场管理；不是成立公司直接从市场中谋利，更不应该直接将其简单粗暴地交由市场，自身无作为，使古城/镇的保护状况陷入困境。

7.1.3.2 规划编制与管理的制度缺陷

从前文实证分析可知，云南省内许多历史城镇制定的保护规划都存在着保护规划与管理失效的状况。这样的问题主要源于以下因素：

（1）管理与审批的层级制

在长期的计划经济体制影响下，我国城市规划国家主管形成了等级分明、分工明确、自上而下的管理体系，"已初步形成从国家到省、自治区、直辖市和市、县的城市规划行政管理体系"。相应的，历史文化名城和历史文化保护区的管理条例同样实行的是国家和地方两级分级管理制度。全国历史文化名城和历史文化保护区的管理、监督和指导工作由国家主管建设部门和文物保护部门共同负责，地方历史文化保护区的管理工作由地方文化、城建或规划部门共同负责；历史文化保护区在文化名城区域内的由历史文化名城保护管理机构承担。1993年由国务院批准、建设部和国家文物局召开的全国历史文化名城保护工作会议的工作报告中界定了名城保护规划的分级审批机构，规划管理权限主要集中在市级规划部门，对行政行为的效率产生了一定的影响。行政行为可以划分为羁束行政行为和自由裁量行为。根据自由裁量权限的大小，规划许可管制有通则式和判例式两种。当前我国的规划许可制度是建立在通则式管理基础上的，但规划权限过于集中在管理体系的上端，使得规划的计划安排、编制、管理都容易出现脱离基层实际的情况。就笔者实地调研的情况看，丽江大研古城、束河古镇及和顺古镇的保护规划编制与调整的周期较长（尤其是大研古城保护规划，其编制周期竟长达数年），均难以跟上当时当地急促变化的需要，使得编制的规划与现实规划管理需要的差距越来越大，也迫使保护规划的实施不得不依靠基层规划部门的自由裁量行为，采用判例式方法来取舍判断，这就往往使规划的权威性和严肃性被置于尴尬的境地，有时甚至形同虚设。

（2）规划编制的"静态化"和"范式化"

现行保护规划的编制仍主要采用的是一种"静态保护"的管理方式，即根据历史资源划分保护区和建设控制地带，主要目的是保护历史城镇风貌的完整性。然而在具体的实施过程中，"保护区"的划分反倒给了破坏风貌者随意乱拆乱建的理由。以和顺古镇为例，当地许多拆除老房的居民就认为："我这房屋又不是重点保护建筑，当然不需要保护。"加上现行保护规划的思路是"尽量维持现状"，而这种单纯注重静态保护、忽视动态改善的思路在实践中显然不切实际。此外，虽然在各古城／镇保护规划中完整列有保护物质遗产、社区结构、无形文化遗产的内容，但因在具体保护方法上恰恰没有具体的条文规范和实施措施，使得规划成果往往浮于表面、呈现"范式化"特征，忽略了古城／镇居民对改善生活的利益诉求及其他愿望，自然容易导致规划失效，流于程序。此外，由保护规划衍生的各古城／镇保护管理条例大同小异，缺乏对本地区保护与管理的针对性措施。

（3）"供给式"规划编制的局限性

受行政框架的约束，如今的保护规划编制仍然属于"供给式"编制，即受相关政府部门委托来编制规划。而编制保护规划的部门同时要面对多个委托人的约束，这些委托人可能包括同级或上级的政府行政部门、立法部门、利益集团等，这样多重交叉的影响力使得规划部门在编制过程中常常面临困扰，在一定程度上也影响了规划成果的公平性和科学性。在某些时候，规划甚至变成政府意图单纯的执行和表现工具。此外，"供给式"的规划编制使规划的运行仅仅成为在体制下单向循环的过程，这不但忽略了市场环境下各利益群体诉求的复杂性，还使得规划编制人员不直接面对当地居民，对古城／镇原住民的意愿、权益的吸纳和考虑远远不够，无形中造成了规划实施的失效与乏力。

7.1.3.3　唯 GDP 论的政府政绩评估

公共选择理论认为，不论个别官员还是整个行政机构，都必然追求效用的最大化。对于行政部门的官员而言，其效用函数包括下列变量：他获得的薪金、他所在机构或职员的规模、社会名望、额外所得、权利和地位等。而这些变量的大小又直接和其主持／负责部门的政绩评估直接正相关。政绩评估，就是在一定的评分标准和评估体系下，对政府机构及公职人员运用公共权力和公共资源所取得的效果的评价，也就是对政府行政能力的评价。然而现行的云南省内的政绩评估体系具有严重的缺陷，其主要表现在：①政绩考核的主体单一。对地方政府领导干部工作实绩考核的主要考核机关是其上级党委政府的干部主管部门，由其组成考核组对下级政府的政绩进行考核。②政绩考核的标准不规范。政绩考核主要以 GDP 的增长作为最主要的标准，指标设计过于偏重经济发展的内容而忽视其他如人文指标、社会指标和环境指标等。

③政绩考核的结果失真。目前，云南省内由于缺少测评干部素质能力的科学的指标体系和方法技术，评估标准过于任意，领导个人起的作用较大。在此情况下，官员的职业前途仰仗上级，上级领导的认可是他们获得职位升迁的唯一路径。因此在许多经济欠发达的古城/镇，当地政府为了完成领导派发的任务，为了体现政绩、追求GDP，往往将古城/镇的旅游开发投资者视为上帝，注重资本的利益而轻视环境的利益，注重企业的利益而轻视社会的利益，从而使古城/镇在旅游开发的过程中付出了惨重的社会、人文和环境的代价。

此外，云南省内的干部考核系统往往将政绩考核等同于对执政结果的考核，即习惯于把政绩简单地等同于领导干部任期内分管地区（部门）的阶段性工作成果。这样的考核方式只注重对官员任期内执政效果的考核，缺乏对政府所采取的执政行为长期效果的考核，容易使地方政府出现短视行为，即地方政府往往将关注重点放在那些可以在自己任期内产生收益的项目上，而这个时间一般是4~5年（镇政府为3年）。我们知道，依据现行的建设水平，一项大型的社会公益设施的建设周期最短也要2~3年，由于公共品的特殊性质，建设社会公共产品实现回收，最少也需要5~10年。而在中央分税制改革后，地方的财政吃紧，财权与事权不对等，造成了地方政府用于社会公共设施建设的资金越来越少，于是地方政府往往通过减少对社会公共设施和古建维护及管理引导方面的投入，而将大部分财力花在可以即时见效的"政绩工程"上，从而造成了政府对古城/镇保护监管的缺位和相应财政支出的低效益。

7.1.3.4 居民的有限参与及弱势的公共干预

（1）当地居民的有限参与

艾琳·奥巴斯利（Aylin Orbasli）曾说过："历史城镇的资产是依托于建筑实体、历史及其他相关物，以及生活一系列价值的。"原住民是历史城镇传统文化的现实载体，对古城/镇历史价值的延续显然格外重要。然而据前文分析可知，在绝大部分古城/镇的保护与发展过程中，原住民往往被忽视。首先，是原住民与政府、开发商之间存在着严重的信息不对称情况，拥有较多信息的一方（政府与开发商）往往通过逆向选择和道德风险两种途径在与原住民的交易中充分利用自己的信息优势而诱使原住民自动成为利益分配链条的最末端，并将其摈弃在旅游开发利益分配的合理机制之外，原住民不但无法参与分配意见，甚至相当一部分原住民几乎不能在旅游开发中获取收益。其次，古城/镇原住民缺乏可靠的组织和渠道来表达意愿，又缺乏专业技术人员作为顾问和媒介从中协调，与政府和企业在开发决策中的信息不对称隔阂就会迅速扩大为难以弥合的观念鸿沟，继而使利益冲突、矛盾激化，引发原住民的大规模非理性行为。

（2）弱势的公共干预

从前文可知，在云南这几个典型历史城镇的保护与更新过程中，鉴于如今政府由上至下的多层级、单向的开发与管理模式，学术界、媒体及民间保护者一般都参与不到关键性的决策过程中，其大声呼吁、发表评论能起到的公共干预作用也十分有限，这样弱势的公共干预力量根本无法改变政府已然决定的保护与发展路径。

历史城镇保护不仅仅是简单的物质层面的改善，更涉及各方利益的调整，制度因素应当从隐性的前提演化为显化的构思，例如对原住民参与改造方式的机制设计等。在多元化的利益格局中，如何保障古城/镇原住民的切身利益，体现市场经济下平等的权益交换原则，维护他们的知情权和参与权，也越来越成为一个现实意义重大的课题；而建立包括居民、规划工作者和社会各界人士在内的公共参与机制也是必须完善的步骤。

7.2　机制与策略——构建共赢发展的长效保护体系

制度是一个社会的博弈规则，或者更规范地说，它们是一些人为设计的、形塑人们互动关系的约束，对经济、社会其他方面的绩效具有根本性的影响。而主导机制的结构以及不完美的频率和严重程度一旦获得被承认的报酬递增效应（这样的效应往往是获取经济报酬而牺牲其他的），通常会在往后的进程中"锁入"而步入"路径依赖"；"一旦进入了锁定状态，要脱身而出就会变得十分困难"。因此，就云南历史城镇保护现状而言，单纯依靠规划技术的改进并不能从根本上解决古城/镇保护中存在的矛盾，这种矛盾实际体现在更深层次的机制层面上，需要采取深入的制度变迁才能解决。

7.2.1　现行保护与发展机制的局限性

通过前文对云南历史城镇保护困境的根源与深层导因分析，初步可以得出以下结论：现行的云南历史城镇保护与更新机制存在一定的局限性，主要表现在其一元主导的单向柱状机制体系已难以适应近年来的保护与发展现实环境与需求。因此，从制度而不是技术视角来重新审视保护与发展机制的变革具有现实必要性。如图7-4所示，现行的云南历史城镇运行的是一元单向柱状机制，主要问题体现在以下几方面：

7.2.1.1　决策与管理权力过于集中，弊病重重

从笔者前文实地调研的情况可知，在当地，历史城镇开发与保护命运的决定权往往把握在"上级"主管部门手中，而非古城/镇的直属主管部门。

例如，丽江大研古城的开发模式（即政府成立国有独资公司进行旅游开发）是由当时的丽江地区行署决定的，丽江县和丽江县下属的大研镇都没有决策权；丽江束河古镇的开发模式则是由丽江市（原来的丽江县）政府决定引资，由市政府出面与鼎业公司签订合同，而束河古镇政府无权决策；无独有偶，腾冲和顺古镇的引资开发同样是由腾冲县政府出面与柏联公司洽谈，楚雄黑井镇也同样是由上级主管部门禄丰县政府出面招商引资，镇政府只负责执行签订后的合约。而相关保护规划的编制同样如此，委托规划单位编制的均为古城/镇的上级相关部门（如县政府、州城建局、县城建局等）。

由此可以看出，古城/镇的保护管理机制实际上是一元主导的柱状机制，即等级分明，上层管理机构具有绝对的权威性，对保护与管理机制进行全面主导和控制。这样的机制表面上仿佛有着较强的控制力和执行力，然而实际上弊病重重：

首先，这一机制使决策和管理权力过于集中，往往使实际管理人员陷入受命于上级的僵化模式，"在绝大多数情况下，不过是一部永不停转的大机器上的一个小齿轮，并被规定只能按照基本上固定的路线前进"。

其次，由于与外来开发公司签订合同的是上级部门，往往使当地的古城/镇直管部门能够从旅游开发的利润中获取的份额十分有限，这不但约束了当地政府的积极性，也直接限制了当地对保护管理工作的投入。

最后，这一模式机制使引进外来的开发公司拥有较高的话语权，只对"上级"政府部门负责；"上级政府"由于不在当地而无法掌握许多实时信息，掌握的信息往往具有随机性和片面性，容易产生误导性的判断；而对于熟悉当地情况的当地主管部门的管理，企业"并不买账"，在缺乏监管的情况下肆意开发，与民夺利，继而造成对古城/镇历史资源的破坏。

7.2.1.2　"圈层隔离"状况明显

从笔者所绘的云南省历史城镇保护与发展机制的"圈层力场作用"图示（图7-4）可以看到，现行的一元单向柱状机制还使得保护与管理体系中"圈层隔离"的状况明显。

首先，是"旅游开发参与圈层"的隔离。云南各历史城镇的旅游开发分引入外

资开发和政府独资开发两种形式。就引入外来资本开发而言，投资开发合同均由上级主管部门与相关公司签订，然而合同生效后，由于上级部门往往不在古城/镇本地，加之签订合同的条款所限，古城/镇的旅游开发行为基本上由开发企业自行决定。政府独资成立的旅游公司也是如此。因此，在旅游开发参与圈层中，屏蔽了除开发企业以外的利益群体，垄断已然形成。

其次，是"旅游开发获利圈层"的隔离。在历史城镇旅游开发获利分配方面，鉴于开发企业的自然垄断（或双向垄断）现状，开发企业除按合同约定反回部分收益给签订合同的上级主管部门外，古城/镇直属管理部门只能获取极少的一部分（其中一部分还是从上级划拨下来）；而原住民基本被隔离在旅游开发的获利圈层之外，没有参与分配的权利和资格。

最后，是"保护管理圈层"的隔离。云南历史城镇的保护与管理主要由上级主管部门委托规划单位制定保护规划，期间可能咨询当地的学术界和民间保护组织；规划完成后责成古城/镇相关直属部门执行，并依据规划制定相应管理条例来对原住民进行行为约束，由此形成了古城/镇的保护管理圈层。就笔者调研的实际情况看，主导构成"旅游开发参与圈层"及"旅游开发获利圈层"的开发公司对古城/镇保护管理的参与程度极其有限。尤其是外来资本的旅游开发公司，几乎不参与古城/镇的保护管理工作，也不承担相应的责任和义务。而且鉴于保护规划编制的现有程序，编制规划的相关技术人员与被咨询的学术界和民间组织，在保护规划编制完成后不再参与当地的保护与管理工作，使古城/镇的保护管理圈层完全相关者仅限于政府部门与原住民单向的"静态营造管理"。

综上所述，在现有保护与发展机制中，圈层隔离状况明显。这不仅造成了大量的信息不对称情况，并且由于"获利圈层无保护义务"与"保护圈层获利有限"的错位失谐，也使得云南历史城镇的保护与更新陷入多重利益动态角逐之中，从而引发一系列的社会、文化、空间失衡。

7.2.1.3 "非均衡作用力场" 明显

现行的"一元单向柱状机制"中，圈层中各相关主体之间的影响力呈现出强力的非均衡性和单向作用力特性，如此构成的"非对称作用力场"也使得圈层之间的互动和反馈十分微弱，强化了圈层之间的隔离（图7-4）。

首先，如图7-4所示，上级的"大包大揽"与下级的"唯命是从"使上下级主管部门之间影响力基本上是单向作用，基层主管部门与原住民之间也是如此。

其次，对于制定保护规划的相关技术人员而言，对其规划成果具有影响力的是

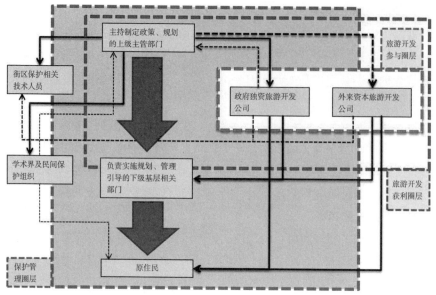

图 7-4　云南省历史城镇保护与发展机制的"圈层力场作用"图示

委托制定规划的上级单位及古城 / 镇的旅游开发公司,其中开发企业的作用力较弱,但并不能忽视其影响力。当地的学术界和民间保护组织虽然对保护事业十分热衷,但在保护与管理圈层中仅处于"被咨询"的地位,规划完成后在保护管理实施过程中其能向相关部门反馈的力度十分微弱;而原住民对规划制定的影响也微乎其微(倘若有住在古城 / 镇中的,影响力会稍大)。

最后,旅游开发圈层内的政府独资旅游公司受上级部门的影响较强;鉴于合同约束,外来资本投资公司受到的影响稍弱,它们拥有更大的自主性。而开发公司对于基层管理部门有着较强的影响力和作用力,对原住民的利益分配同样是单向的"一言堂",单向作用力明显。

由此,现行机制中非对称单向作用力场的普遍存在使各主体之间缺乏交流互动,尤其是相对弱势的主体向上反馈的效应微乎其微,这大大影响了保护与发展机制的循环运行,使之陷入停滞状态。而长期的僵滞互动不仅会助长更大范围的垄断和更扭曲的资源配置与利益分配,还会造成制度收益递减,提高社会交易成本,进一步强化外部性问题,继而发生保护危机,沦入古城 / 镇保护与发展"市场失灵"与"政府失灵"的怪圈。

7.2.2　多元网状保护与管理机制

　　综上所述，云南各历史城镇所运行的一元柱状的保护与发展机制体现的是一种泾渭分明的等级体系，所代表的仍是一种封闭的、断裂的社会结构。这种密集但是彼此分离的垂直体系显然完全无法满足市场经济条件下各利益主体博弈的多元性和动态性需求，该运行机制所带来的政治、社会、经济、生态等局限性在所难免，更无法保障历史城镇的保护与更新进入良性循环。因此，只有构

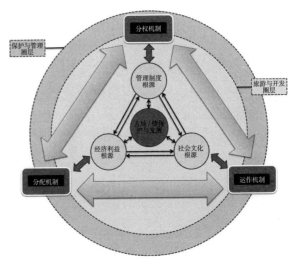

图 7-5　多元网状保护与管理机制概念图示

建更为合理的保护与发展机制，为多元利益主体提供公平表达意愿的平台，兼顾效率和公平，才有可能为云南历史城镇保护与发展的良性转轨提供坚实的基础。

　　在此，笔者以云南历史城镇保护困境的三类深层根源为基础，以对现行的一元柱状保护与发展机制种种局限性的多重拓展分析为依据，初步建议将原来一元柱状管理机制更新为多元网状保护与管理机制（图7-5）。

　　这一机制的特点是具有包容性、互动性和长效性。

　　第一，包容性。即在这一模式中，保护与管理圈层大于旅游与开发圈层。旅游与开发圈层中，获利圈层与开发圈层实现基本叠合，从而改变原来圈层之间互相隔离、毫不关联的状况。

　　第二，互动性。即改变原有的单向作用力状况，适度分权下放，并设立能够直通反馈的互动平台，加强由下至上的反馈作用力，从而促使机制运作步入良性循环。

　　第三，长效性。在这一模式中，三大机制（分权机制、分配机制、运作机制）可时常通过互动反馈链接而实现自我调整优化，从而使整体机制保持长效的可操作性。

　　其中，"多元网状保护与管理机制"主要由以下三方面构成：

7.2.2.1　分权机制

　　经典分权理论认为，上级政府如果将资源配置的权利更多地向当地政府倾斜，

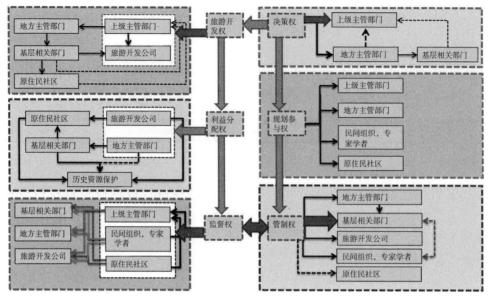

图 7-6　分权机制概念图示

那么通过当地政府之间的竞争，能够使地方政府更好地反映当地住民的偏好，从而加强对政府行为的约束，相当程度上改善上级政府在政策中因不了解实时状况而存在的偏颇。此外，在旅游开发过程中开发企业的垄断地位和过大的权益也不利于历史城镇保护的长效持续。在此我们可以引入公共选择理论中的分权理论，构建分权管理机制（图 7-6）。

（1）决策权

基于现实信息的不完全特性，接近原住民的地方政府部门和管理机构更加了解居民的偏好及实际情况，而上级政府掌握的信息具有随机性和片面性，容易受到误导，从而达不到资源配置最优化和社会收益最大化的目标。斯蒂格勒就曾经提出，为了实现资源配置的有效性，决策应该在低层次的政府部门进行。因此，一定程度上的决策分权可以更好地使保护与管理决策适时适用于当地情况。以上海为例，近 10 年来上海开始实施规划管理体制决策的分权，即宏观重大事务的决定权进一步向市规划局集中，而区规划部门主要负责微观建设活动的监管。这样做的优点是明确和强化了上级部门对重要事务的垂直管理，有利于保障地方利益。然而这样的机制仍然仅限于在政府规划管理的传统行政框架下展开，与市场环境结合方面仍有不足。此外，与高层公务员相比，基层公务员由于长期直接与服务对象接触，对于相关政策及其效果最为了解，掌握的市场信息也较多，拥有大量贯彻政策的自由裁量权，因此，增强其在决策中的参与十分必要。

因此，笔者在构建的"多元网状保护与管理机制"中建议，上级主管部门可逐步自上而下地释放决策权限，将部分决策权力下放到下级地方政府，地方政府可下放部分权力至具体管理部门乃至基层公务员一级，形成多层次的决策中心。这样不仅可以减轻上级主管部门的负担，提高审批和管理工作效率，还可在一定程度上及时获取原住民和第三方反馈，适时调整引导与管理政策。

（2）旅游开发权

笔者建议可适当下放历史城镇旅游开发的决策权限，即让当地政府适度参与古城/镇旅游开发的合同讨论及签订，合同内容适时对外公布，使当地民众及专家学者（主要是原住民社区）均能参与讨论，以便在合同中增加有利于古城/镇的长效保护并有助于实施的条款细则，从而促使在将来的开发过程中，古城/镇保护与更新能够实现潜在、持续的帕累托改进。

此外，建议在旅游开发权中增加设置"准入制"门槛，即在旅游开发的"委托代理"协议中，规定代理人（开发公司）对历史资源的相关保护职责及义务，只有满足"门槛需求"才能签订协议进行旅游开发；而委托人同样有监督代理人履行职责和义务的权利（原住民社区和基层相关部门都有权向上级主管部门举报违规行为），倘若发现有违规行为即可训诫敦促改进，严重者可收回当事企业的开发权并追究相关责任。

（3）规划参与权

从前文可以看到，现行的保护规划机制仍然是政府（而且主要为上级政府）有着垄断性的权力，规划控制也缺乏与市场机制的灵活结合。就保护规划本身而言，除保护历史城镇中的历史文化资源这一首要任务外，还应体现的是一种平衡，即在技术层面上尽量实现社会公平。对于古城/镇的保护规划，笔者认为可由当地政府委托技术单位编制（包括保护规划和实施细则编制的规划权、规划设计单位的自主选择权等）；上级主管部门不再主持，但仍有规划的参与权；规划的参与权还可扩大到当地管理的基层部门以及原住民社区、有关专家和民间保护组织等。应适当削弱旅游开发企业对保护规划的影响力，建议其不得直接影响保护规划，其意见主要通过传达给上级主管部门来实现。此外，还可赋予基层管理机构一定的自主权，进行规划实施细则的制定和修正，以完善规划的具体实施，但上述行为需征求当地原住民社区及民间保护组织的意见。保护规划如果缺少了当地民众的参与，就容易变成无源之水。

（4）利益分配权

在历史城镇的保护管理体系中，现存的旅游开发利益分配圈层（主要为直接利益分配）仅限于签订开发协议的主体，而这与实际上存在着多元主体的利益分配需求相矛盾，致使其难以满足多元化的利益需求，从而引发重重矛盾及一系列保护问题。笔者建议从原有的利益分配圈层中让渡一部分利益分配权给其他利益主体，从而构建切实满足各方利益的、较为公平合理的分配模式。

（5）监督权

在现行的一元柱状管理机制中，由于各圈层之间的隔绝和立场的极度不均衡，信息不对称的现象大量出现。上级主管部门虽然在原有体系中拥有较大权利，但由于信息的不对称而往往难以有效干预当地政府及旅游开发公司的不合理行为。原住民社区也同样由于信息的不对称而难以维护自身应得的权益。建议增加三大主体（主要为上级主管部门、民间保护组织和专家团体、原住民社区）的监督反馈权利；建议设立互动监督反馈机制，除三大主体外各主体之间均可构筑监督互动平台。

（6）管制权

西方经济学的传统观点认为，对垄断进行管制可以帮助消费者获得消费者剩余三角形的某些部分。参与民主理论也认为，"在地方性的共同体内，人们的整合程度相当高，认同感强，参与的程度也更高"。笔者建议上级主管部门及地方主管部门适度释放部分管制权（其中上级主管部门不再参与具体规划管制工作），将其主要交托给基层管理机构，增大基层管理机构的自由裁量权和管理决策权；同时，民间组织和专家学者、旅游开发公司、原住民社区也可在一定程度上参与管理。这有助于克服规划实施的单向效应，增强保护管制的力度和实际有效性。

当然，分权问题实质上是一个最优分权程度的确定问题，本质上是指在一个多层次的政府垂直系统中控制与激励之间的权衡问题。只有将一般理论分析联系当时当地的实际情况，才有可能确定最佳分权程度。

7.2.2.2 分配机制

从前文可知，云南历史城镇普遍现行的一元柱状管理机制并不能实现其内部的公平分配，已造成了严重的获益两极分化。在新制度经济学看来，市场不能自发界定市场主体的产权边界和利益分界，以谋求自我利益最大化为目标的市场主体在复杂的经济联系中存在着很多利益和冲突。这时以公权力为后盾的政府设计和保障来实现利益分配的相对公平就显得尤为必要。

因此，笔者提出的多元网状保护与管理机制下的分配机制，主要是针对多元主体的利益诉求与分配非均衡的矛盾，通过加强政府管制力度和社会监控力度，打破

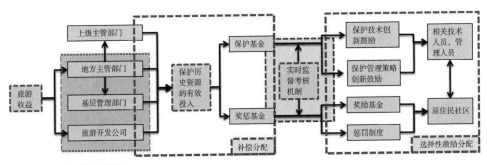

图 7-7　分配机制概念图示

原来的古城/镇旅游收益垄断性格局,构建补偿分配和选择性激励分配模式(图7-7)。

(1)补偿分配

虽然在经济学家看来,市场机制是迄今为止最有效的资源配置方式,可是事实上由于市场本身不完善,特别是市场的交易信息并不充分,会使社会经济资源的配置造成很多浪费。福利经济学的一个基本定理就是所有的市场均衡都是具有帕累托最优的。但在现实生活中,通常难以实现帕累托最优,于是经济学家又提出了"补偿准则",即如果一方面的境况由于变革而变好,因而他能够补偿另一方面的损失而且还有剩余,那么整体的效益就改进了,这就是福利经济学另外一条著名的准则"卡尔多-希克斯改进"。由此,笔者提出分配机制中的"补偿分配",即遵循旅游经济的循环发展模式,首先将旅游收益的主要受益对象由"上级主管部门+开发公司"变更为"地方主管部门+开发公司",上级主管部门和基层主管部门的相关收益由地方主管部门获取;所有获取旅游收益的利益群体都要将自身收益的一部分拿出来作为古城/镇保护历史资源的有效投入。这对于维护现有的旅游存量价值和增加旅游附加值,维持古城/镇整体的公共利益和良性循环都具有重要意义。

此外,通过上级主管部门的适度补偿,还可以跨区域对一些经济效益较差而难以自我维持保护状态的古城/镇给予补助,避免其因资金困难而出现相关保护问题。

(2)选择性激励分配

笔者建议的分配机制中,除补偿分配外,还采用一种动力分配机制——选择性激励,即在实施实时监督机制的同时,将有效投入分为保护基金与奖惩基金两部分,进行选择性激励分配。

选择性激励之所以是有选择性的,是因为它要求对激励体系内的每一个成员区别对待,"赏罚分明",它包括正面的奖励和反面的惩罚。具体如下:对那些为历史城镇的历史资源保护做出个人贡献的原住民个人(群体)和从事保护管理或技术工作的相关人员（群体），除了获得正常的集体利益的应有份额之外，再给予一种额外的收益，如额外的奖金、红利或荣誉等；而惩罚就是制定出一套使个人行为与古城/镇保护利益相一致的规章制度，一旦某个成员违背，就对其进行罚款、通报批评或开除乃至法办等。这不仅给予当地原住民相应的物质激励和优惠条件，同时明确了他们自身应承担的责任和义务；"奖罚明确"后就能很好地调动原住民的保护积极性和主动性，并对其自主行为进行有效约束及引导。

7.2.2.3　运作机制

按照新制度经济学的观点，有效组织是制度变迁的关键。云南历史城镇现行的一元柱状保护与发展机制之所以容易陷入僵滞循环的问题模式中，很大一部分原因是其自身的构成缺陷，很难建立有效的运作与组织机制。笔者借此提出"运作机制"建议，设立政绩考核、监督反馈、技术发展及引导、原住民参与4个组织模式，希冀在对当前云南历史城镇保护与更新的运作方式进行必要修正的基础上，构建具有较高绩效的新型运作机制（图7-8）。

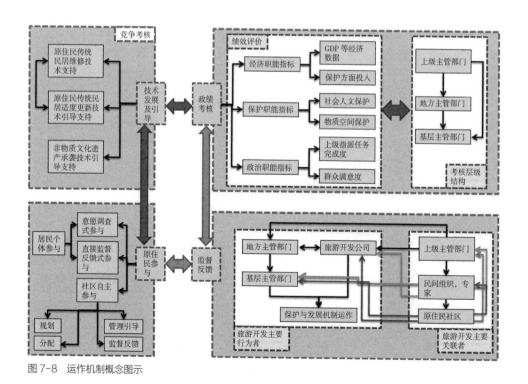

图 7-8　运作机制概念图示

（1）政绩考核机制

管理界有句名言：如果你试图改变组织运营的方式，那么最有效的办法，就是去改变组织成员的业绩评价方式。由于政绩考核的结果直接影响到公共组织对资源的占有程度，关系到政府官员的个人利益，因此对政府部门政绩考核评价方式的认定，可以从根本上改变其价值标准、运行机制和行为方式。基于此，笔者建议从内容、制度上对云南现有的唯 GDP 至上传统视角的政绩考核机制进行调整，引入"平衡计分卡"模式，设立经济、保护、政治三大职能指标，分层次、分部门设立"平衡计分卡式"政府政绩评估系统，依据政府、部门和个人所承担的任务的不同，将评估指标层层分解，分别设立不同的政绩评估指标；最终形成岗位业绩评价指标，并把岗位激励与岗位业绩评价指标的完成情况挂钩，使政府不同岗位职能都成为政府使命执行的有力支撑。

鉴于历史城镇历史资源的特殊性，笔者建议加大对历史文化名城/镇当地政府政绩考核中保护职能指标的比重，最好将其置于首要位置，这样将能大大提升各级政府部门保护历史资源的积极性和有效性。此外，在考核指标的设计上，应坚持对结果的考核与过程的考核并重，对短期政绩的考核与对长期政绩的考核并重。个人认为可以将定期的考核变为不定期的考核，随时监督政府行为的效果；在考核指标的设计上提高科学性和灵活性，多设立一些可以真正反映政府施政目的并引导政府施政活动的指标（如公民满意度考核、环境与历史生态考核等），增加对政府公共活动的风险、机会成本、潜在收益和回报期限等指标的测算，注意对不同地区考核时考核标准的差异，多用相对数据，少用绝对数据，以增加考核的科学性，体现公正性。

（2）技术支持与引导

建议设立历史城镇保护的技术支持与引导部门，这一部门直接由相关政府部门成立，但具有技术研究上的相对独立性；成员可专职或由相关技术人员兼任，通过对云南古城/镇原住民传统民居物质环境的维护与修缮、物质空间的改进开展合理引导，避免原住民自行对房屋改进时破坏历史资源的情况发生。在此需要强调的是，引导需要有相当的预见性、针对性、可操作性及多重选择性，针对不同地区原住民的不同需求及实际状况提出现实可行的引导方案，使民众乐于接受，愿意实施。

此外，技术支持与引导部门还要对当地的非物质文化遗产保护进行相应的技术研究与支持，培养、扶持非遗传承人，促进研发富有地域特色的非遗文化产品，从而承袭、弘扬当地的非遗文化。笔者还建议在部门内部、各具体部门之间实施竞争考核机制，实行高奖励，引入动态竞争，从而提高其技术革新的能力和研究探索的积极性。

（3）监督与反馈机制

为使历史城镇保护与更新机制良性循环，笔者建议构建新型的监督与反馈机制。

在古城/镇的保护与发展中，关键在于旅游开发行为是否对历史文化资源的保护造成了冲突和损害。因此，建议设立多重监督反馈机制：第一重，旅游开发主要行为者（地方主管部门、基层部门、旅游开发公司）之间的相互监督；第二重，旅游开发关联者（上级主管部门、民间组织和专家、原住民社区）对旅游开发者的行为监督；第三重，旅游开发关联者、关联者与主要行为者相互之间的信息交流和反馈。特别要强调的是，可设立民间组织、专家团体和原住民社区与上级主管部门的监督互动直通平台，这可以有效防止当地政府和开发公司的不合理行为（例如破坏历史资源、侵害原住民权益等）。在此，每个主体之间的监督权都是分立的，都受到一个或多个监督主体的约束和制约，特别是旅游开发者的行为时时受到民众的监督；这可改变现有的不健全的监督状况，并可借此成立监督信息反馈系统和预警系统，从而使这一监督反馈机制趋于长效完善。

（4）原住民参与机制

公民参与意识"展现着公民在国家和市民社会的双重组织生活中的个性与共性、自由与责任、权利与义务的和谐统一，因而在根本上呈现的是一种主体自由自觉的现代文化"。在多元化的利益博弈格局中，如何保障历史城镇的切身利益，体现市场经济平等的权益交换原则，维护原住民的知情权和参与权，也越来越成为一个具有重大现实意义的课题。

就笔者调研的实际情况来看，现行的云南各历史城镇保护与更新机制中，对原住民参与的制度设计存在明显的偏差，在民居保护方面强调了民众的责任，而将本应由政府承担的一些公共责任过多地转移到了居住在老宅中的原住民身上，这自然使得古城/镇保护（尤其是民居保护）往往遭到原住民的强烈反弹。现行的"公众参与"往往停留在规划公示和问卷调查上，多指个人的参与；而且这一参与模式基本上是单向的被动式参与居多，其实并未达到"公众参与"的核心要求。在此，笔者建议在原住民参与机制中除个体参与外，增设社区参与部分，并且建议以社区参与为主。在社区中，社区委员会既不是一级政府，也不是行政区划，不会拥有强制权力来治理社区，只能通过居民自治来实现。社区委员会作为一个自治组织，其监督行为方式更容易被认可，其反馈的内容更容易被接纳。此外，通过设置实时的监督反馈的互动平台（可直通上级主管部门），原住民社区可直接对地方主管部门、基层主管部门、旅游开发公司的具体行为和策略等进行监督。通过对历史城镇保护与更新过程中规划、分配、管理引导的有效参与和实时监督反馈以及选择性激励奖惩基金的设立，不但可以使当地原住民焕发"主人翁"意识，加强责任感，还可有效调动社会各阶层人士的潜在智慧，从而减少纠正不当措施和行为所造成的负面效应，使历史城镇保护与发展更新长效而可持续。

第八章

结语

自 20 世纪 80 年代至今，我国历史城镇保护与更新已超过 40 年。在这一历程中，由于迅猛高速的全球化与城市化时代浪潮给我国的历史文化遗产带来了严重危机，也使得国内的历史城镇保护与更新或多或少出现种种问题。笔者认为，鉴于我国许多保护规划难以落实，历史城镇"越保护越糟糕"的情况，我国历史城镇保护与更新的理论研究和相关规划，类似于某种科学假设，必须在现实中检验，在实践中修正。而具有实证主义精神的评价研究，则能更好、更深刻地观察历史城镇保护现象；研究其保护、更新机理与衰落、复兴动因，找出不同往昔的历史城镇发展自组织的规律性，力求更客观的、更科学地指导历史城镇的保护与更新实践。

云南省位于中国西南部，是少数民族最多的省份。相较国内其他地区而言，云南省内众多的历史城镇保留的历史遗存相对完整。然而我们也要清醒地认识到，云南众多的名城、名镇在城市化浪潮的巨大冲击下之所以能够保存，很大原因仍在于省内各地区的社会经济水平相对欠发达。而社会经济水平的落后带来的是保护经费短缺、保护与更新机制相对落后等重重桎梏。此外，由于近年来云南省域的经济水平进入了一个新的发展阶段，城乡居民的生活水平也得到较大的提高，在这样如火如荼的发展态势下，云南省历史城镇保护与更新正面临着异常严峻的局面：随着经济建设和现代化进程的加快，云南省文化生态正在发生较大变化，文化遗产及其生存环境受到严重威胁，保护与更新之间的矛盾刻不容缓。

云南的社会经济水平可代表中国中西部不发达地区的普遍发展状况。与此相对应的是，鉴于相似程度的社会经济背景，云南许多典型历史城镇的保护与更新状况在一定程度上代表了相当一部分中西部欠发达地区历史城镇的普遍状态，即拥有独特的地方民族文化氛围，但是市政建设等方面长期落后，居民生存环境质量低，而且社区生态平衡脆弱等。

鉴于此，笔者选择了云南一座国家级历史文化名城（丽江）、两座国家级历史文化名镇（腾冲与黑井）进行"一城两镇"（其中丽江分为大研、束河两地）的实地深入调研，并针对其长期以来保护与更新中所取得的进展、存在的问题，以及问题背后的经济、社会深层根源进行探讨和实证评价研究，寻找问题根源，寻求合理的保护与发展策略，希望以此对云南乃至国内其他地区的历史城镇保护与发展提供一定的引导，探索更加合理的发展路径。

本书认为，使诸多历史城镇陷入保护困境的深层根源可归为经济利益根源、社会生活根源及管理体制根源，并初步可以得出以下结论：现行的云南历史城镇保护与更新机制存在一定的局限性，主要表现在其一元主导的单向柱状机制体系已难以适应近年来的保护与发展现实环境与需求。因此，笔者认为，单纯依靠规划技术的改进并不能从根本上解决历史城镇保护中存在的矛盾，这种矛盾实际体现在更深层次的机制层面上，需要采取深入的制度变迁才能解决。

　　基于此，笔者提出构建历史城镇"多元网状保护与管理机制"，以此构筑"分权机制""分配机制""运作机制"，从而实现历史城镇保护与更新机制的包容性、互动性、长效性，并由此提出为实现其保护与更新的良性循环而进行长期引导的针对性策略。希望借此为国内历史城镇将来的保护更新更加良性有效的实施提供一定的理论及实践参考，引导历史城镇在保护的基础上自我发展、良性循环。

参考文献

保继刚，楚义芳. 旅游地理学 [M]. 北京：高等教育出版社，1999.

保明虎，《楚雄州盐业志》编撰委员会. 楚雄州盐业志 [M]. 昆明：云南民族出版社，2001.

常青. 建筑遗产的生存策略——保护与利用设计实验 [M]. 上海：同济大学出版社，2003.

车震宇. 传统村落旅游开发与形态变化 [M]. 北京：科学技术出版社，2008.

达三茶客. 游和顺 [M]. 昆明：云南人民出版社，2011.

戴颂华. 中西居住形态比较——源流·交融·演进 [M]. 上海：同济大学出版社，2008.

东巴文化研究所. 纳西东巴古籍译注全集（第 1 卷）[M]. 昆明：云南人民出版社，1999.

董平. 和顺风雨六百年 [M]. 昆明：云南人民出版社，2000.

段进. 城镇空间解析——太湖流域古镇空间结构与形态 [M]. 北京：中国建筑工业出版社，2003.

费孝通. 江村经济——中国农民的生活 [M]. 北京：商务印书馆，2001.

耿毓修，黄均德. 城市规划行政与法制 [M]. 上海：上海科学技术文献出版社，2002.

蒋高宸，李玉祥. 乡土中国——和顺 [M]. 北京：生活. 读书. 新知三联书店，2003.

蒋高宸. 丽江——美丽的纳西家园 [M]. 北京：中国建筑工业出版社，1997.

李根源，刘楚湘. 民国腾冲县志稿（点校本）[M]. 昆明：云南美术出版社，2004.

李伟. 民族旅游地文化变迁与发展研究 [M]. 北京：民族出版社，2005.

丽江纳西族自治县县志编纂委员会. 丽江纳西族自治县县志 [M]. 昆明：云南人民出版社，2001.

丽江纳西族自治县县志编纂委员会. 丽江府志略 [M]. 昆明：云南人民出版社，1997.

丽江市旅游局. 丽江旅游大观 [M]. 昆明：云南人民出版社，2000.

丽江市人民政府. 丽江市市志 [M]. 昆明：云南人民出版社，2005.

卢现祥. 西方新制度经济学 [M]. 北京：中国发展出版社，2003.

马长山. 国家、市民社会与法治 [M]. 北京：商务印书馆，2002.

毛刚. 生态视野：西南高海拔山区聚落与建筑 [M]. 南京：东南大学出版社，2003.

木丽春. 丽江古城史话 [M]. 北京：民族出版社，1997.

彭兆荣. 旅游人类学 [M]. 北京：民族出版社，2004.

任致远. 透视城市与城市规划 [M]. 北京：中国电力出版社，2005.

阮仪三. 中国历史文化名城保护与规划 [M]. 上海：同济大学出版社，1995.

邵甬. 法国建筑·城市·景观遗产保护与价值观 [M]. 上海：同济大学出版社，2010.

沈玉麟. 外国城市建设史 [M]. 北京：中国建筑工业出版社，1989.

王景慧等. 历史文化名城保护理论与规划 [M]. 上海：同济大学出版社，1999.

王清华，徐冶. 西南丝绸之路考察记 [M]. 昆明：云南大学出版社，1996.

王颖，杨大禹. 历史城镇保护与更新 [M]. 北京：中国建筑工业出版社，2022.

温铁军. 入世与中国农业的机遇与挑战·在北大听讲座（第 9 集）[M]. 北京：新世界出版社，2006.

吴良镛. 城市规划设计论文集 [M]. 北京：燕山出版社，1988.

吴良镛. 世纪之交的凝思——建筑学的未来 [M]. 北京：清华大学出版社，1999.

吴良镛 . 北京旧城与菊儿胡同 [M]. 北京：中国建筑工业出版社，1994.

徐新建 . 西南研究论 [M]. 昆明：云南教育出版社，1992.

阳建强，吴明伟 . 现代城市更新 [M]. 南京：东南大学出版社，1999.

阳建强 . 西欧城市更新 [M]. 南京：东南大学出版社，2012.

杨大禹 . 云南少数民族住屋——形式与文化研究 [M]. 天津：天津大学出版社，1997.

杨大禹，朱良文 . 云南民居 [M]. 北京：中国建筑工业出版社，2009.

杨福泉 . 策划丽江 [M]. 北京：民族出版社，2005.

尹德涛，等 . 旅游社会学研究 [M]. 天津：南开大学出版社，2006.

云南丽江市地方志办公室 . 丽江年鉴 [M]. 昆明：云南民族出版社，2002.

《民族问题五种丛书》云南省编辑委员会 . 纳西族社会历史调查 [M]. 昆明：云南民族出版社，1983.

张朝枝 . 旅游与遗产保护——基于案例的理论研究 [M]. 天津：南开大学出版社，2008.

张国庆 . 现代公共政策导论 [M]. 北京：北京大学出版社，1997.

张辉，任洁 . 我们的名城名镇——云南城市遗产保护规划研究 [M]. 昆明：云南科技出版社，2007.

张松 . 历史城市保护学导论——文化遗产和历史环境保护的一种整体性方法 [M]. 上海：上海科学技术出版社，2007.

赵成根 . 民主与公共决策研究 [M]. 哈尔滨：黑龙江人民出版社，2003.

赵和生 . 城市规划与城市发展 [M]. 南京：东南大学出版社，1999.

周文华 . 云南历史文化名城 [M]. 昆明：云南美术出版社，2001.

朱大可，张闳 .21 世纪中国文化地图（第 1 卷）[M]. 南宁：广西师范大学出版社，2003.

世界文化遗产丽江古城保护管理局，昆明本土建筑设计研究所 . 丽江古城传统民居保护维修手册 [M]. 昆明：云南科技出版社，2006.

庄英章 . 家族与婚姻——台湾北部两个闽客村落之研究 [M]. 台北："中央研究院"民族学研究所，1994.

宗晓莲 . 旅游开发与文化变迁——以云南省丽江县纳西族文化为例 [M]. 北京：中国旅游出版社，2006.

郑玉欣，郑易生 . 自然文化遗产管理——中外理论与实践 [M]. 北京：社会科学文献出版社，2003.

白惠如 . 基于 AVC 理论和 GIS 技术的五凤古镇景观规划 [D]. 四川农业大学，2014.

方可 . 探索北京旧城居住区有机更新的适宜途径 [D]. 清华大学，1999.

光映炯 . 旅游场域中的族群文化变迁——以丽江大研镇纳西族群为例 [D]. 云南大学，2003.

郭湘闽 . 旧城更新中传统规划机制的变革研究 [D]. 华南理工大学，2005.

郭夷平 . 丽江古城纳西族风景园林开发与保护研究 [D]. 西南林学院，2008.

和玉媛 . 丽江旅游纪念品开发设计研究 [D]. 江南大学，2009.

黄敏修 . 发展权移转应用与古市街保存之研究：以三峡老街的保存为例 [D]. 淡江大学，1992.

康秀云 .20 世纪中国社会生活方式现代化问题研究 [D]. 东北师范大学，2006.

李鲁波 . 建筑扩建设计研究 [D]. 同济大学，1999.

李伟平 . 基于 BIM（建筑信息模型）技术的历史街区综合安全研究 [D]. 天津大学，2012.

林靖凯 . 保存行动转化古迹成为社区公共空间过程的回顾与省思——鹿港日茂行个案 [D]. 淡江大学，2000.

刘江宏 . 当前中国地方政府政绩扭曲的制度分析 [D]. 中共中央党校，2005.

刘晓 . 和谐旅游的经济学视角研究 [D]. 中国海洋大学，2008.

苗阳 . 建筑更新之研究 [D]. 同济大学，2000.

邱李亚 . 基于 ArcGIS 的历史街区综合安全分析与管控研究 [D]. 天津大学，2016.

曲凌雁. 城市更新及对策——关于城市更新的多层次认识 [D]. 同济大学，1998.

谭英. 从居民角度出发对北京旧城居住区改造方式的研究 [D]. 清华大学，1997.

陶琼. 丽江古城居民旅游态度研究 [D]. 云南大学，2003.

王伯伟. 从衰落走向再生——城市码头工业区的再开发研究 [D]. 同济大学，1997.

王红军. 老街的记忆——椒江"北新椒街"保护性改造与利用 [D]. 同济大学，2001.

温晓蕾. 基于 ArcGIS Engine 的历史街区保护管理信息系统的研究与开发 [D]. 西南大学，2008.

张春国. 泰安——亟待保护与开发利用的历史文化名城 [D]. 山东大学，2008.

[民国] 夏光南. 中印缅交通史 [M]. 中华书局，1948.

[清] 沈懋价. 康熙黑盐井志 [M]. 李希林，点校. 昆明：云南大学出版社，2003.

[清] 管学宣，万咸燕. 丽江府志略·礼俗略 [M]. 乾隆八年刊本：213.

[清] 屠述濂. 云南腾越州志 [M]. 台北：台湾成文出版社，1968.

[明] 王宗载. 四夷馆考·百夷馆 [M]. 东方学会印本，甲子夏六月.

[清] 张廷玉，等. 明史 [M]. 长沙：岳麓书社，1996.

[澳] 欧文·E. 休斯. 公共管理导论 [M]. 北京：中国人民大学出版社，2001.

[俄] O. N. 普鲁金. 建筑与历史环境 [M]. 韩林飞，译. 北京：社会科学文献出版社，1997.

[俄] 顾彼得. 被遗忘的王国 [M]. 李茂春，译. 昆明：云南人民出版社，1992.

[法] 马里埃蒂. 实证主义 [M]. 管震湖，译. 北京：商务印书馆，2001.

[美] 布坎南，塔洛克. 同意的计算 [M]. 陈光金，译. 北京：中国社会科学出版社，2000.

[美] 大卫·哈维. 希望的空间 [M]. 胡大平，译. 南京：南京大学出版社，2006.

[美] 戴维·哈维. 后现代状况 [M]. 阎嘉，译. 北京：商务印书馆，2003.

[美] 道格拉斯·C. 诺斯. 制度、制度变迁与经济绩效 [M]. 杭行，译. 上海：格致出版社，上海人民出版社，2008.

[美] 弗朗西斯·福山. 信任——社会美德与创造经济繁荣 [M]. 彭志华，译. 海口：海南出版社，2001.

[美] 戈登·塔洛克. 寻租：对寻租活动的经济学分析 [M]. 李政军，译. 成都：西南财经大学出版社，1999.

[美] 克莱德·伍兹. 文化变迁 [M]. 胡华生，等，译. 昆明：云南教育出版社，1987.

[美] 克利福德·格尔兹. 地方性知识——阐释人类学论文集 [M]. 王海龙，张家瑄，译. 北京：中央编译出版社，2000.

[美] 克利福德·格尔兹. 文化的解释 [M]. 纳日碧力戈，等，译. 上海：上海人民出版社，1999.

[美] 刘易斯·芒福德. 城市发展史——起源、演变和前景 [M]. 倪文彦，宋峻岭，译. 北京：中国建筑工业出版社，1989.

[美] 罗伯特·卡普兰，戴维·诺顿. 平衡计分卡战略实践 [M]. 上海博意门咨询有限公司，译. 北京：中国人民大学出版社，2009.

[美] 曼瑟尔·奥尔森. 集体行动的逻辑 [M]. 陈郁，等，译. 上海：三联书店，1995.

[美] 沃尔夫. 市场或政府 [M]. 谢旭，译. 北京：中国发展出版社，1994.

[美] 詹姆斯·M. 布坎南. 自由、市场与国家 [M]. 吴良建，桑伍，译. 北京：北京经济学院出版社，1988.

[英] 肯尼斯·鲍威尔. 城市的演变：21 世纪之初的城市建筑 [M]. 王钰，译. 北京：中国建筑工业出版社，2002.

[英] 史蒂文·蒂耶斯德尔，蒂姆·希思，[土] 塔内尔·厄奇. 城市历史街区的复兴 [M]. 北京：中国建筑工业出版社，2006.

[英] 休谟. 人性论 [M]. 关文运，译. 北京：商务印书馆，1980.

C.Alexander，S.Ishikawn，M.Silverstein，et al.A Patten Language[M].New York：Oxford University Press，1997.

Couch C. Urban Renewal Theory and Practice[M].London：Mac Millan Education Ltd.，1990.

Dennis Rodwell. Conservation and Sustainability in Historic Cities[M].Oxford：Blackwell Publishing，2007.

Downs.An Economic Theory of Democracy[M].New York：Harper & Row，1957.

F.E.Atwood.Antiques[M].US：University of Virginia-Main Campus，1950.

Francoise Choay.The invention of the historic monument[M].UK：Cambridge University Press，2001.

Jane Jacobs.The Death and Life of Great American Cites[M].New York：Random House，1961.

Kenneth Powell.Architecture Reborn:The Conversion and Reconstruction of Old Buildings[M].Milan:Rizzoli International Publications，1999.

G.J.Ashworth，P.Larkham.Building A New Europe：Tourism，Culture and Identity in the New Europe[M].London:Routledge，1994.

Aylin Orbasli.Tourists in Historic Towns：Urban Conservation and Heritage Management，Journal of Urban Design[M].London：E & FN Spon，2000.

Joseph Booton. Record of the Restoration of New Salem，New Salem State Park near Peterburg[M].Illinois：Springfield，1934.

R.I.Providence.College Hill Demonstration Study in Providence[M].Rhode Island:University of Michigan，1959.

Spiro Kostof.The City Assembled[M].London：Thames & Hudson，1992.

Stigler G.Tenable range of function of local government[M] // In Federal Expenditure Policy for Economic Growth and Stability.Washington,D.C.：Joint Economic Committee,Subcommittee on Fiscal Policy,1957.

陈雅慧. 古迹保存与财产权保障之研究 [J]. 玄奘法律学报，2004（4）：12-14.

保继刚，苏晓波. 历史城镇的旅游商业化研究 [J]. 地理学报，2004(3)：427-436.

蔡晓龄. 对丽江作为世界遗产地和旅游接待地的经营文化研究 [J]. 国际纳西学学会通讯，2004（6）：12-13.

曹晋，曹茂. 从民族宗教文化信仰到全球旅游文化符号——以香格里拉为例[J]. 思想战线，2005（1）：105.

陈志华. 保护文物建筑及历史地段的国际宪章 [J]. 世界建筑，1986（3）：13-14.

陈志华. 介绍几份关于文物建筑和历史性城市保护的国际性宪章 [J]. 世界建筑.1989（2）：65-67.

陈志华. 介绍几份关于文物建筑和历史性城市保护的国际性宪章 [J]. 世界建筑.1989（4）：73-76.

邓忠汉.《阳温暾小引》与腾冲"侨文化"[J]. 云南师范大学学报（哲学社会科学版），2005（9）：45.

段汉明. 基于实证精神的城市规划学理 [J]. 城市规划，2008（11）：51-55.

樊胜岳，王曲元. 云南省丽江市古城区居民的生活质量与幸福感评价 [J]. 甘肃社会科学，2009（3）：75.

范弢，杨世瑜. 丽江城市地下水脆弱性评价 [J]. 昆明理工大学学报（理工版），2007，32（1）：91-96.

高德林. 腾冲行——文化调查笔记 [J]. 民族艺术研究，2000（2）：13.

耿慧志. 历史街区保护的经济理念与策略 [J]. 城市规划，1998（3）：40-42.

洪玉松. 西部民族地区旅游发展面临的挑战及路径选择——以丽江为例 [J]. 中国商贸，2011，(30): 179-180.

黄珏，张天新，（日）山村高淑. 丽江古城旅游商业人口和空间分布的关系研究 [J]. 中国园林，2009（5）：25.

黄勇，石亚灵. 基于社会网络分析的历史文化名镇保护更新——以重庆偏岩镇为例 [J]. 建筑学报，2017(02)：86-89.

栗得祥，邓雪娴．人居环境积极化 [J]．建筑学报，2003（1）：28-29.

连玉銮．白马社区旅游开发个案研究——兼论自然与文化生态脆弱区的旅游发展 [J]．旅游学刊，2005，20(3)：l3-17.

林幼斌．从"丽江模式"看世界遗产的保护与利用 [J]．中国人口·资源与环境，2004（2）：131-133.

刘武君．英国街区保护制度的建立与发展 [J]．国外城市规划，1995（1）：22-26.

龙荣波．关于我国社会转型期社会问题的解决路径的思考 [J]．思想政治理论教育新探索，2012(00)：212-222.

马晓京．旅游象征消费对云南石林旅游商品开发的启示 [A]．张晓萍，主编．民族旅游的人类学透视 [C]．昆明：云南大学出版社，2005.

牛明慧，程龙，苟耀峰，等．丽江市古城区水资源供需分析 [J]．西北水电，2022(05)：52-56.

饶维纯．正在消失的历史文化名城 [J]．建筑意匠，1999(2)：33-36.

孙平，谢军．大理古城保护与发展思考 [C]．中国城市规划年会论文集，2009.

吴书驰．从图底关系角度看小城镇空间更新与历史风貌街区保护——以法国 Sarreunion 为例 [A]．中国城市规划学会．城市时代，协同规划——2013 中国城市规划年会论文集，2013：464-475.

詹彩钰．公共政策规划之民众参与行为影响因素之研究——以台中酒厂旧址保存与整体再发展为例 [D]．逢甲大学，2002.

范文兵．上海里弄的保护与更新 [J]．城市规划汇刊，2004(4)：19.

沈佶罕，徐刊达．转型背景下历史城区系统整体保护与文化传承——《苏州历史文化名城保护规划 (2021-2035)》编制探索 [J]．城市规划，2022，46(S1)：28-38+57.

苏晓波．适应性再利用与城市遗产管理：以丽江古城为例 [J]．广西民族大学学报 (哲学社会科学版)，2007(11)：6.

孙华．"茶马古道"文化线路的几个问题 [J]．四川文物，2012(01)：74-85.

王冬．谈一个正在消失的古城 [J]．新建筑，1999(6)：69-70.

王睛睛，刘伟，李旭祥，赵一青，侯康．基于 GIS 的西安市文化遗产空间数据库设计与实现 [J]．地理空间信息，2017，15(11)：39-42.

王景慧．历史文化名城的保护内容与方法 [J]．城市规划，1996（6）：15-17.

王荣红，谢泽氢．丽江古城客栈经营者社会责任缺失研究 [J]．云南地理环境研究，2009（10）：104.

夏铸九，成露茜，戴伯芬，陈幸均．朝向市民城市：台北大理街小区运动 [J]．台湾社会研究季刊，2002（46）：141-172.

严秋怡，张凯云．"城市双修"背景下的历史城镇保护与更新——以淮安码头镇为例 [J]．城市建筑，2020，17(23)：111-113.DOI：10.19892/j.cnki.csjz.2020.23.047.

杨大禹．云南特色城镇的保护策略 [J]．昆明理工大学学报（理工版），2008(12)：69.

杨福泉．丽江古城的地域社会及用水民俗 [J]．云南民族大学学报 (哲学社会科学版)，2009（3）：5-10.

杨福泉．论少数民族本土文化传承人的培养——以纳西族的东巴为个案 [J]．云南民族大学学报 (哲学社会科学版)，2005(3)：69.

杨五美．侨乡文化之花——和顺图书馆 [J]．民族艺术研究，1989(S1)：78.

叶如棠．历史街区保护（国际）研讨会上的讲话 [J]．建筑学报，1996（9）：15-16.

云南省首批 60 个旅游小镇分类开发建设名单 [J]．创造，2007，(10)：30-31.

张松．历史城镇保护的目的与方法初探——以世界文化遗产平遥古城为例 [J]．城市规划，1999（7）：50-53.

赵兵．旅游城市可持续发展研究 [J]．南京林业大学学报（社会科学版），2004（4）：12.

赵勇．建立历史文化村镇保护制度的思考 [J]．村镇建设，2004（7）：43-45.

赵志曼，刘铮，杨大愚，刘大平 . 云南黑井镇石质文物现状分析及保护思考 [J]. 石材，2009（10）：33.

周俭 . 建筑、城镇、自然风景——关于城市历史文化遗产保护规划的目标、对象与措施 [J]. 城市规划，2001（4）：58-59.

周泰 . 城市保护中的经济学 [J]. 国际城市规划 .2011(2)：17.

宗晓莲 . 丽江古城民居客栈业的人类学考察 [J]. 云南民族学院学报（哲学社会科学版），2002(4)：63-66.

邹怡情，张依玫 . 作为文化线路的茶马古道遗产保护研究 [J]. 北京规划建设，2018(04)：131-140.

左力，乔予，李和平 . 城镇历史景观特征识别的历史城区有机更新方法 [J]. 中国名城，2022，36(02)：53-59. DOI：10.19924/j.cnki.1674-4144.2022.02.009.

Albert Wing.Place Promotion and Iconography in Shanghai's Xintiandi[J].Habitat International，2006, 30(2)：245-260.

Ana Bedate, Luis César Herrero, José ángel Sanz.Economic valuation of the cultural heritage: application to four case studies in Spain[J].Journal of Cultural Heritage.2004(5)：101-111.

Charles M.Stotz.The Early Architecture of Western Pennsylvania, with a NewIntroduction by Dell Upton[J].Pennsylvania History,1997,vol.64, no.1.

Einar Bowitz.Economic impacts of cultural heritage—Research and perspectives[J].Journal of Cultural Heritage，2008，Vol.10(1)：1-8.

Jason F.Kovacs, Kayla Jonas Galvin, Robert Shipley.Assessing the Success of Heritage Conservation Districts：Insights from Ontario, Canada[J].Cities，2015,Volume 45：123-132.

Kwesi J.Degraft-Hanson, the cultural landscape of slavery at Kormantsin, Ghana[J].Landscape Research，2005，Vol.30(4)：459-481.

Marek Zagrobaa, Issues of the Revitalization of Historic Centers in Small Towns in Warmia[J].Procedia Engineering，2016(161):221-225.

Massimiliano Mazzanti.Cultural heritage as multi-dimensional, multi-value and multi-attribute economic goods：toward a new framework for economic analysis and valuation[J].Journal of Socio-Eeonomices，2000(31)：529-558.

Mousumi Dutta, Zakir Husain.An application of Multicriteria Decision Making to Build Heritage.The Case of Calcutta[J].Journal of Cultural Heritage.2009(2)，237-243.

Naciye Doratli.An analytical methodology for revitalization strategies in historic urban quarters：a case study of the Walled city of Nicosia, North Cyprus[J].Cities，2004,Volume21(4)：329-348.

Najwa Adra，The Relevance of Intangible Heritage to Development[J].Anthropology News，2004，Vol.45(3)：24.

Richard K.Walter，Richard J.Hamilton. A cultural landscape approach to community-based conservation in Solomon Islands[J].Ecology and Society，2014，Vol.19(4)：41.

Roger White，John Carman. World Heritage：Global Challenges，Local Solutions：Proceedings of a Conference at Coalbrookdale，4-7 May 2006.Hosted by the Ironbridge Institute[M].Summertown Pavilion：Archaeopress，2007.

2022 年云南省接待游客 8.4 亿人次，实现旅游总收入 9449 亿元 [EB/OL].https：//dct.yn.gov.cn/html/2303/01_27981_1.shtml.

Bigmap GIS Office[EB/OL].http：//www.bigemap.com/.

xxym. 怀念昆明（1982-1998）[EB/OL].http：//s.dianping.com/topic/259907.

陈鹏. 云南旅游小镇吸纳资金近12亿元 [EB/OL]. 新华网，2006-05-25.http：//www.ce.cn/kfq/lydjq/lydjqlyxw/200605/25/t20060525_7094618.shtml.

陈怡. 文化名镇光禄古镇：华丽转身遭遇尴尬 [EB/OL]. 云南日报，2011-05-16.http：//www.ccitimes.com/chanye/chanye/2011-05-06/363601304672533.html.

丛均. 丽江老照片 [EB/OL].http：//blog.sina.com.cnsblog.3f7353dd0100x9e6.html.

大人不玩躲猫猫. 来了，丑陋的希尔顿；别了，丑陋的点苍山 [EB/OL].http：//bbs.tianya.cn/post-62-577683-1.shtml.

多家房企砸数十亿元重金抢滩丽江 一线城市投资客涌入丽江购房 [EB/OL].http：//house.people.com.cn/n/2015/0630/c164220-27227937.html

古城区人民政府. 古城区束河街道概况 [EB/OL].http：//www.ljgucheng.gov.cn/xljgcq/c101193/202109/63dad30ab3384082ab5994081cc9e424.shtml

古城之窗 [EB/OL].https：//mp.weixin.qq.com/s/9sL6wDv99bhMuMurqwiahw.

国家统计局 .2022 年全国居民人均可支配收入 36883 元 [EB/OL].https：//baijiahao.baidu.com/s?id=1755234554805325482&wfr=spider&for=pc.

国家文物局，自然资源部. 国家文物局关于在国土空间规划编制和实施中加强历史文化遗产保护管理的指导意见 .[EB/OL].http：//www.ncha.gov.cn/art/2021/3/17/art_722_166492.html.

新华网云南频道. 为景点减负，丽江控制古城商业活动 [EB/OL].http：//www.yn.xinhua.org/ynnews/2003-06/13/content_600348.htm.

红火楚雄文旅资讯. 提内涵，强基础，促融合——禄丰黑井着力打造全国乡村旅游重点镇 [EB/OL].http：//www.wenlvchuxiong.com/p/13600.html.

丽江大研古城·古城官方旅游."十一"黄金周古城维护费征收成效显著 [EB/OL].http：//www.ljgc.gov.cn/?viewnews-5432.html

罗成. 十年暴富后大理双廊变"大工地"[EB/OL]. 云南网，2013-01-08，http：//house.yunnan.cn/html/2013/news_daily_0108/40283.html.

孟维东. 会泽"穿古衣戴古帽"[EB/OL]. 云南网，2010-04-15.http：//www.sina.com.cn.

黄祖松. 乌镇模式 [N]. 广西日报，2007.01.05（10）.

李春旭，刘流，张莹. 和顺模式的再解读 [N]. 云南日报，2009-07-14（6）.

刘钊. 彝良牛街：千年古镇的返古"变局"[N]. 都市时报，2011-11-25（8）.

凝聚行政执法和检察公益诉讼 工作合力 当好城乡历史文化遗产"守护人"[EB/OL].https：//baijiahao.baidu.com/s?id=1777442826697417173&wfr=spider&for=pc.

群山. 从"乌镇二期"看古村镇保护 [N]. 福建日报，2007-02-03（8）.

山东重建的那些古城古镇，动辄投资上百亿，现在怎么样了？ [EB/OL].https：//baijiahao.baidu.com/s?id=17470999953034837106&wfr=spider&for=pc.

腾冲旅游持续升温！和顺古镇每日游客数量超 2000 人 [EB/OL].https：//baijiahao.baidu.com/s?id=1769933083292691633&wfr=spider&for=pc.

腾冲市 2022 年旅游业统计基本情况 [EB/OL]. 腾冲市人民政府网 https：//tengchong.gov.cn.

王铁宏. 把握辩证统一，扎实做好城乡规划督察工作 [N]. 新京报，2008-4-24(8）.

文旅头条 [EB/OL].https：//mp.weixin.qq.com/s/kbSZyohj6OzzupC4bFYozg.

肖瑛.从理性 VS 非理性到"反思 VS 非反思——社会理论中现代性诊断"[EB/OL].http：//www.360doc.com/content/11/0719/15/7356332_134507626.shtml.

烟溪黑井 [EB/OL].https：//mp.weixin.qq.com/s/fJHimHenexBNsGGSiGGxTw.

悠然一笑.老照片：我们1983年的昆明 [EB/OL].http：//www.360doc.com/content/11/0114/01/3114071_86386165.shtml.

杨复兴.云南大理双廊镇的旅游品牌建设 [N].中国旅游报.2012-10-12（11）.

杨逸.邯郸等8历史文化名城受黄牌警告 冒牌古董成风 [N].南方日报，2013-3-07（6）.

云南省2022年国民经济和社会发展统计公报 [EB/OL].https：//www.yn.gov.cn/sjfb/tjgb/202303/t20230328_256987.html

湘潭县人民政府.历史文化名城名镇名村保护规划编制要求（试行）（建规〔2012〕195号）[EB/OL].http：//www.xtx.gov.cn/jc2021/xtxjczwgk/242/253/content_6565.html.

云南网.旅交会云南文旅招商推介会集中签约 现场签约项目81个 [EB/OL].http：//yn.yunnan.cn/system/2022/07/22/032199180.shtml.

张家振.上海新天地难克隆——上海新天地经营模式分析案例 [N].中国经营报，2003-10-24（5）.

张文凌.丽江古城文化危机四伏？[N].中国青年报，2003-02-13（3）.

赵芳.云南旅游小镇完成投资近25亿 [N].都市时报.2011-01-01（6）.

UNESCO.A heritage protection and tourism development：case study of Lijiang Ancient town，China，2000.[EB/OL].http：//www.unescobkk.com.

大理白族自治州城市规划局，云南汇景工程规划设计有限公司.大理市双廊历史文化名镇保护规划 [G].2005：47.

大理市古城保护管理局，上海同济城市规划设计研究院.大理古城控制性详细规划 [G].2010.

鼎业集团，昆明理工大学城乡规划设计事务所.丽江束河茶马古镇保护与发展修建性详细规划 [G].2003.

孟连县政府办.孟连县娜允古镇文化旅游总体开发项目有序推进（530827-001933-20120918-0004）[R].2012-09-18.

保山市统计局.保山市统计年鉴 [R].2003.

和顺镇人民政府.2008年和顺镇政府工作报告 [R].2008.

和顺镇人民政府.和顺古镇保护与发展模式初探 [R].2008.

和顺镇人民政府.和顺的旅游发展情况说明 [R].2010.

和顺镇人民政府.和顺的旅游发展情况说明 [R].2011.

和顺镇人民政府.和顺镇情况介绍 [R].2012.

丽江古城保护管理局.丽江古城传统商业文化保护管理规划 [G].2007.

丽江古城保护管理局.关于公开竞租直管公房铺面的通告 [R].2012.

丽江纳西族自治县规划办公室，重庆建筑工程学院.丽江纳西族自治县县城总体规划 [G].1983.

丽江纳西族自治县城乡建设环境保护局，云南省城乡规划设计研究院.丽江纳西族自治县县城总体规划修编 [G].1991.

丽江纳西族自治县城乡建设环境保护局，云南省城乡规划设计研究院.丽江纳西族自治县县城总体规划修编 [G].1995.

丽江市城市规划建设委员会.丽江城市总体规划修编工作情况汇报 [R].2003.

丽江市城市规划建设委员会，中国城市规划设计研究院.丽江市城市总体规划修编 [G].2003.

丽江市城市规划建设委员会，云南省城乡规划设计研究院.丽江市城市总体规划修编 [G].2005.

丽江市环境监测站 . 丽江城区 2002 年噪声环境质量状况公报 [R].2003.

丽江市环境监测站 . 水环境监测公报 [R]. 丽水环报，（2004）11、12 号 .

丽江市环境监测站 . 水环境监测公报 [R]. 丽水环报，（2007）3 号 .

丽江市环境监测站 . 水环境监测公报 [R]. 丽水环报，（2010）3 号 .

丽江市旅游局 . 束河古镇旅游简介 [R].2006.

丽江市人民政府，云南省城乡规划设计研究院 . 丽江市城市总体规划修编 [G].2012.

丽江市统计局 . 丽江市国民经济和社会发展统计公报 [R].2009.

丽江市人民政府 . 丽江市国民经济和社会发展统计公报 [G].2012.

丽江市生态环境局，云南省生态环境厅驻丽江市生态环境监测站 . 2020 年丽江市生态环境状况公报 [R].2020.

丽江市水务局 . 丽江市水资源公报 [R].2021.

丽江市委市政府 . 明日丽江 [G].2003.

丽江县城建局，云南省城乡规划设计研究院 . 丽江大研古城保护详细规划 [G].1998.

丽江县城建局，云南省城乡规划设计研究院 . 丽江历史文化名城保护规划 [G].1988.

丽江县人民政府，上海同济城市规划设计研究院 . 世界文化遗产丽江古城保护规划 [G].2002.

丽江县人民政府，上海同济城市规划设计研究院 . 世界文化遗产丽江古城保护规划 [G].2008.

丽江县人民政府，上海同济城市规划设计研究院 . 世界文化遗产丽江古城保护规划图集 [G].2008.

联合国生境—人类住区会议 . 人类住区温哥华宣言 [Z].1976.

禄丰县人民政府，昆明理工大学建筑学系，昆明本土建筑设计研究所，楚雄州勘测规划院 . 禄丰县黑井旅游景区总体规划 [G].2004.

禄丰县人民政府，云南汇景工程规划设计有限公司 . 禄丰县黑井镇总体规划修编说明书 [G].2008.

禄丰县人民政府，云南汇景工程规划设计有限公司 . 禄丰县黑井镇总体规划修编图集 [G].2008.

禄丰县人民政府 . 云南省禄丰县地名志 [G].1984.

勐腊县住房和城乡建设局，云南省城乡规划设计研究院 . 易武古镇保护性详细规划 [G].2008.

孟连县人民政府，云南省城乡规划设计研究院 . 孟连娜允古镇保护性详细规划 [G].2008.

瑞士联邦理工学院国家、区域与地方规划研究所，云南省城乡规划设计研究院 . 沙溪历史文化名镇保护规划 [G].2004.

腾冲县人民政府，上海同济城市规划设计研究院 . 腾冲县城总体规划（修编）图集（2006-2025）[G].2006.

腾冲市人民政府，上海同济城市规划设计研究院 . 腾冲县城总体规划（修编）图集（2021-2035）[G].2021.

腾冲县城市建设管理局，云南省城乡规划设计研究院 . 和顺古镇保护与发展规划图集 [G].2006.

腾冲县旅游局 . 腾冲县旅游局 2005 年工作总结及 2006 年工作计划 [R].2005.

腾冲县旅游局 . 2006 年春节黄金周腾冲县旅游局工作总结 [R].2006.

腾冲县旅游局 . 2007 年腾冲县旅游局工作总结 [R].2007.

涂子平 . 发展权移转对都市古迹保存可行性研究 [R]."台湾行政院文化建设委员会"，1991.

汪广霖 . 发展权移转制度对于古迹保存之研究 [R]. 台北科技大学，2004.

盐津县政府，云南省城乡规划设计研究院 . 豆沙关古镇县级保护规划 [G].2004.

玉龙县城开发建设管理委员会，云南江东集团 . 纳西新城 [R].2004.

云南省城市科学研究会，云南汇景工程规划设计有限公司 . 云南省历史文化名镇村保护体系规划 [G].2011.

云南省城乡规划设计研究院，腾冲县旅游局 . 腾冲旅游发展总体规划（2003-2020）[G].2003.

云南省城乡规划设计研究院，腾冲县人民政府 . 腾冲县城总体规划（修编）（1984-2000）[G].1984.

云南省城乡规划设计研究院，腾冲县人民政府.腾冲县城总体规划（修编）（1993-2010）文本 [G].1993.

云南省城乡规划设计研究院，腾冲县人民政府.腾冲县城总体规划（修编）总体规划图（1998-2015）[G].1998.

云南省建设厅.关于丽江城市总体规划修编协调意见的函 [R].2003.

云南省旅游局，世界旅游组织.云南省旅游发展总体规划 [G].2010.

云南省旅游局.云南旅游产业年度报告 [R].2003.

云南省旅游局.云南旅游产业年度报告 [R].2012.

云南省水文水资源局保山分局.腾冲县和顺旅游文化柏联 SPA 温泉建设项目水资源论证报告书 [R].2011.

云南省住房和城乡建设厅，云南省城乡规划设计研究院.腾冲地热火山风景名胜区和顺景区详细规划图集（2011-2025）[G].2011.

中共丽江地委办公室，丽江地区行政公署办公室，丽江地区行政公署统计局.丽江 50 年：1949-1999[G].2000.

中共云南省委办公厅，云南省人民政府办公厅.云南文化和旅游强省建设三年行动（2023-2025 年）[G].2023.

中华人民共和国中央人民政府.中华人民共和国住房和城乡建设部令 第 20 号 [EB/OL].https：//www.gov.cn/gongbao/content/2015/content_2809137.htm.

中华人民共和国住房和城乡建设部.住房城乡建设部关于发布国家标准《历史文化名城保护规划标准》的公告 .[EB/OL].https：//www.mohurd.gov.cn/gongkai/zhengce/zhengcefilelib/201902/20190228_239602.html.

图书在版编目（CIP）数据

云南历史城镇保护更新实证研究 / 王颖著 .—北京：
中国建筑工业出版社，2023.12
ISBN 978-7-112-29403-9

Ⅰ.①云… Ⅱ.①王… Ⅲ.①旧城保护—研究—云南
Ⅳ.① TU984.274

中国国家版本馆 CIP 数据核字（2023）第 241156 号

责任编辑：徐昌强　李　东　陈夕涛
责任校对：王　烨

云南历史城镇保护更新实证研究
王　颖　著
＊
中国建筑工业出版社出版、发行（北京海淀三里河路 9 号）
各地新华书店、建筑书店经销
北京海视强森文化传媒有限公司制版
建工社（河北）印刷有限公司印刷
＊
开本：787 毫米 ×960 毫米　1/16　印张：22　字数：414 千字
2024 年 1 月第一版　2024 年 1 月第一次印刷
定价：**98.00** 元
ISBN 978-7-112-29403-9
（42165）